"十三五"国家重点出版物出版规划项目
航天机构高可靠设计技术及其应用

空间机器人遥操作系统原理

张　珩　李文皓　赵　猛　著

科学出版社
北　京

内 容 简 介

本书共 5 章。第 1 章介绍空间机器人和遥操作的研究背景、概念、特点、操作模式及其关键技术；第 2 章介绍自由漂浮空间机器人运动学模型及受控机械臂关节建模；第 3 章阐述不确定大时延及其对遥操作的影响和不确定大时延影响消减条件；第 4 章从大时延、不确定时延及不确定双向大时延三方面，介绍时延影响消减技术及在线修正方法；第 5 章介绍空间目标惯性参数辨识技术。

本书可供从事空间机器人及其遥操作系统研究的科研人员参考，也可作为高等院校航空航天类相关专业研究生和高年级本科生的教材。

图书在版编目(CIP)数据

空间机器人遥操作系统原理 / 张珩，李文皓，赵猛著. --北京：科学出版社，2021.9

(航天机构高可靠设计技术及其应用)

“十三五”国家重点出版物出版规划项目

ISBN 978-7-03-068726-5

Ⅰ. ①空… Ⅱ. ①张…②李…③赵… Ⅲ. ①空间机器人-摇控系统-原理 Ⅳ. ①TP242.4

中国版本图书馆 CIP 数据核字(2021)第 081528 号

责任编辑：魏英杰 / 责任校对：杨 然 胡小洁

责任印制：吴兆东 / 封面设计：陈 敬

科学出版社 出版

北京东黄城根北街 16 号

邮政编码：100717

http://www.sciencep.com

北京中石油彩色印刷有限责任公司 印刷

科学出版社发行 各地新华书店经销

*

2021 年 9 月第 一 版 开本：720×1000 1/16

2022 年11月第二次印刷 印张：11

字数：218 000

定价：98.00 元

(如有印装质量问题，我社负责调换)

“航天机构高可靠设计技术及其应用”丛书编委会

前言

步入20世纪，随着人类探索领域的不断拓展，普通机器人往往难以胜任苛刻或恶劣环境下的复杂任务，遥操作机器人因此应运而生。20世纪50年代，人类迈向探索外太空的新时代。空间装配、维护和修理等在轨服务，月面及其他星球表面探索等各类任务的复杂度和对操作精度的要求不断提高。受当前空间机器人智能水平的限制，地面人员遥操作空间机器人，人和机器人共同完成空间操作和探索任务是当前及未来空间机器人的主要作业形式。经过半个多世纪的发展，空间遥操作集众之所长，具有空间跨越、智能增强、时延消减、人机协调、高度透明等特点，可以有效解决空间操作的高成本和低效率的矛盾，已成为各空间大国关注的一项系统性关键技术。

与地面机器人遥操作相比，空间机器人遥操作面临更多的难点与技术挑战。操作对象复杂、大时延不确定、带宽有限，以及测控时段有限等对空间机器人遥操作提出更高的要求。近年来，空间机器人遥操作虽然已有较大发展，但是消减不确定大时延带来的天地控制回路稳定性、操作性和透明性影响，解决有限带宽与地面操作员对空间复杂动态环境认知需求之间的矛盾等依旧是国际上的研究热点。

自20世纪90年代以来，作者及其研究团队在遥操作领域开展了一系列的关键技术攻关，完成我国首个遥科学地面演示与验证系统的研制，开展了一系列面向我国空间站应用的在轨遥操作试验任务，通过验证遥科学地面演示与验证系统的可用性和可靠性，突破了不确定性大时延消减、空间目标惯性参数辨识、空间目标运动状态预报、地面遥操作系统设计及其可靠性提升等一系列关键技术，形成了完备的空间机器人遥操作系统理论及设计体系。

本书针对空间遥操作过程中面临的远程化不确定性大时延的核心难题，从系统稳定性、可靠性和有效性等方面系统分析其带来的各种影响和风险，提出基于邮签准则、波形匹配等时延消减策略；以模型在线修正为基础的回路响应预测方法，可简捷而有效地解决不确定双向大时延的遥操作稳定性和连续性问题，适应数十秒级的遥操作系统回路时延环境，支持地月系范围内空间机器人的远程操作应用，为建立面向空间应用的遥操作系统提供理论基础。

本书是集体智慧的结晶，张珩是遥操作系统设计体系和时延消减技术的奠基人，李文皓在此基础上进一步发展了双向时延消减、无时标时延消减、在轨目标辨识和多目标融合预报等技术。第 1 章由冯冠华博士完成；第 2 章由马欢博士和陈靖波硕士完成；第 3 章和第 4 章由赵猛博士和郭正雄博士完成；第 5 章由马欢博士完成。特别感谢冯冠华博士在本书统稿和出版过程中付出的辛勤劳动。

本书的相关研究工作得到民口 973 计划、军口 973 计划、载人航天领域预先研究、中国科学院战略先导专项 A 类、国家自然科学基金等项目的支持，同时得到哈尔滨工业大学刘宏教授团队、西北工业大学黄攀峰教授团队的支持，在此一并感谢。

希望本书的出版能够推动我国空间遥科学技术的研究、发展与应用。

限于作者水平，书中不妥之处在所难免，敬请读者批评指正。

作　者

目　　录

第1章 绪 论

1.1 空间机器人

20 世纪 80 年代，美国国家航空航天局(National Aeronautics and Space Administration，NASA)提出在轨服务机器人概念[1]。此后，随着空间技术的快速发展和空间活动的不断增加，人类迫切需要探索研究地球空间及地球以外的星体和星系，空间机器人应运而生[2]。空间机器人能够代替宇航员完成复杂、危险的空间操作任务，扩大空间任务的可达工作区，在提高工作效率的同时，节省大量时间和资金成本[3]。因此，空间机器人在空间在轨服务领域发挥着越来越重要的作用，如国际空间站(International Space Station，ISS)的装配与维护、航天器维修与保养、航天器升级、航天器辅助交会对接、燃料补给、载荷搬运、故障卫星捕获回收与修理、空间碎片清理、空间生产与科学实验的支持、其他星体表面探测等[3-5]。

目前，空间机器人还没有“官方”定义，很多学者及国际研发报告等都给出过相关定义，如 Bekey 等[6]指出空间机器人是一类(至少在一段时间内)能够在严酷的空间环境下生存的，能够进行探索、装配、建造、维护、服务或在机器人设计时可能(或可能未)被完全理解的其他任务的通用机器；林益明等[2]定义空间机器人是在太空中执行空间站建造与运营支持、卫星组装与服务、行星表面探测与实验等任务的一类特种机器人；梁斌[7]指出空间机器人是工作于宇宙空间的特种机器人。

相比地面机器人，由于发射段力学环境、空间高低温、轨道微重力或星表重力、超真空、空间辐照、原子氧、复杂光照、空间碎片等特殊应用环境，空间机器人需要具有较强的太空环境适应能力，在资源受限和缺乏维护的情况下，具备较长的使用寿命和较高的可靠性[8]，能够针对不同的空间对象和多样的空间任务，完成抓取捕获、搬运移动等特殊操作任务。根据不同的分类方式，空间机器人有不同的分类方法：按任务特点和作业环境，空间机器人可以分为在轨操作机器人和行星表面探测机器人[9]；按控制方式，空间机器人可以分为主从式遥控机械手、遥控机器人和自主式机器人[10]；按照空间机器人发展历程，空间机器人可以分为舱外活动机器人、科学有效载荷服务器和行星表面漫游车[11]。此外，空间机器人还可按照基座控制方式、作业位置、功能等进行分类。

频繁发生的卫星失效事件、不断增加的空间碎片清理问题、空间站的建设与维护需求、新型在轨服务技术的发展需求等不断推动着空间机器人技术的快速发展。经过几十年的发展，发达国家在理论研究和在轨实践方面均取得了丰硕的成果，积累了丰富的经验[12-17]。我国在空间机器人方面的研究起步较晚，重点开展了基础研究工作，成功搭建了地面实验平台并完成地面验证实验[18-26]。2016 年 6 月，中国国家航天局(China National Space Administration，CNSA)的空间机器人发展路线图指出，要加强空间机器人领域基础理论的突破，提出更多独创性的概念，在空间在轨服务机器人、月球与深空探测机器人、空间环境治理机器人等领域开展一系列共性和专业关键技术攻关。

1.2 遥 操 作

1.2.1 遥操作的研究背景

20 世纪以来，工业革命使社会面貌发生了翻天覆地的变化，控制理论也随之发展，从经典控制理论发展到现代控制理论，由比例-积分-微分(proportional-integral-derivative，PID)控制发展到先进控制(自适应控制、预测控制、智能控制)，控制系统的性能分析(稳定性、动态特性)也得到进一步完善。为了对危险、苛刻、恶劣环境下工作的机器进行控制，人们提出新的综合性技术——遥操作(teleoperation)[27]。遥操作是一种开展远程操作的新技术，一般指人基于遥现场信息反馈，通过大脑决策与自主决策实现的远程操作。遥操作的发展历经了机电伺服、远动电子学、无线传输乃至网络化等阶段。目前已成为发达国家在先进远程化装备中普遍采用的一项关键技术。随着生产活动领域的不断扩展，遥操作技术已经在空间领域、深海领域和民用领域得到诸多应用[28-29]。

随着认识世界和改造世界能力的不断提高，人类的活动范围越来越大，操作的对象越来越多，操作所处的环境也越来越复杂，如核辐射环境、强污染环境、医学微观远程治疗环境、空间作业环境、深海作业环境等。目前机器人自主智能化水平不高，离不开人的监视和操纵，而这些苛刻、恶劣的操作环境使原有的人在现场进行操作的方法无能为力。这都促使人类对新工具和新操作方法进行探索，使人能从那些复杂、恶劣的操作环境中脱离出来，远距离地监视和控制现场机器，完成远程操作的任务，这便是遥操作思想的雏形。

机器的发展按照其智能程度可分为无智能阶段、低级智能阶段、高级智能阶段。无智能阶段指机器没有任何智能，完全依靠人的操作才能完成任务。低级智能阶段指机器具有低级智能，能够执行简单、固定的任务级命令。高级智能阶段指机器具有完全智能，能够根据环境、任务要求完全自主地完成任务。目前，计算机科学、网络技术、控制理论、人工智能(artificial intelligence，AI)等的发展推动了机器的智能化程度，但是完全智能的机器目前还无法实现，因此无法在危险、恶劣、遥远的环境中完全依靠机器自主完成任务。遥操作将人与机器相结合，不仅要依靠其自身的低级智能还要利用人的高级智能。这不是操作技术的倒退，而是从机器的低级阶段到高级阶段必要的过渡阶段。

目前，遥操作技术在各方面的应用优势越发明显，受到国际社会的高度重视。遥操作技术可以把实验人员从危险、恶劣的操作环境中解脱出来，通过信息的交互克服远距离的限制，把实验现场的数据、图像传输到安全、舒适的易于操作员操作的环境中，使操作员有身临其境的沉浸感，并依靠高智能体——人进行任务规划和决策，最终由机器完成繁杂的低智能任务。遥操作的引入提高了系统的智能水平，在保障操作员安全的前提下，可以实现远程操作，并拉动相关学科的发展。

人类的活动范围经历了从陆地到海洋，从海洋到大气层，从大气层到外层空间的逐步拓展过程。人类活动领域的扩大必然要求人类感知范围和行为能力随之扩展，但空间技术和人类生理因素的限制，使宇航员在外太空直接操作实验设备进行科学实验和工程作业不再合适。另外，随着人类空间活动的频繁增加，将宇航员送入太空进行空间飞行器的组装、维修、部件替换，不但需要复杂的生命保障系统，而且费用高、效率低[5]。遥操作作为解决空间技术发展需求和人工进行空间实验操作之间矛盾的有效途径，引起了越来越广泛的重视。目前，我国要参与 ISS 的合作尚有一定的困难。受条件限制，我国建造的空间科学实验室只能是短期有人照料，长期无人值守的工作状态，为了提高空间实验室的使用效率，在长期无人值守期间，空间实验室必须继续进行空间实验[30-31]，这时充分利用空间机器人及遥操作技术就显得十分必要。由于遥操作的概念和理论在国际上的发展还不够成熟，加之技术壁垒等原因，我国必须充分把握国际上先进技术发展的新态势和机遇，通过不断地丰富和完善遥操作的理论及技术，提高空间操作能力，使我国从空间大国走向空间强国。

1.2.2 遥操作的概念

遥操作的概念主要源于工业机器技术的发展需求。一方面，人类在机器作业中，力求提高其自身的自动化或自主(智能)水平；另一方面，这种自主水平又受技术发展程度的制约，离不开人类的监视和操纵，并且大量机器作业的现场环境又是人类不可接近的。这时，原有的机器现场有人作业的操作模式就受到挑战，使人们对新结构机器和新作业方式进行创造性的探索。自 20 世纪 40 年代以来，随着人类对客观世界科学认识程度的不断提高，很多远距离地监视和操作机器作业的概念和技术被相继提出。第二次工业革命以后，在基于不同作业需求的基础上，许多“遥”字概念呼之欲出[32-34]。20 世纪各时期提出的远程技术概念如表 1.1 所示。

表 1.1　20 世纪各时期提出的远程技术概念

50～60 年代	60～70 年代	70～90 年代
遥测(telemetry) 遥控(telecontrol) 遥感(telesence) 遥信(telecommunication)	遥处理(teleprocessing) 远程处置(remote handling) 遥操纵(telemanipulating) 远控器(telemanipulator) 远程系统(remote system)	遥设计(teledesign) 遥分析(teleanalysis) 遥规划(teleplanning) 遥诊断(telediagnosis) 遥知觉(teleperception) 遥医学(telemedicine) 遥会议(teleconferencing) 遥现场(telepresence)
类别	遥机器人(telerobot)	遥操作

随着空间技术的迅猛发展和高效化空间应用需求的强力拉动，在地面通过交互式的监测与干预来完成空间(科学)应用实验或空间操作，已成为有效载荷专家的基本共识。因此，遥科学(telescience)的概念被提出。遥科学是将遥现(telepresence)技术和遥作(teleoperation)技术结合，在远离操作现场的环境下，使操作员能够交互性地控制远端工作实体，操作被控对象的一种工作模式。遥科学概念包含以下几层含义。

① 遥科学是一种工作模式。与其他工作模式相比，遥科学工作模式具有两个特点。一是操作员和现场操作环境在物理空间上分离。这是遥科学的本征属性，空间上不分离就无所谓“遥”。二是操作员和工作实体必须具有操作控制流和反馈信息流的交互。与人工智能研究的机器自主智能化的工作模式不同，遥科学系统不能完全脱离操作员的指示而独立处理所有的工作事件。工作实体的控制决策不仅取决于预先的设想，还要依据具体工作进展状况加以修正，因此在必要时操作员可以通过控制指令控制远端工作实体的下一步动作。

② 遥科学通过遥现技术、遥作技术和遥信技术实现操作员对工作实体的远程控制。遥现使操作员可以感知远端的作业环境；遥作使操作员可以控制远端的工作实体；遥信则是沟通本地环境和远端环境的纽带。

③ 延时是遥科学必须解决的一个难题。这是由遥科学的两个特点决定的。“遥”决定了操作员和工作实体空间上的分离，而遥科学的互动模式要求操作员和工作实体在时间上必须保持同步。可以说，遥科学系统是一个行为决策对象(操作员)和实施对象(工作实体)在空间上分离、时间上同步的控制系统。

如果将遥操作的概念做些延伸，人为地约定遥操作概念本身包含遥现场信息结构，并可以将人的决策功能加以体现，就可以将遥科学和遥操作两者有机地统一起来看待。遥操作发展至今，得到了丰富和发展。其操作模式众多，应用领域更加广泛。各式各样的遥操作定义层出不穷，但这些概念都具有一定的片面性和局限性，没有定义出遥操作的本质。这不利于遥操作的进一步研究与发展，但不论哪种操作模式应用于何种领域，都要保持 3 个基本要素。

① 遥感知。遥感知指遥操作为克服操作员与对象之间远距离跨度的约束，通过信息链路把远端的操作对象及周围环境信息传递给操作员，使其可以感知远端的变化，并具有生动的沉浸感。

② 异地高智能决策。异地高智能决策指为了避免操作者受到操作环境共生性危险的影响，将其置于安全舒适的环境中，但远端机器人的智能化水平低，离不开人的监视和操作，所以必须实现高智能的移植，由异地的人进行远程决策，辅助远端的机器人完成任务。

③ 自主执行。自主执行指远端的机器可以自治复现操作员的动作或执行操作员的命令完成任务，而无需操作者亲临现场。

因此，遥操作指以人为主要决策单元，以远端操作环境信息为基础，以远端机器为执行终端，通过信息链路实现高智能和真实环境在信息层面的交互移植，进而克服远距离的限制，使人的感知和行为能力得到延伸，完成人或机器各自单独难以完成的任务的一种技术[35]。遥操作示意图如图 1.1 所示。

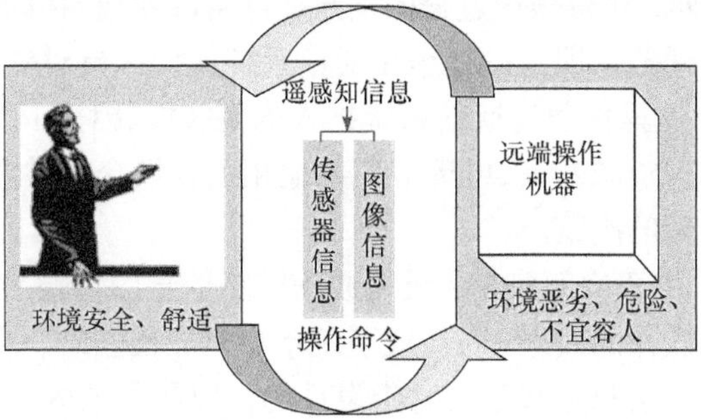

图 1.1　遥操作示意图

1.2.3　遥操作的特点

遥操作作为一种新的技术科学，是对传统控制的一种继承，更是一种发展，但也不同于传统控制。这主要体现在以下几个方面。

① 操作对象。传统控制的操作对象相对比较简单，并且一般以重复性的简单任务为主。遥操作的操作对象一般处于非结构化环境中，操作任务的复杂度高，仅依靠传统控制方法难以完成任务。

② 距离跨度。遥操作的控制距离远大于传统的控制距离。遥控一般在视线范围内，操作员可以直接获取现场信息，并实施控制命令。遥操作一般处于视野外，操作员需要通过远距离传输回来的现场信息进行决策，然后施加控制指令。

③ 大时延。由于大距离跨度，遥操作系统中存在不确定大时延问题。目前解

决大延时反馈回路控制系统的理论和技术还很不成熟，因此在未来几年，大时延仍然是推动遥操作发展的主要因素。

④ 信息交互。遥操作的信息不但包括控制指令序列，而且包括多种现场的反馈信息。其包含的信息的种类和信息量等是传统控制所不及的。此外，在遥操作中，控制指令和现场的反馈信息需要进行实时的双向传输交互。

⑤ 智能共享。传统控制主要依靠的是机器的低级智能，操作员只是偶尔干预。遥操作是将人的高级智能与机器的低级智能既分离又结合。分离指人的高级智能与机器的低级智能在空间上的分离。结合指通过信息交互将人的高级智能移植到现场，提高现场机器的智能程度，通过高级智能和低级智能的协调与融合完成更加复杂的操作任务。

简单的说，遥操作是一种使远离现场的操作员对远端工作实体进行交互控制，从而完成操作任务的工作模式。经过半个多世纪的发展，遥操作集众之所长，具备了空间跨越、智能增强、时延消减、人机协调、高度透明等特点，可以使人类的感知和行为能力得到有效的延伸、拓展和超越。

① 空间跨越。操作者和操作对象不是直接接触的，而是通过传感器实现人的触觉、视觉等的延伸，获得操作过程的信息，再通过远端的机器实现人手的延伸，执行远距离的操作任务，即通过远程化通信系统使操作员对操作对象完全控制。

② 智能增强。遥操作通过通信系统把人的高智能转移到可控制回路中，并通过多用户的形式实现资源共享，可集世界各地相关领域众多科学家的智慧于一体，作出更加科学、合理的决策。

③ 时延消减。由于空间跨越、天地通信链路信息的传输造成的大时延，操作员不能实时获得遥操作的效果，易造成系统不稳定，给遥操作带来很大的困难[36]。目前遥操作的控制方法都是基于大时延设计的，以尽量消减时延的影响，提高遥操作的效能。

④ 人机协调。人的介入使系统的各项性能显著提高。人机协调工作模式成为遥操作的特点之一。通过对人的高级智能和机器的低级智能的明确分工，遥操作决策和机器人自主执行功能可以有机结合，充分发挥各自特点，提高系统的智能程度，满足遥操作高精度的要求。

⑤ 高度透明。在多数情况下，遥操作通过下传的视频信息和传感器信息，了解操作过程的状态，但是某些情况下(如信息链路出现故障时)没有下行信息。此时，整个系统不可观测，会给控制带来极大的困难。灵境技术可以对遥操作的全过程进行在线虚拟显示，并拟合出其他信息，使整个系统在时/空维度内全程可观测。其反馈修正可以提高可观测的准确性，使遥操作过程完全透明。

1.2.4 遥操作的操作模式

遥操作的应用范围越来越广，操作对象和表现形式越来越多[37]，按设计方法和实现途径可以归纳为三类主要操作模式。

1. 自主(监视)遥操作模式

自主遥操作模式的关键是对机器人进行规划。其核心是由机器人自主完成任务，直到任务执行完毕或者出现错误再进行反馈。由于各项技术基础的限制，机器人的规划一般分为两级[37-38]。

① 将机器人任务分解成若干个子任务，指定工作空间中的各种资源，推导出一个动作序列，即任务规划。

② 在上一级粗略规划的基础上完成动作的细节规划，即路径规划。

在自主遥操作模式下，任务规划和路径规划功能需要现场机器人系统自主实现，以规则物体作为机器人的操作对象，综合视觉系统、规划系统和机器人系统以完成操作员设定的任务[39]。在上层控制计算机上，通过视觉系统定位、识别视场中的物体作为任务的初始状态，等待操作员输入任务的目标状态后，系统自主完成任务规划、路径避碰规划，并控制机器人完成抓取、移动、摆放等动作。自主遥操作依赖对遥现场环境、遥操作任务的精确建模，以及先验知识和处理规则的优化设计，可解除操作员长时间操作的疲劳，有效处理预定任务。

监视遥操作模式可以说是自主遥操作模式的一种扩展。在监视遥操作模式下，一旦符号命令程序交付遥机器人执行，操作员虽然交出控制权，但仍然要对其执行过程进行监视，通过各种反馈信息判断执行是否顺利进行，是否存在目标冲突或发生意外。当遥机器人无法实现预定目标或发生故障时，操作员需要通过更新、修改程序，或直接切换到手动控制方式来干预执行过程。

2. 主从(交互)遥操作模式

在主从遥操作模式下，操作员直接控制空间机器人进行作业。操作员输入指令可分为数值输入和手动输入两种。数值输入指操作员根据任务要求输入下一步要求机器人达到的任务目标，机器人按照输入的数值自主完成并反馈信息。手动输入可分为带力反馈的主从手控制[40]和非力反馈的操纵器控制。

主从手控制可提供高保真的临场感觉。操作者通过主手感受到从手的作用力，即当有力作用于从手时，主手也受到同样的(或成比例的)作用力，其目的是为操作员提供力的临场感觉，以便完成复杂的任务。其关键问题是时延补偿、时延稳定，以及通信带宽限制。当信息量较大时，不能进行连续操作，同时时延较大时容易影响操作者的判断，降低系统的稳定性。

非力反馈操纵器方式的实质是对力反馈主从手控制的弱化，通过适当减小系统透明度，提高时延环境下系统的稳定性。操纵器的选取可多样化，如六自由度鼠标、双杆操纵器等。在非力反馈操纵方式下，操作者仅能从视觉获得操纵信息，但可以加入位移、速度或加速度等运动觉补偿来增强感知。

3. 共享遥操作模式

共享遥操作模式是一种让操作员和遥机器人在操作过程中责任共享，既允许操作员直接操作，发挥其判断决策能力，又保证遥机器人具有一定自主性的操作模式[41]。该模式无需在运行中长时间连续通信，可以在一定程度上回避主从遥操作模式的不足，使操作员随时干预执行过程[42-43]。该模式的不足是难以在环境信息不完整或完全未知时使用。遥编程是共享遥操作模式的典型代表。

遥编程与传统遥控方式的不同在于，操作员控制站和遥机器人之间传递的不是关节机构的伺服控制指令，而是具有一定抽象程度的符号命令程序段。遥编程通过将操作员和遥机器人的控制回路分离来降低通信延迟影响，使操作员以直接控制的方式进行操作。

遥编程模式一般融合虚拟预测显示能力，是一种基于局部自主和多级监控的综合控制策略。在遥编程模式下，基于遥操作环境的先验知识构造虚拟环境，操作员面向虚拟环境进行操作，同时获得即时的视觉和运动觉反馈；系统监视操作员的动作，并将操作员的动作转化为符号命令程序，发给遥机器人执行；遥机器人接受命令，半自主地连续执行，并不断向操作员反馈执行状态，当检测到误差或意外情况发生时，遥机器人先自主保护，然后等待操作员的恢复命令。

遥编程模式至少存在两个反馈回路，一个在操作员主控站，另一个在遥机器人工作站。主控站采用计算机仿真技术和虚拟现实(virtual reality，VR)技术，使操作员获得即时反馈信息，从而进行连续操作[44]。主控站的另一功能是根据操作员的动作，自动生成符号命令程序。由此可以实现直接控制和监控两种控制方式的融合。一方面，在操作员界面上，通过虚拟环境，操作员能以连续直观的方式操纵虚拟机器人；另一方面，遥机器人接收来自操作员控制站的符号命令，以局部自主的方式运行，从而在底层控制回路中避开时延。遥编程的一个核心问题是对意外情况(超出预定序列以外)的处理。与自主机器人不同，遥操作依靠操作员进行错误的诊断和恢复。由于遥编程是基于模型的操作，因此克服由操作环境不确定性等因素带来的虚拟模型和实际环境的差别，即在线修正技术是遥编程操作模式的关键技术。在自由运动状态下，虚拟模型和实际环境的差别带来的影响可能并不明显，但在试图建立或保持某种接触状态时，消除这种差别就显得极为重要。

1.2.5　遥操作的关键技术

目前，遥操作虽然有了较大发展，但在面向空间目标的遥操作系统中，对象复杂、不确定大时延、有限带宽，以及有限测控时段等对遥操作提出较高的要求。因此，仍需在遥现技术、遥作技术、遥信技术、虚拟对象建模与修正技术、虚拟现实技术、人工智能、信息采集与融合技术、系统性能分析等方面投入大量的研究力量。

1. 遥现

遥现指远距离感知远端作业现场信息并在本地将其展现给操作员，使人类感知范围得到延伸。遥现获取的现场信息是进行遥操作的基础，给人以身临其境的感觉。遥现包括遥视、遥听、遥触、遥摄、遥测等。遥现技术面临以下问题。

① 特征和内禀本质信息获取。获取信息是遥现的第一步，也是遥操作的第一步。它关系到遥现和遥作的可行性和质量。一个实用的遥操作系统应该尽量获取特征的、本质的信息。这需要通过传感器技术采用优化、合理的采样周期采集多方面、多层次、高质量的有效信息。

② 多媒体信息传输。遥现获得的信息是多种媒体形式承载的，因此遥操作系统必须具备多媒体同步、实时传输的能力。这需要图像压缩、延时补偿、纠错等一系列技术的支持。

③ 信息融合(多传感器、多媒体集成)。同一对象的信息可能来自不同的传感器、媒体、层次、角度，采集的粒度有粗有细，有时不能直接使用，需要进行集成。通过信息融合技术将来自各种探测器和信息源的数据进行联想、相关和组合，可以得出精确定位的特性判断。

目前遥现使用视、听、触、味、嗅等敏感器技术；综合敏感技术；敏感器信息汇集技术；基于遥现信息使人产生相应感觉的致感技术；高清晰度彩色立体电视技术；能为人建立立体听觉的立体声技术；力与力矩敏感技术；动觉技术。

2. 遥作

遥作是与工作实体不处于同一现场的操作员，根据对工作实体状态和现场作业环境的感知，通过大脑智慧作出操作决策(与工作实体自身的有限决策能力相配合)，并使工作实体能够同步响应其决策指令的远程化交互控制手段，是将操作信息物化的过程。遥作是遥操作的核心问题，如果不能对工作实体进行远端操作，遥操作就没有任何意义。遥作首先将人的行为动作转化成行为动作信息(如位置、力、力矩等)，然后将行为动作信息还原成机械动作或物理行为。

与遥作相关的技术有对信息引导的机械制动技术、任务规划技术、指令识别技术、机械设备的主从控制技术、主从坐标变换技术、主从力/力矩快速耦合技术、任务调度与协调技术等。

3. 遥信

遥信即远距离通信，可为遥现和遥作信息提供远距离、高速、可靠的传输通道。遥信是遥操作系统的关键，可以解决在空间上不连续的遥现和遥作之间进行信息实时交互的问题。

遥信解决的首要问题是利用有限的带宽最大限度地传输有效信息。遥科学系统要求遥信系统提供全双工的可靠通信链路，但是在两个方向传输的信息量不均衡，往往从远端传送给本地的遥现信息量要远远大于本地发送给远端的遥作信息量。遥信系统对上下行的信息采用非对称的传输模式，以提高带宽利用率。为了利用有限的带宽传输更多的信息，在传输之前，发送端先对信息数据进行压缩，接收端接收完压缩数据后解压还原源信息。数据的压缩传输是一个以时间换带宽的过程。压缩和解压过程都会产生处理延时，如果采用有损压缩算法还会损失一定的信息，因此必须在带宽、延时及效果之间进行折中，根据具体情况选取合适的压缩算法。远距离传输会不可避免地带来传输大延时。由于物理极限的存在，仅靠遥信系统本身很难将传输延时降低到人们允许的范围内,因此需要另寻他径。

遥信系统涉及的技术包括高速带宽远距离通信技术、海量多媒体及数字信号压缩/传输/解压技术、无线信道的抗干扰技术、数字信号传输的检错/纠错技术等。

4. 对象建模与修正技术

基于预测模型的灵境遥操作是消减大时延影响的有效方法。预测模型包括现场操作环境的几何模型和操作对象的机理模型。模型精度是影响灵境遥操作有效消减时延、提高操作精度的重要因素，因此建模及模型修正是遥操作的关键技术之一。随着应用范围的扩大，遥操作从结构化环境中的重复性操作发展到非结构化环境下的非重复性操作，因此动态在线建模技术受到越来越多的重视。动态在线建模技术和实时三维图形生成技术目前尚未发展成熟[45-47]，计算的实时性和准确性仍需进一步提高。

在实际应用中，系统会不可避免地存在建模误差和累计误差，同时受不确定性因素的影响，虚拟对象与真实对象的状态也不一致。这些误差的存在不但会降低预测的效果和精度，还可能导致在实际操作中出现误操作。因此，利用现场真实的信息去修正预测误差，可以提高系统的鲁棒性和抗干扰能力。利用“停-改-走”的离线修正模式，如基于多传感器的空间遥操作机器人虚拟环境的建模方法[48-49]、基于视频图像视觉定位技术获取的操作对象或环境误差的状态更新或模型修正方法[50-51]、基于远端反馈视频信息和虚拟仿真图形的模型修正方法[52]等，误差无法得到及时在线地修正，而且无形中会降低系统的工作效率和操作的连续性。在线修正方法可以实时校正误差，提高系统的鲁棒性，但受遥操作系统中不确定大时延和有限带宽等因素的影响，目前还没有一种在线修正方法能在此条件下对误差进行有效地监视与修正。

5. 虚拟现实

虚拟现实是利用计算机创建和体验虚拟世界的多传感器融合与多媒体集成的计算机系统。人们可以利用该计算机系统生成虚拟环境，借助多种传感设备向用户提供诸如视、听、触等各种直观而又自然的实时感知交互手段，使操作者投入该环境中，实现操作者与该环境进行直接地自然交互[53]。虚拟环境指计算机生成的具有真实感的立体图形，可以是某种特定现实世界的真实体现，也可以是纯粹构想的世界。通过视、听、触觉作用于操作者，使之产生身临其境感觉的交互式视景。虚拟现实是一种自然的人机交互接口，其技术本质可用 3 个“I”来描述，即沉浸(immersion)、交互(interaction)、构想(imagination)。

概略地说，虚拟现实具有以下主要特征。

① 多感知性。理想的虚拟现实技术应该具有一切人所拥有的感知能力，但由于传感技术的限制，目前虚拟现实具有的感知功能仅限于视觉、听觉、触觉、力觉等几种。

② 存在感。存在感又称为临场感，指操作员感到作为主角存在于虚拟环境中的真实程度。

③ 交互性。操作员对模拟环境内物体的可操作程度和从环境得到反馈的自然程度。

④ 自主性。虚拟环境中物体依据物理定律动作的程度。

在遥操作系统中，由于传感器采样精度、传输延时等因素，单纯依靠遥现信息不利于操作员对远端工作环境的变化和作业进展进行判断。遥操作系统通过虚拟现实在本地建立并维护远端作业环境在本地的仿真环境。操作员只和虚拟环境交互，无需直接感知远端的作业环境。远端作业环境和虚拟环境的一致性由遥操作系统保证。利用虚拟现实技术对遥现、遥作进行辅助和补充有利于减轻操作员的负担，提高遥操作的效率和可靠性。虚拟环境和作业环境示意图如图 1.2 所示。

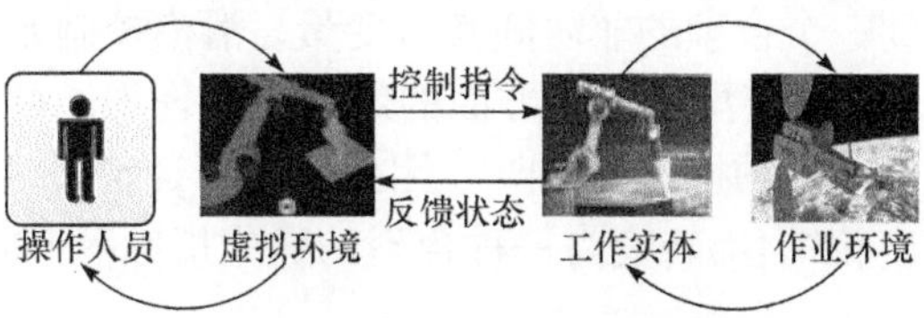

图 1.2 虚拟环境和作业环境示意图

6. 人工智能

人工智能的目标是使机器具有人的智能,能够根据外界刺激自主地做出响应,减少人对机器行为的控制和干预。人工智能是提高遥操作系统自主智能化水平、节省遥操作系统资源、降低系统通信量、减轻操作员负担、提高遥操作系统工作效率的有效途径。

在遥操作领域，人工智能研究的问题包括以下几个。

① 知识的获取与管理。

② 信息分析与综合能力。

③ 智能信息处理方法。

④ 提高机器系统自主水平。

7. 信息采集与融合技术

信息采集与融合技术是把来自各种探测器、传感器、媒体、层次、角度等数据进行关联和组合，从而得出精确的特性判断。遥操作系统包括虚拟对象和真实对象的信息采集和融合[54]。它具有以下几个优点。

① 能够提供稳定的工作性能，增加信息的冗余性和可靠性。

② 能够对同一目标进行多次和多种测量，并进行有效地综合，以提高信息的准确度。

③ 能够扩大对时间和空间的覆盖范围，减少探测盲点。

信息融合主要有硬件融合和软件融合两个方向。目前以软件融合为主，并且研究重点集中在虚、实信息的采集与融合技术，视觉、力觉、触觉及运动觉的多信息融合技术等方面。

8. 遥操作系统性能分析

稳定性和透明度是评价遥操作系统性能的重要指标[55]。一些学者提出基于无源性、散射、波变量理论的方法分析系统的稳定性[56-58]，这些方法具有较大的保守性。线性二次高斯(linear quadratic Gaussian，LQG)控制[59]、H_∞ 控制[60]和 Lyapunov-like 函数[61]等方法虽然可得较好的系统性能或在优化指标意义下的稳定控制，但都需要对系统的时延有足够的了解。基于事件[62-63]的方法也可得对任意时延的稳定控制，且不需要知道时延的任何特征，但系统的操作性能却有待改善，尤其是如何找到一个合理的非时间参考变量。滑模控制方法[64]除了自身固有的缺陷(如抖动)外，在系统操作性能方面的效果也不理想。稳定性是遥操作系统的基础。透明性决定系统的操作性能[65]。因此，在不确定大时延条件下，如何将系统稳定性与透明度相结合,转变为一种合理的优化指标等方面有待进一步研究。

第 2 章　空间机器人动力学建模技术

本章研究一个由基座、基座上的多关节(6 关节)机械臂和被抓取的自由漂浮对象组成的系统的建模过程，以及建模后的验模结果。系统机械臂的 D-H 参数、质量、质心、惯量参数精确已知，受驱动的等效阻尼未知或不准确；基座的几何参数已知，内部结构已知，燃料消耗情况未知(结构已知但惯性参数未知)；自由漂浮对象部分参数已知但不准确，或者所有参数全未知。

2.1　自由漂浮空间机器人运动学模型

2.1.1　模型假设

无特殊说明的情况下，空间机器人指搭载了机械臂的空间飞行器，是由飞行器主体及机械臂构成的一个多体系统。主星指飞行器主体部分，即搭载机械臂及其他部件机构的基座平台。机械臂指由多个旋转关节(铰链)连接多个连杆构成的多刚体结构。目标物体一般被视为刚体，指空间任务中机器人要捕获及操作的空间对象。当目标物体被机械臂末端的手爪或者其他执行机构捕获并牢固之后，也将被认为是空间机器人系统的一部分。

一般情况下，我们只关心多体系统的刚性动作，因此整个空间机器人系统中对我们有意义的部分就是由主星、机械臂和目标物体构成的多刚体系统。其他主星或者机械臂上的附属机构和部件不再单独考察。

在一次完整的任务操作过程中，如果不以任何姿态控制装置去补偿由机械臂作业动作导致的主星位姿变化，则研究的是一个自由漂浮的空间机器人系统。建模对象为空间中自由漂浮的多关节机械臂机器人及其基座(主星)构成的多刚体系统。设机械臂有 n 个连杆，通过 n 个旋转关节(铰链)依次连接，接续到主星上；连杆 1 为最接近主星的连杆，连杆 n 为最末端连杆。关节 $i(i=1,2,\cdots,n)$ 表示机械臂上连杆 $i-1$ 与连杆 i 之间的关节。机械臂的每个关节都只有一个旋转自由度。

系统的初始状态已知，随后处于无轨控推力和姿/控力矩作用下的在轨飞行状态，即主星位置和姿态均不受助推器或其他类似外力的控制。建模时，地球扁率、大气阻尼、太阳光压、地球磁场等影响皆忽略不计，整个系统动量与角动量视为守恒。

2.1.2 坐标系与符号定义

本节将定义后续工作中建立模型和公式推导过程中涉及的物理量及其符号。星-臂耦合运动学建模对象示意图如图 2.1 所示。

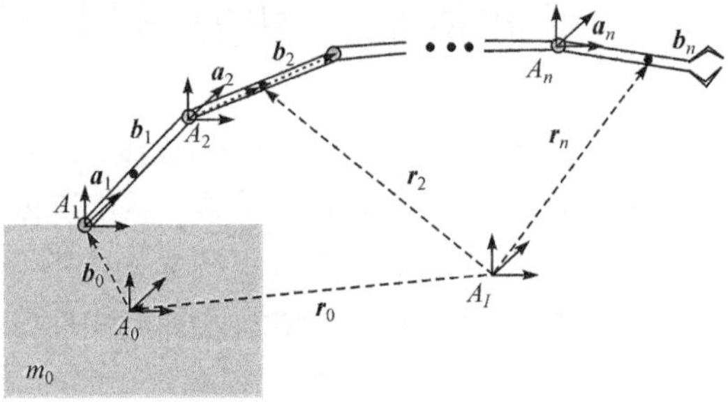

图 2.1 星-臂耦合运动学建模对象示意图

1. 特定坐标系或者坐标变换

坐标系 A_I 定义为惯性系。在后续章节环境中，一般将其定义在系统初始位置，并以与系统质心相同的初速度做惯性运动。为保持符号统一与简便，在一些推导过程中，令 $A_{-1}=A_I$，也表示惯性系。

A_0 定义为主星随体系。其原点在主星质心上，坐标系三轴方向与主星自身设计坐标系一致即可。主星本体坐标系与惯性坐标系之间的变换依欧拉角定义。

$A_i(i=1,2,\cdots,n)$ 定义为多刚体系统中连杆 i 的随体系。其原点固定在关节 i 的前后两连杆铰接点处。坐标系 z 轴与关节 i 的旋转轴保持一致，x 轴与 y 轴参考机械臂 D-H 参数定义。$\hat{\boldsymbol{x}}_i$、$\hat{\boldsymbol{y}}_i$ 和 $\hat{\boldsymbol{z}}_i$ 分别表示 A_i 的三轴单位矢量。

$\boldsymbol{A}_{i-1,i}(i=1,2,\cdots,n)$ 定义为从坐标系 A_i 到坐标系 A_{i-1} 的坐标变换，即

$$\boldsymbol{A}_{i-1,i}=\boldsymbol{E}_{z\bar{\phi}_i}\boldsymbol{E}_{x\psi_i}\boldsymbol{E}_{z\phi_i}$$
$$=\begin{bmatrix}\cos\bar{\phi}_i & -\sin\bar{\phi}_i & 0\\ \sin\bar{\phi}_i & \cos\bar{\phi}_i & 0\\ 0 & 0 & 1\end{bmatrix}\begin{bmatrix}1 & 0 & 0\\ 0 & \cos\psi_i & -\sin\psi_i\\ 0 & \sin\psi_i & \cos\psi_i\end{bmatrix}\begin{bmatrix}\cos\phi_i & -\sin\phi_i & 0\\ \sin\phi_i & \cos\phi_i & 0\\ 0 & 0 & 1\end{bmatrix} \tag{2.1}$$

其中，$\boldsymbol{E}_{z\bar{\phi}_i}$、$\boldsymbol{E}_{x\psi_i}$和$\boldsymbol{E}_{z\phi_i}$ 均为单轴旋转矩阵；ψ_i 为由 D-H 参数规定的关节 i 的 x 轴扭转角；$\bar{\phi}_i$ 为由 D-H 参数规定的关节 i 的 z 轴初始旋转角；ϕ_i 为关节 i 的 z 轴旋转角。

主星随体系与惯性系之间的坐标转换矩阵 $\boldsymbol{A}_{I0}$ 满足下式，即

$$\boldsymbol{A}_{I0}=\boldsymbol{E}_{z\gamma}\boldsymbol{E}_{y\beta}\boldsymbol{E}_{x\alpha}$$
$$=\begin{bmatrix}\cos\gamma & -\sin\gamma & 0\\ \sin\gamma & \cos\gamma & 0\\ 0 & 0 & 1\end{bmatrix}\begin{bmatrix}\cos\beta & 0 & -\sin\beta\\ 0 & 1 & 0\\ \sin\beta & 0 & \cos\beta\end{bmatrix}\begin{bmatrix}\cos\alpha & -\sin\alpha & 0\\ \sin\alpha & \cos\alpha & 0\\ 0 & 0 & 1\end{bmatrix} \tag{2.2}$$

其中，$\boldsymbol{E}_{z\gamma}$、$\boldsymbol{E}_{y\beta}$和$\boldsymbol{E}_{x\alpha}$均为单轴旋转矩阵；α为主星姿态x轴欧拉角；β为主星姿态y轴欧拉角；γ为主星姿态z轴欧拉角。

对于$i<j$，坐标转换矩阵显然满足$\boldsymbol{A}_{ij}=\boldsymbol{A}_{i,i+1}\boldsymbol{A}_{i+1,i+2}\cdots\boldsymbol{A}_{j-1,j}$；对于$i=-1,0,\cdots,n$，则有$\boldsymbol{A}_{ii}=\boldsymbol{E}$，$\boldsymbol{E}$为单位矩阵。

2. 系统中的结构参数

$\boldsymbol{l}_i=\boldsymbol{a}_i+\boldsymbol{b}_i(i=1,2,\cdots,n)$定义为由$A_i$原点指向$A_{i+1}$原点的矢量。其中，$\boldsymbol{a}_i$为随体系$A_i$原点指向连杆$i$质心的矢量，$\boldsymbol{b}_i$为由连杆$i$质心指向随体系$A_{i+1}$原点的矢量。三者都定义在坐标系$A_i$中。在发射之前整个空间机器人系统的结构参数已设计完成，因此在一次任务中，$\boldsymbol{l}_i$、$\boldsymbol{a}_i$和$\boldsymbol{b}_i$都是常量矩阵。

考虑符号的统一性，定义$\boldsymbol{a}_0=\boldsymbol{0}$为主星随体系$A_0$原点指向主星质心的矢量，$\boldsymbol{l}_0=\boldsymbol{b}_0$为主星质心指向$A_1$原点的矢量。

3. 坐标系中的物理参数符号

$m_i(i=0,1,\cdots,n)$：连杆i(或主星)的质量。

w：系统总质量。

$\boldsymbol{r}_i(i=0,1,\cdots,n)$：连杆$i$(或主星)的质心位置，定义在惯性系$A_{-1}$中。

$\boldsymbol{r}_G$：系统质心位置。

$\boldsymbol{I}_i(i=0,1,\cdots,n)$：连杆$i$(或主星)关于自身质心的转动惯量，定义在自身随体系A_i中。

$\boldsymbol{R}_i(i=0,1,\cdots,n)$：坐标系$A_i$原点的位置，定义在$A_{-1}$中，即$A_i$原点的矢径在惯性系中的分量组成的向量。$\boldsymbol{R}_i$满足下式，即

$$\boldsymbol{R}_i=\boldsymbol{R}_0+\sum_{k=1}^{i}\boldsymbol{A}_{I,k-1}\boldsymbol{r}_{k-1,k},\quad i=1,2,\cdots,n \tag{2.3}$$

其中，$\boldsymbol{R}_0$为主星随体坐标系原点在惯性系中的位置；$\boldsymbol{A}_{I,k-1}$为连杆$k-1$的随体系A_{k-1}到惯性系A_I的坐标变换；$\boldsymbol{r}_{k-1,k}$为连杆k的随体系A_k原点到连杆$k-1$的随体系A_{k-1}原点的矢径。

$\boldsymbol{v}_i(i=0,1,\cdots,n)$：连杆$i$(或主星)质心速度，定义在惯性系$A_I$中。

$\boldsymbol{V}_i(i=0,1,\cdots,n)$：坐标系$A_i$原点的线速度，定义在惯性系$A_I$中，即$A_i$原点的绝对速度矢量在惯性系中的分量组成的向量。$\boldsymbol{V}_i$满足下式，即

$$\boldsymbol{V}_i=\boldsymbol{V}_0+\sum_{k=0}^{i}\boldsymbol{A}_{Ik}\boldsymbol{\varOmega}_k\boldsymbol{r}_{k,k+1},\quad i=1,2,\cdots,n \tag{2.4}$$

其中，$\boldsymbol{V}_0$为主星随体系A_0原点的线速度；$\boldsymbol{A}_{Ik}$为连杆k的随体系A_k到惯性系A_I

的坐标变换；$\boldsymbol{\Omega}_k$ 为连杆 k 的角速度；$\boldsymbol{r}_{k,k+1}$ 为连杆 $k+1$ 的随体系 A_{k+1} 原点到连杆 k 的随体系 A_k 原点的矢径。

ϕ_i：关节 i 的旋转角。

$\bar{\phi}_i$：关节 i 的初始 D-H 角参数。

$\dot{\boldsymbol{\Phi}}_i(i=0,1,\cdots,n)$：连杆 i (或主星)相对于连杆 $i-1$ (或主星/惯性系)的角速度，定义在 A_i 中，即 A_i 相对于 A_{i-1} 的角速度矢量在 A_i 体坐标系下的分量组成的向量。

$\boldsymbol{\Omega}_i(i=0,1,\cdots,n)$：连杆 i (或主星)的角速度，定义在 A_i 中，即坐标系 A_i 的绝对角速度矢量在其自身体坐标系下的分量组成的向量。$\boldsymbol{\Omega}_i$ 满足下式，即

$$\boldsymbol{\Omega}_i=\sum_{k=0}^{i}\boldsymbol{A}_{ik}\dot{\boldsymbol{\Phi}}_k,\quad i=0,1,\cdots,n \tag{2.5}$$

其中，$\boldsymbol{A}_{ik}$ 为坐标系 A_k 到坐标系 A_i 的坐标变换；$\dot{\boldsymbol{\Phi}}_k$ 为连杆 k 相对于连杆 $k-1$ 的角速度。

$$\boldsymbol{\Omega}_0=\dot{\boldsymbol{\Phi}}_0 \tag{2.6}$$

其中，$\boldsymbol{\Omega}_0$ 为主星的角速度；$\dot{\boldsymbol{\Phi}}_0$ 为主星相对于惯性系的角速度。

$\omega_i(i=0,1,\cdots,n)$：连杆 i (或主星)的角速度，定义在惯性系 A_I 中。

2.1.3 运动学建模

在不受外力作用的条件下，惯性系包括主星、机械臂，以及可能的被抓取物体。整个系统线动量守恒，即

$$\sum_{i=0}^{n}m_i\dot{\boldsymbol{r}}_i=\text{const} \tag{2.7}$$

整个系统同样满足角动量守恒，即

$$\sum_{i=0}^{n}\left(\boldsymbol{A}_{Ii}\boldsymbol{I}_i\boldsymbol{\Omega}_i+m_i\boldsymbol{r}_i\times\dot{\boldsymbol{r}}_i\right)=\boldsymbol{L}_0=\text{const} \tag{2.8}$$

其中，$\boldsymbol{A}_{Ii}$ 为坐标系 A_i 到惯性系 A_I 的坐标变换；$\boldsymbol{L}_0$ 为系统角动量。两相邻连杆质心之间的几何方程为

$$\boldsymbol{r}_i-\boldsymbol{r}_{i-1}=\boldsymbol{A}_{Ii}\boldsymbol{a}_i+\boldsymbol{A}_{I,i-1}\boldsymbol{b}_{i-1} \tag{2.9}$$

其中，$\boldsymbol{r}_{i-1}$ 为连杆 $i-1$ 的质心位置；$\boldsymbol{A}_{I,i-1}$ 为坐标系 A_{i-1} 到惯性系 A_I 的坐标变换；$\boldsymbol{b}_{i-1}$ 为由连杆 $i-1$ 质心指向随体系 A_i 原点的矢量。机械臂连杆末端手爪满足的几何方程为

$$\boldsymbol{r}_i+\boldsymbol{A}_{Ii}\boldsymbol{b}_i=\boldsymbol{r}_0+\boldsymbol{A}_{I0}\boldsymbol{b}_0+\sum_{i=1}^{n}\boldsymbol{A}_{Ii}\boldsymbol{l}_i \tag{2.10}$$

其中，$\boldsymbol{A}_{I0}$ 为主星随体系 A_0 到惯性系 A_I 的坐标变换。

将式(2.9)展开至 $\boldsymbol{r}_0$，得到的关系式为

$$\boldsymbol{r}_i = \sum_{l=1}^{i}\left(\boldsymbol{A}_{Il}\boldsymbol{a}_l + \boldsymbol{A}_{I,l-1}\boldsymbol{b}_{l-1}\right) + \boldsymbol{r}_0, \quad i \geqslant 1 \tag{2.11}$$

其中，$\boldsymbol{A}_{Il}$ 为坐标系 A_l 到惯性系 A_I 的坐标变换；$\boldsymbol{a}_l$ 为随体系 A_l 原点指向连杆 l 质心的矢量；$\boldsymbol{A}_{I,l-1}$ 为坐标系 A_{l-1} 到惯性系 A_I 的坐标变换；$\boldsymbol{b}_{l-1}$ 为由连杆 $l-1$ 质心指向随体系 A_l 原点的矢量；$\boldsymbol{r}_0$ 为主星的质心位置。整个系统质心的位置为

$$\sum_{i=0}^{n} m_i \boldsymbol{r}_i = \boldsymbol{r}_G \sum_{i=0}^{n} m_i \tag{2.12}$$

将式(2.11)代入式(2.12)，可得如下关系式，即

$$\boldsymbol{r}_G \sum_{i=0}^{n} m_i = \sum_{i=0}^{n} m_i \boldsymbol{r}_i = \boldsymbol{r}_0 \sum_{i=0}^{n} m_i + \sum_{i=1}^{n}\left[m_i \sum_{l=1}^{i}\left(\boldsymbol{A}_{Il}\boldsymbol{a}_l + \boldsymbol{A}_{I,l-1}\boldsymbol{b}_{l-1}\right)\right] \tag{2.13}$$

$$\boldsymbol{r}_0 = \boldsymbol{r}_G - \frac{\sum_{i=1}^{n}\left[m_i \sum_{l=1}^{i}\left(\boldsymbol{A}_{Il}\boldsymbol{a}_l + \boldsymbol{A}_{I,l-1}\boldsymbol{b}_{l-1}\right)\right]}{w} \tag{2.14}$$

将式(2.14)代入式(2.11)，可得如下关系式，即

$$\begin{aligned}
\boldsymbol{r}_i &= \frac{1}{w}\sum_{j=0}^{n} m_j \sum_{l=1}^{i}\left(\boldsymbol{A}_{Il}\boldsymbol{a}_l + \boldsymbol{A}_{I,l-1}\boldsymbol{b}_{l-1}\right) + \boldsymbol{r}_G - \frac{1}{w}\sum_{j=1}^{n}\left[m_j \sum_{l=1}^{j}\left(\boldsymbol{A}_{Il}\boldsymbol{a}_l + \boldsymbol{A}_{I,l-1}\boldsymbol{b}_{l-1}\right)\right] \\
&= \frac{1}{w} m_0 \sum_{l=1}^{i}\left(\boldsymbol{A}_{Il}\boldsymbol{a}_l + \boldsymbol{A}_{I,l-1}\boldsymbol{b}_{l-1}\right) + \frac{1}{w}\sum_{j=1}^{n} m_j \sum_{l=1}^{i}\left(\boldsymbol{A}_{Il}\boldsymbol{a}_l + \boldsymbol{A}_{I,l-1}\boldsymbol{b}_{l-1}\right) \\
&\quad - \frac{1}{w}\sum_{j=1}^{n} m_j \sum_{l=1}^{j}\left(\boldsymbol{A}_{Il}\boldsymbol{a}_l + \boldsymbol{A}_{I,l-1}\boldsymbol{b}_{l-1}\right) + \boldsymbol{r}_G \\
&= \frac{1}{w}\sum_{l=1}^{i}\left(\boldsymbol{A}_{Il}\boldsymbol{a}_l + \boldsymbol{A}_{I,l-1}\boldsymbol{b}_{l-1}\right) m_0 + \frac{1}{w}\sum_{l=1}^{i}\left(\boldsymbol{A}_{Il}\boldsymbol{a}_l + \boldsymbol{A}_{I,l-1}\boldsymbol{b}_{l-1}\right)\left(\sum_{j=1}^{n} m_j - \sum_{j=l}^{n} m_j\right) \\
&\quad - \frac{1}{w}\sum_{l=i+1}^{n}\left(\boldsymbol{A}_{Il}\boldsymbol{a}_l + \boldsymbol{A}_{I,l-1}\boldsymbol{b}_{l-1}\right)\sum_{j=l}^{n} m_j + \boldsymbol{r}_G \\
&= \frac{1}{w}\sum_{l=1}^{i}\left(\boldsymbol{A}_{Il}\boldsymbol{a}_l + \boldsymbol{A}_{I,l-1}\boldsymbol{b}_{l-1}\right)\sum_{j=0}^{l-1} m_j - \frac{1}{w}\sum_{l=i+1}^{n}\left(\boldsymbol{A}_{Il}\boldsymbol{a}_l + \boldsymbol{A}_{I,l-1}\boldsymbol{b}_{l-1}\right)\sum_{j=l}^{n} m_j + \boldsymbol{r}_G \\
&= \sum_{l=1}^{n}\left(\boldsymbol{A}_{Il}\boldsymbol{a}_l + \boldsymbol{A}_{I,l-1}\boldsymbol{b}_{l-1}\right) K_{il} + \boldsymbol{r}_G
\end{aligned} \tag{2.15}$$

出于表达式简洁的考虑，这里为两个不同的区间定义形式上统一的 K_{il}，令满足下式，即

$$K_{il}=\begin{cases}\dfrac{1}{w}\sum\limits_{j=0}^{l-1}m_j, & i\geqslant l\\ -\dfrac{1}{w}\sum\limits_{j=l}^{n}m_j, & i<l\end{cases} \tag{2.16}$$

在一次任务过程中，卫星的设计尺寸、质量特性一般都不会发生变化，即 $\boldsymbol{a}_i$、$\boldsymbol{b}_i$ 和 K_{il} 均与时间无关。因此，将式(2.15)对时间求导，可得下式，即

$$\dot{\boldsymbol{r}}_i-\dot{\boldsymbol{r}}_G=\sum_{j=1}^{n}K_{ij}\left(\dot{\boldsymbol{A}}_{Ij}\boldsymbol{a}_j+\dot{\boldsymbol{A}}_{I,j-1}\boldsymbol{a}_{j-1}\right) \tag{2.17}$$

坐标转换矩阵 $\boldsymbol{A}_{ji}$ 满足下式，即

$$\begin{aligned}\boldsymbol{A}_{Ii}&=\boldsymbol{A}_{I0}\boldsymbol{A}_{01}\cdots\boldsymbol{A}_{i-2,i-1}\boldsymbol{A}_{i-1,i}\\&=\left(\boldsymbol{E}_{z\gamma}\boldsymbol{E}_{y\beta}\boldsymbol{E}_{x\alpha}\right)\left(\boldsymbol{E}_{z\phi_1}\boldsymbol{E}_{x\psi_1}\right)\cdots\left(\boldsymbol{E}_{z\phi_{i-1}}\boldsymbol{E}_{x\psi_{i-1}}\right)\left(\boldsymbol{E}_{z\phi_i}\boldsymbol{E}_{x\psi_i}\right)\end{aligned} \tag{2.18}$$

其中，$\boldsymbol{E}$ 为单轴旋转矩阵，满足下式，即

$$\begin{aligned}\boldsymbol{E}_{z\gamma}&=\begin{bmatrix}\cos\gamma & -\sin\gamma & 0\\ \sin\gamma & \cos\gamma & 0\\ 0 & 0 & 1\end{bmatrix}\\ \boldsymbol{E}_{y\beta}&=\begin{bmatrix}\cos\beta & 0 & \sin\beta\\ 0 & 1 & 0\\ -\sin\beta & 0 & \cos\beta\end{bmatrix}\\ \boldsymbol{E}_{x\alpha}&=\begin{bmatrix}1 & 0 & 0\\ 0 & \cos\alpha & -\sin\alpha\\ 0 & \sin\alpha & \cos\alpha\end{bmatrix}\end{aligned} \tag{2.19}$$

将式(2.18)的坐标转换矩阵对时间求导，可得下式，即

$$\begin{aligned}\dot{\boldsymbol{A}}_{Ii}&=\frac{\mathrm{d}}{\mathrm{d}t}\left(\boldsymbol{A}_{I0}\boldsymbol{A}_{01}\cdots\boldsymbol{A}_{i-2,i-1}\boldsymbol{A}_{i-1,i}\right)\\&=\dot{\boldsymbol{A}}_{I0}\boldsymbol{A}_{01}\cdots\boldsymbol{A}_{i-2,i-1}\boldsymbol{A}_{i-1,i}+\boldsymbol{A}_{I0}\dot{\boldsymbol{A}}_{01}\cdots\boldsymbol{A}_{i-2,i-1}\boldsymbol{A}_{i-1,i}+\cdots\\&\quad+\boldsymbol{A}_{I0}\boldsymbol{A}_{01}\cdots\dot{\boldsymbol{A}}_{i-2,i-1}\boldsymbol{A}_{i-1,i}+\boldsymbol{A}_{I0}\boldsymbol{A}_{01}\cdots\boldsymbol{A}_{i-2,i-1}\dot{\boldsymbol{A}}_{i-1,i}\end{aligned} \tag{2.20}$$

其中，$\dot{\boldsymbol{A}}_{i-1,i}$ 为机械臂各连杆间转换矩阵对时间的一阶导形式，满足下式，即

$$\dot{\boldsymbol{A}}_{i-1,i}=\dot{\phi}_i\begin{bmatrix}0&-1&0\\1&0&0\\0&0&0\end{bmatrix}\boldsymbol{E}_{z\phi_i}\boldsymbol{E}_{x\psi_i}\equiv\dot{\phi}_i\boldsymbol{D}_z\boldsymbol{E}_{z\phi_i}\boldsymbol{E}_{x\psi_i}\equiv\dot{\phi}_i\frac{\partial\boldsymbol{A}_{i-1,i}}{\partial\phi_i},\quad i\geqslant1\tag{2.21}$$

其中，$\boldsymbol{D}_z$ 为 z 轴的微分矩阵。

与机械臂各连杆的转换矩阵不同，从惯性系到主星基座坐标系的转换矩阵的导数 $\dot{\boldsymbol{A}}_{I0}$ 为

$$\begin{aligned}\dot{\boldsymbol{A}}_{I0}&=\frac{\mathrm{d}}{\mathrm{d}t}\left(\boldsymbol{E}_{z\gamma}\boldsymbol{E}_{y\beta}\boldsymbol{E}_{x\alpha}\right)\\&=\dot{\gamma}\begin{bmatrix}0&-1&0\\1&0&0\\0&0&0\end{bmatrix}\boldsymbol{E}_{z\gamma}\boldsymbol{E}_{y\beta}\boldsymbol{E}_{x\alpha}+\dot{\beta}\boldsymbol{E}_{z\gamma}\begin{bmatrix}0&0&1\\0&0&0\\-1&0&0\end{bmatrix}\boldsymbol{E}_{y\beta}\boldsymbol{E}_{x\alpha}+\dot{\alpha}\boldsymbol{E}_{z\gamma}\boldsymbol{E}_{y\beta}\begin{bmatrix}0&0&0\\0&0&-1\\0&1&0\end{bmatrix}\boldsymbol{E}_{x\alpha}\\&=\dot{\gamma}\boldsymbol{D}_z\boldsymbol{E}_{z\gamma}\boldsymbol{E}_{y\beta}\boldsymbol{E}_{x\alpha}+\dot{\beta}\boldsymbol{E}_{z\gamma}\boldsymbol{D}_y\boldsymbol{E}_{y\beta}\boldsymbol{E}_{x\alpha}+\dot{\alpha}\boldsymbol{E}_{z\gamma}\boldsymbol{E}_{y\beta}\boldsymbol{D}_x\boldsymbol{E}_{x\alpha}\\&\equiv\dot{\gamma}\frac{\partial\boldsymbol{A}_{I0}}{\partial\gamma}+\dot{\beta}\frac{\partial\boldsymbol{A}_{I0}}{\partial\beta}+\dot{\alpha}\frac{\partial\boldsymbol{A}_{I0}}{\partial\alpha}\end{aligned}\tag{2.22}$$

将式(2.18)～式(2.22)代入式(2.17)中，可得下式，即

$$\dot{\boldsymbol{r}}_i-\dot{\boldsymbol{r}}_G=\sum_{j=1}^{n}K_{ij}\left(\dot{\gamma}\frac{\partial\boldsymbol{A}_{I0}}{\partial\gamma}+\dot{\beta}\frac{\partial\boldsymbol{A}_{I0}}{\partial\beta}+\dot{\alpha}\frac{\partial\boldsymbol{A}_{I0}}{\partial\alpha}\right)\left(\boldsymbol{A}_{0j}\boldsymbol{a}_j+\boldsymbol{A}_{0,j-1}\boldsymbol{b}_{j-1}\right)+\sum_{l=1}^{n}\boldsymbol{\mu}_{il}\dot{\phi}_l\tag{2.23}$$

其中，$\dot{\boldsymbol{r}}_G$ 为惯性系中系统质心线的速度；$\boldsymbol{\mu}_{ij}$ 为机械臂各关节末端的广义速度。

令 $\dot{\boldsymbol{r}}_G=\boldsymbol{0}$，在线动量守恒的条件下，容易通过选取合理的初始坐标系。计算指定的机械臂连杆末端线速度时，$\boldsymbol{\mu}_{ij}$ 代表当某个关节以单位角速度旋转时所给出的线速度贡献，即

$$\boldsymbol{\mu}_{il}=\sum_{j=l}^{n}K_{ij}\left(\boldsymbol{A}_{I,l-1}\frac{\partial\boldsymbol{A}_{l-1,l}}{\partial\phi_l}\boldsymbol{A}_{lj}\boldsymbol{a}_j\right)+\sum_{j=l+1}^{n}K_{ij}\left(\boldsymbol{A}_{I,l-1}\frac{\partial\boldsymbol{A}_{l-1,l}}{\partial\phi_l}\boldsymbol{A}_{l,j-1}\boldsymbol{b}_{j-1}\right)\tag{2.24}$$

式(2.24)便是系统中各个连杆刚体质心的线速度在惯性系中的表达式。另外，考虑式(2.8)中的角速度表达式，每个刚体的角速度 $\boldsymbol{\omega}_i$ 满足下式，即

$$\boldsymbol{\omega}_i=\sum_{j=0}^{i}\boldsymbol{A}_{Ij}\boldsymbol{\Omega}_j=\boldsymbol{A}_{I0}\left(\hat{\boldsymbol{x}}_0\dot{\alpha}+\hat{\boldsymbol{y}}_0\dot{\beta}+\hat{\boldsymbol{z}}_0\dot{\gamma}\right)+\sum_{j=1}^{i}\left(\boldsymbol{A}_{Ij}\hat{\boldsymbol{z}}_j\right)\dot{\phi}_j+\boldsymbol{\omega}_G\tag{2.25}$$

其中，$\hat{\boldsymbol{z}}_j$ 为 j 坐标系中的 z 轴单位矢量；$\boldsymbol{\omega}_G$ 为惯性系系中系统的初始角速度，一般可以认为 $\boldsymbol{\omega}_G=\boldsymbol{0}$。

式(2.25)便是机器人系统各个连杆刚体的角速度在惯性系中的表达。将角动量守恒式(2.8)的左边第一项展开成为惯性坐标系中的表达，并将式(2.24)中的线速度

和式(2.25)中的角速度代入，可得下式，即

$$\begin{aligned}\sum_{i=0}^{n}\boldsymbol{A}_{Ii}\boldsymbol{I}_i\boldsymbol{\omega}_i=&\left[\sum_{i=0}^{n}\left(\boldsymbol{A}_{Ii}\boldsymbol{I}_i\boldsymbol{A}_{iI}\right)\boldsymbol{A}_{I0}\hat{\boldsymbol{x}}_0,\sum_{i=0}^{n}\left(\boldsymbol{A}_{Ii}\boldsymbol{I}_i\boldsymbol{A}_{iI}\right)\boldsymbol{A}_{I0}\hat{\boldsymbol{y}}_0,\sum_{i=0}^{n}\left(\boldsymbol{A}_{Ii}\boldsymbol{I}_i\boldsymbol{A}_{iI}\right)\boldsymbol{A}_{I0}\hat{\boldsymbol{z}}_0,\right.\\&\left.\sum_{i=1}^{n}\left(\boldsymbol{A}_{Ii}\boldsymbol{I}_i\boldsymbol{A}_{iI}\right)\boldsymbol{A}_{I1}\hat{\boldsymbol{z}}_1,\cdots,\sum_{i=n}^{n}\left(\boldsymbol{A}_{Ii}\boldsymbol{I}_i\boldsymbol{A}_{iI}\right)\boldsymbol{A}_{In}\hat{\boldsymbol{z}}_n\right]\cdot\left[\dot{\alpha},\dot{\beta},\dot{\gamma},\dot{\phi}_1,\cdots,\dot{\phi}_n\right]^{\mathrm{T}}\\&+\sum_{i=0}^{n}\left(\boldsymbol{A}_{Ii}\boldsymbol{I}_i\boldsymbol{A}_{iI}\right)\boldsymbol{\omega}_G\end{aligned}\tag{2.26}$$

同理，式(2.8)的第二项展开可得下式，即

$$\begin{aligned}\sum_{i=0}^{n}m_i\boldsymbol{r}_i\times\dot{\boldsymbol{r}}_i=\sum_{i=0}^{n}m_i&\left[\boldsymbol{r}_i\times\sum_{j=1}^{n}K_{ij}\frac{\partial\boldsymbol{A}_{I0}}{\partial\alpha}\left(\boldsymbol{A}_{0j}\boldsymbol{a}_j+\boldsymbol{A}_{0,j-1}\boldsymbol{b}_{j-1}\right),\right.\\&\boldsymbol{r}_i\times\sum_{j=1}^{n}K_{ij}\frac{\partial\boldsymbol{A}_{I0}}{\partial\beta}\left(\boldsymbol{A}_{0j}\boldsymbol{a}_j+\boldsymbol{A}_{0,j-1}\boldsymbol{b}_{j-1}\right),\\&\boldsymbol{r}_i\times\sum_{j=1}^{n}K_{ij}\frac{\partial\boldsymbol{A}_{I0}}{\partial\gamma}\left(\boldsymbol{A}_{0j}\boldsymbol{a}_j+\boldsymbol{A}_{0,j-1}\boldsymbol{b}_{j-1}\right),\\&\left.\boldsymbol{r}_i\times\boldsymbol{\mu}_{i1},\boldsymbol{r}_i\times\boldsymbol{\mu}_{i2},\cdots,\boldsymbol{r}_i\times\boldsymbol{\mu}_{in}\right]\cdot\left[\dot{\alpha},\dot{\beta},\dot{\gamma},\dot{\phi}_1,\cdots,\dot{\phi}_n\right]^{\mathrm{T}}\\&+\sum_{i=0}^{n}m_i\boldsymbol{r}_i\times\dot{\boldsymbol{r}}_G\end{aligned}\tag{2.27}$$

将式(2.26)和式(2.27)代入式(2.8)，将其中涉及的主星姿态角速度$\left[\dot{\alpha},\dot{\beta},\dot{\gamma}\right]^{\mathrm{T}}$和机械臂关节角速度$\left[\dot{\phi}_1,\dot{\phi}_2,\cdots,\dot{\phi}_n\right]^{\mathrm{T}}$提取出来，写成矩阵形式，可得空间机器人主星-机械臂耦合系统运动学方程[66-67]，即

$$\overline{\boldsymbol{I}}_S\dot{\boldsymbol{\phi}}_S+\overline{\boldsymbol{I}}_M\dot{\boldsymbol{\phi}}_M=\boldsymbol{L}_0\tag{2.28}$$

其中，$\overline{\boldsymbol{I}}_S$为主星的广义雅克比矩阵，满足下式，即

$$\begin{aligned}\overline{\boldsymbol{I}}_S=&\left[\sum_{i=0}^{n}\left(\boldsymbol{A}_{Ii}\boldsymbol{I}_i\boldsymbol{A}_{iI}\right)\boldsymbol{A}_{I0}\hat{\boldsymbol{x}}_0+\sum_{i=0}^{n}m_i\cdot\boldsymbol{r}_i\times\sum_{j=1}^{n}K_{ij}\frac{\partial\boldsymbol{A}_{I0}}{\partial\alpha}\left(\boldsymbol{A}_{0j}\boldsymbol{a}_j+\boldsymbol{A}_{0,j-1}\boldsymbol{b}_{j-1}\right),\right.\\&\sum_{i=0}^{n}\left(\boldsymbol{A}_{Ii}\boldsymbol{I}_i\boldsymbol{A}_{iI}\right)\boldsymbol{A}_{I0}\hat{\boldsymbol{y}}_0+\sum_{i=0}^{n}m_i\cdot\boldsymbol{r}_i\times\sum_{j=1}^{n}K_{ij}\frac{\partial\boldsymbol{A}_{I0}}{\partial\beta}\left(\boldsymbol{A}_{0j}\boldsymbol{a}_j+\boldsymbol{A}_{0,j-1}\boldsymbol{b}_{j-1}\right),\\&\left.\sum_{i=0}^{n}\left(\boldsymbol{A}_{Ii}\boldsymbol{I}_i\boldsymbol{A}_{iI}\right)\boldsymbol{A}_{I0}\hat{\boldsymbol{z}}_0+\sum_{i=0}^{n}m_i\cdot\boldsymbol{r}_i\times\sum_{j=1}^{n}K_{ij}\frac{\partial\boldsymbol{A}_{I0}}{\partial\gamma}\left(\boldsymbol{A}_{0j}\boldsymbol{a}_j+\boldsymbol{A}_{0,j-1}\boldsymbol{b}_{j-1}\right)\right]\end{aligned}\tag{2.29}$$

$\overline{\boldsymbol{I}}_M$为多关节机械臂的广义雅克比矩阵，满足下式，即

$$\overline{\boldsymbol{I}}_M=\left[\sum_{i=1}^{n}\left(\boldsymbol{A}_{Ii}\boldsymbol{I}_i\boldsymbol{A}_{iI}\right)\boldsymbol{A}_{I1}\hat{\boldsymbol{z}}_1+\sum_{i=0}^{n}m_i\cdot\boldsymbol{r}_i\times\boldsymbol{\mu}_{i1},\right.$$
$$\sum_{i=2}^{n}\left(\boldsymbol{A}_{Ii}\boldsymbol{I}_i\boldsymbol{A}_{iA}\right)\boldsymbol{A}_{I2}\hat{\boldsymbol{z}}_2+\sum_{i=0}^{n}m_i\cdot\boldsymbol{r}_i\times\boldsymbol{\mu}_{i2},\cdots,\tag{2.30}$$
$$\left.\sum_{i=n}^{n}\left(\boldsymbol{A}_{Ii}\boldsymbol{I}_i\boldsymbol{A}_{iA}\right)\boldsymbol{A}_{In}{}^{n}\hat{\boldsymbol{z}}_n+\sum_{i=0}^{n}m_i\cdot\boldsymbol{r}_i\times\boldsymbol{\mu}_{in}\right]$$

设$\dot{\boldsymbol{\phi}}_S=\left[\dot{\alpha},\dot{\beta},\dot{\gamma}\right]^{\mathrm{T}}$为主星姿态角速度，$\dot{\boldsymbol{\phi}}_M=\left[\dot{\phi}_1,\dot{\phi}_2,\cdots,\dot{\phi}_n\right]^{\mathrm{T}}$为机械臂关节角速度，$\boldsymbol{L}_0$为系统初始角动量。令系统初始角动量为零，可得下式，即

$$\overline{\boldsymbol{I}}_S\dot{\boldsymbol{\phi}}_S+\overline{\boldsymbol{I}}_M\dot{\boldsymbol{\phi}}_M=\boldsymbol{0}\tag{2.31}$$

由此可得下式，即

$$\dot{\boldsymbol{\phi}}_S=\left(-\overline{\boldsymbol{I}}_S^{-1}\overline{\boldsymbol{I}}_M\right)\dot{\boldsymbol{\phi}}_M\tag{2.32}$$

其中，$\dot{\boldsymbol{\phi}}_M$为机械臂关节角速度，是由空间机器人控制系统给出的输入指令，即系统的激励；$\left(-\overline{\boldsymbol{I}}_S^{-1}\overline{\boldsymbol{I}}_M\right)$为与机械臂当前构型相关的状态矩阵。注意到，$\left(-\overline{\boldsymbol{I}}_S^{-1}\overline{\boldsymbol{I}}_M\right)$是一个$3\times n$的矩阵，不妨定义$\overline{\boldsymbol{I}}=-\overline{\boldsymbol{I}}_S^{-1}\overline{\boldsymbol{I}}_M$，于是可得下式，即

$$\dot{\boldsymbol{\phi}}_S=\overline{\boldsymbol{I}}\dot{\boldsymbol{\phi}}_M\tag{2.33}$$

仔细观察式(2.29)和式(2.30)，容易注意到$\overline{\boldsymbol{I}}$的表达式中只有与机械臂当前构型相关的变量，而不包含这些量对时间的导数。换言之，在任意特定时刻，机械臂都具有特定的构型，系统响应(主星的姿态角速度$\dot{\boldsymbol{\phi}}_S$)与系统激励(机械臂关节角速度$\dot{\boldsymbol{\phi}}_M$)之间为线性关系。

由此就得到空间机器人及其主星系统的多刚体耦合运动学模型。通过式(2.33)，在确定的构型和其他条件下，给定瞬时机械臂关节角速度作为激励，可得瞬时主星姿态角的速度响应。

显然，在机械臂末端执行机构(夹具、手爪等抓取机构)已经抓牢某一刚性目标物体的情况下，可以将该目标物体视为机械臂的一个新的连杆。不失一般性，不妨设该假想连杆的随体坐标系朝向与机械臂原本的末端连杆(抓取机构)始终保持相同。于是可以将被抓取的目标物体视为一个额外新增的机械臂连杆，即将系统中的连杆数n简单加 1。本节建立的主星-机械臂耦合运动学模型同样可用于主星-机械臂-目标物体耦合运动学问题，作为后续章节中被抓取目标物体惯性参数辨识的基础。

2.1.4　运动学模型的积分形式

设式(2.33)为系统的状态方程，在初始状态全部已知的情况下，给定后续一段

时间的机械臂关节角速度激励，即可得到该段时间内任一时刻的主星姿态角变化情况。具体地，设主星姿态角的初值为 $\boldsymbol{\phi}_S(t_0)$，机械臂关节角的初值为 $\boldsymbol{\phi}_M(t_0)$，后续 $t=[t_0,t_K]$ 时间内的机械臂关节角速度激励为 $\dot{\boldsymbol{\phi}}_M(t_0)$，则给定 $\boldsymbol{\phi}_S(t_0)$、$\boldsymbol{\phi}_M(t_0)$、$\boldsymbol{\phi}_M(t),t\in[t_0,t_K]$，确定后续任意时刻的系统状态(机械臂关节角 $\boldsymbol{\phi}_M(t)$、主星姿态角速度 $\dot{\boldsymbol{\phi}}_S(t)$、主星姿态角 $\boldsymbol{\phi}_S(t)$)的积分式为

$$\begin{cases}\boldsymbol{\phi}_M(t)=\boldsymbol{\phi}_M(t_0)+\displaystyle\int_{t_0}^{t}\dot{\boldsymbol{\phi}}_M(\tau)\mathrm{d}\tau\\ \dot{\boldsymbol{\phi}}_S(t)=\overline{\boldsymbol{I}}(\boldsymbol{\phi}_M(t))\dot{\boldsymbol{\phi}}_M(t),\quad t\in\left[t_0,t_K\right]\\ \boldsymbol{\phi}_S(t)=\boldsymbol{\phi}_S(t_0)+\displaystyle\int_{t_0}^{t}\dot{\boldsymbol{\phi}}_S(\tau)\mathrm{d}\tau\end{cases}\tag{2.34}$$

为了能在计算机中对空间机器人系统的整个运动学过程进行完整的运动学仿真，还需要将式(2.34)转化为数值积分。使用常用的数值积分方法，如矩形公式、辛普森公式及牛顿-克莱公式等，容易求解这一积分。对于最简单的矩形法，给定 $\boldsymbol{\phi}_S(t_0)$、$\boldsymbol{\phi}_M(t_0)$、$\boldsymbol{\phi}_M(t_k)(k=1,2,\cdots,K)$，当数值积分的步长为 D 时，式(2.34)的数值积分形式为

$$\begin{cases}\boldsymbol{\phi}_M(t_k)=\boldsymbol{\phi}_M(t_0)+\displaystyle\sum_{\delta=0}^{k}D\dot{\boldsymbol{\phi}}_M(t_\delta)\\ \dot{\boldsymbol{\phi}}_S(t_k)=\overline{\boldsymbol{I}}\left(\phi_M(t_k)\right)\dot{\boldsymbol{\phi}}_M(t_k),\quad k=1,2,\cdots,K\\ \boldsymbol{\phi}_S(t_k)=\boldsymbol{\phi}_S(t_0)+\displaystyle\sum_{\delta=0}^{k}D\dot{\boldsymbol{\phi}}_S(t_\delta)\end{cases}\tag{2.35}$$

在实际工程的运动学模型仿真过程中，往往需要进行单步仿真计算，并即时回馈结果，给定 $\boldsymbol{\phi}_S(t_k)$、$\boldsymbol{\phi}_M(t_k)$、$\dot{\boldsymbol{\phi}}_M(t_k)(k=1,2,\cdots,K)$，此时式(2.35)可以写成迭代形式，即

$$\begin{cases}\boldsymbol{\phi}_M(t_{k+1})=\boldsymbol{\phi}_M(t_k)+D\dot{\boldsymbol{\phi}}_M(t_k)\\ \dot{\boldsymbol{\phi}}_S(t_k)=\overline{\boldsymbol{I}}(\boldsymbol{\phi}_M(t_k))\dot{\boldsymbol{\phi}}_M(t_k),\quad k=1,2,\cdots,K\\ \boldsymbol{\phi}_S(t_{k+1})=\boldsymbol{\phi}_S(t_k)+D\dot{\boldsymbol{\phi}}_S(t_k)\end{cases}\tag{2.36}$$

通过缩小积分的时间间隔 D，理论上求解式(2.35)或者式(2.36)可以得到任意精度的运动学仿真结果。

2.1.5 空间机器人仿真模型校验

以假设的星载空间机器人为建模对象，对该运动学模型进行验证。该空间机器人搭载在一个主星基座上，末端手爪可以抓取目标物体。在后续章节中，除非特别指出，均默认以此单臂六自由度空间机器人为例进行说明、实验模拟，以及

仿真验证。星-臂耦合运动学建模的空间机器人如图 2.2 所示。

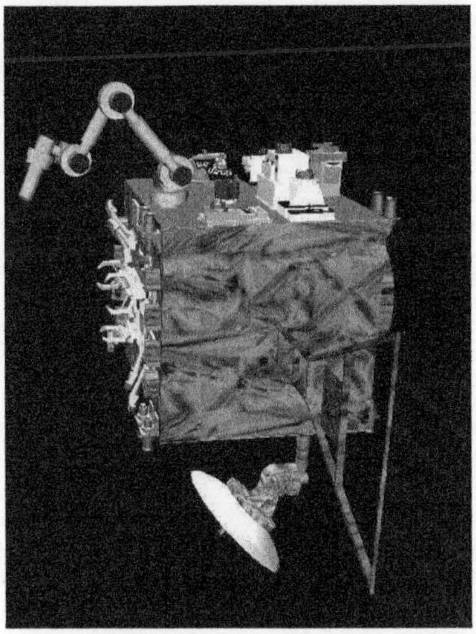

图 2.2　星-臂耦合运动学建模的空间机器人

1. 算例 2-1

下面介绍空间机器人模型涉及的具体设计参数。在后续算例中，无特殊说明时都默认使用该模型的设计参数进行动力学/运动学仿真计算。

空间机器人的机械臂安装初始构型如图 2.3 所示。其中，坐标系 $OXYZ_{Hm}$ 为机械手安装坐标系。

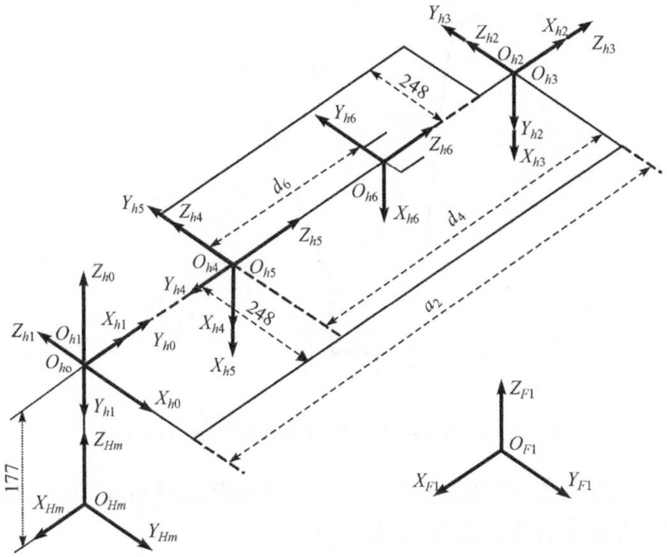

图 2.3　空间机器人的机械臂安装初始构型

空间机器人的机械臂 D-H 参数如表 2.1 所示。表 2.1 中各连杆参数的定义如图 2.4 所示。

表 2.1　空间机器人的机械臂 D-H 参数表

连杆 i	θ_i/(°)	α_i/(°)	a_i/mm	d_i/(mm/s)
1	90	−90	0	0
2	0	0	985	0
3	90	90	0	0
4	0	−90	0	−765
5	0	90	0	0
6	0	0	0	382

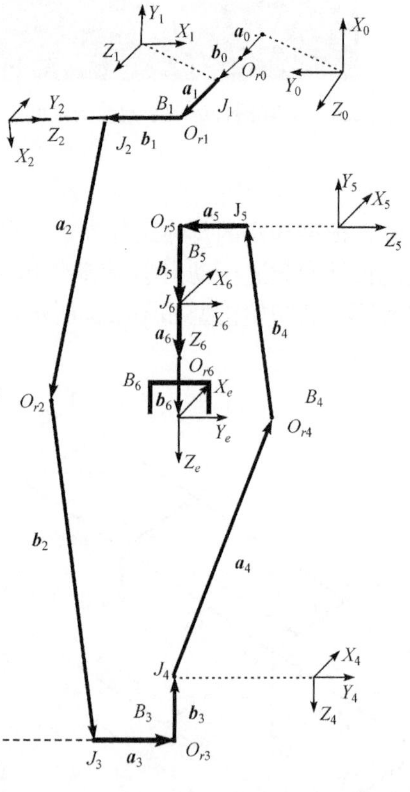

图 2.4　空间机器人的机械臂各连杆矢量的定义

依照上节中的定义，空间机器人多关节机械臂连杆数 $n=6$ ，主星质量(单位 kg) $m_0=613$ 。机械臂各连杆质量(单位 kg)为

$$m_1 = 12.792846$$
$$m_2 = 8.1293150$$
$$m_3 = 14.740112$$
$$m_4 = 9.3719461$$
$$m_5 = 10.325201$$
$$m_6 = 14.721148$$

系统总质量(单位 kg) $w = \sum_{i=0}^{6} m_i = 683.0806$。关节 i 指向质心 i 的矢量(单位 m)，在坐标系 i 中的表达为

$$^1\boldsymbol{a}_1 = \left[8.3254693\times10^{-4}, 2.0884717\times10^{-3}, 11.5332829\times10^{-2}\right]$$
$$^2\boldsymbol{a}_2 = \left[4.4982714\times10^{-1}, 5.7914748\times10^{-3}, 4.0324738\times10^{-4}\right]$$
$$^3\boldsymbol{a}_3 = \left[-5.1832972\times10^{-2}, -7.02256849\times10^{-3}, 1.7482861\times10^{-1}\right]$$
$$^4\boldsymbol{a}_4 = \left[2.6139444\times10^{-3}, 1.9189472\times10^{-1}, -2.4827635\times10^{-1}\right]$$
$$^5\boldsymbol{a}_5 = \left[7.0627933\times10^{-3}, -1.9335512\times10^{-2}, -1.5461275\times10^{-1}\right]$$
$$^6\boldsymbol{a}_6 = \left[4.2311865\times10^{-2}, 2.4533559\times10^{-4}, 1.8145691\times10^{-1}\right]$$

主星质心指向关节 1 的矢量(单位 m)，在坐标系 0 中的表达式为

$$\boldsymbol{b}_0 = \left[6.125\times10^{-1},\ 9.496\times10^{-4},\ 6.131\times10^{-1}\right]$$

连杆 i 质心指向关节 $i+1$ 的矢量(单位 m)，在坐标 i 中的表达式为

$$\boldsymbol{b}_1 = \left[1.7245371\times10^{-1}, -4.1843905\times10^{-3}, 2.6275428\times10^{-2}\right]$$
$$\boldsymbol{b}_2 = \left[4.4753790\times10^{-1}, -8.3700834\times10^{-3}, 5.1127509\times10^{-2}\right]$$
$$\boldsymbol{b}_3 = \left[-6.1543869\times10^{-2}, -6.1154798\times10^{-3}, 5.1396581\times10^{-3}\right]$$
$$\boldsymbol{b}_4 = \left[-5.8326881\times10^{-3}, -7.2153658\times10^{-2}, -2.6136491\times10^{-1}\right]$$
$$\boldsymbol{b}_5 = \left[-2.5229336\times10^{-3}, -2.7541983\times10^{-2}, 8.6230941\times10^{-3}\right]$$
$$\boldsymbol{b}_6 = \left[-4.3971639\times10^{-2}, -8.9671093\times10^{-4}, 1.6834947\times10^{-1}\right]$$

相对于主星质心，主星的转动惯量(单位 kg·m^2)为

$$\boldsymbol{I}_0 = \begin{bmatrix} 357 & -2.1 & -7.3 \\ -2.1 & 343 & -4.9 \\ -7.3 & -4.9 & 207 \end{bmatrix}$$

相对于杆自身质心，机械臂各杆转动惯量(单位 kg·m^2)为

$$I_1=\begin{bmatrix}2.1435768\times10^{-2} & 5.8730982\times10^{-4} & 4.7620890\times10^{-3}\\ 5.8730982\times10^{-4} & 1.5793426\times10^{-1} & 4.9913916\times10^{-4}\\ 4.7620890\times10^{-3} & 4.9913916\times10^{-4} & 9.8732509\times10^{-2}\end{bmatrix}$$

$$I_2=\begin{bmatrix}5.2643917\times10^{-2} & 5.9825617\times10^{-4} & -3.9810262\times10^{-4}\\ 5.9825617\times10^{-4} & 1.6198711 & 7.0625391\times10^{-3}\\ -3.9810262\times10^{-4} & 7.0625391\times10^{-3} & 1.1986254\end{bmatrix}$$

$$I_3=\begin{bmatrix}8.6276194\times10^{-2} & 7.9715232\times10^{-5} & 3.9817629\times10^{-3}\\ 7.9715232\times10^{-5} & 1.6008761\times10^{-1} & -3.0891435\times10^{-3}\\ 3.9817629\times10^{-3} & -3.0891435\times10^{-3} & 8.1137883\times10^{-2}\end{bmatrix}$$

$$I_4=\begin{bmatrix}8.0917762\times10^{-1} & 5.9817235\times10^{-3} & 9.0912443\times10^{-4}\\ 5.9817235\times10^{-3} & 7.6566187\times10^{-1} & -1.6998264\times10^{-1}\\ 9.0912443\times10^{-4} & -1.6998264\times10^{-1} & 8.99816245\times10^{-2}\end{bmatrix}$$

$$I_5=-\begin{bmatrix}9.7235393\times10^{-2} & 9.9235116\times10^{-5} & 4.9572255\times10^{-3}\\ 9.9235116\times10^{-5} & 1.3985411\times10^{-1} & -4.5511168\times10^{-3}\\ 4.9572255\times10^{-3} & -4.5511168\times10^{-3} & 3.7355631\times10^{-2}\end{bmatrix}$$

$$I_6=\begin{bmatrix}1.4624445\times10^{-1} & -1.4123947\times10^{-5} & 8.4416389\times10^{-4}\\ -1.4123947\times10^{-5} & 1.1425901\times10^{-1} & 5.2573892\times10^{-4}\\ 8.4416389\times10^{-4} & 5.2573892\times10^{-4} & 1.0245628\times10^{-1}\end{bmatrix}$$

由 D-H 参数，i 杆扭转角(弧度)为 $\psi=\left[0,\ -\frac{\pi}{2},\ 0,\ \frac{\pi}{2},\ -\frac{\pi}{2},\ \frac{\pi}{2}\right]$，$i$ 关节初始旋转角(弧度)为 $\phi=\left[\frac{\pi}{2},\ \frac{\pi}{2},\ 0,\ \frac{\pi}{2},\ 0,\ 0\right]$。

基于星-臂耦合运动学模型进行仿真实验，在一定激励下，计算一段时间内的主星姿态角和角速度仿真响应，并将其与同等激励条件下的实测数据对比。

2. 算例 2-2

在机械臂构型、主星姿态相同的初始条件下，给机械臂关节角速度相同的激励序列，以算例 2-1 建立的空间机器人模型为运动学仿真对象进行仿真，将主星姿态角和姿态角速度仿真结果输出，并与实验实测数据进行比较。算例 2-2 中的星-臂耦合运动学仿真结果(主星 X 轴角速度)如图 2.5 所示。

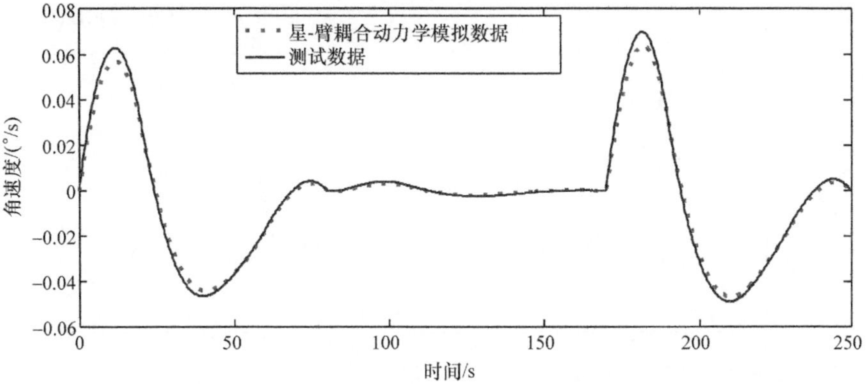

图 2.5　算例 2-2 中的星-臂耦合运动学仿真结果(主星 X 轴角速度)

算例 2-2 中的星-臂耦合运动学仿真结果(主星 Y 轴角速度)如图 2.6 所示。

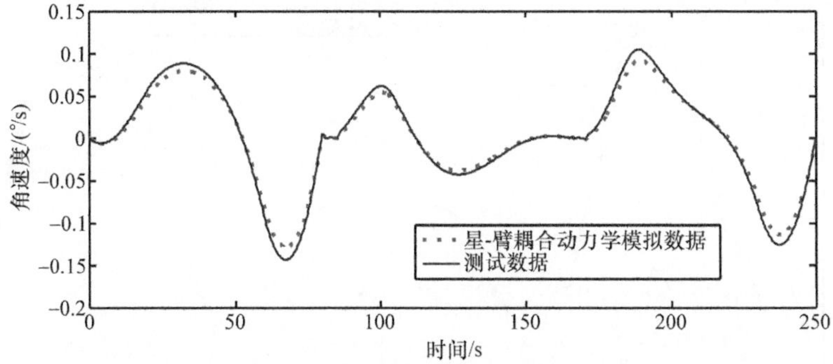

图 2.6　算例 2-2 中的星-臂耦合运动学仿真结果(主星 Y 轴角速度)

算例 2-2 中的星-臂耦合运动学仿真结果(主星 Z 轴角速度)如图 2.7 所示。

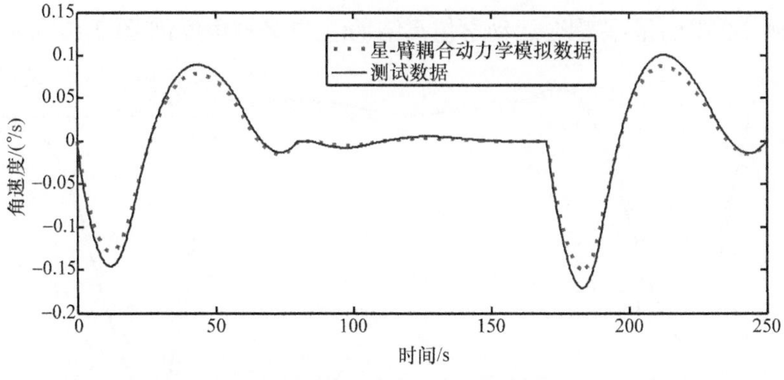

图 2.7　算例 2-2 中的星-臂耦合运动学仿真结果(主星 Z 轴角速度)

算例 2-2 中的星-臂耦合运动学仿真结果(主星 X 轴角度)如图 2.8 所示。

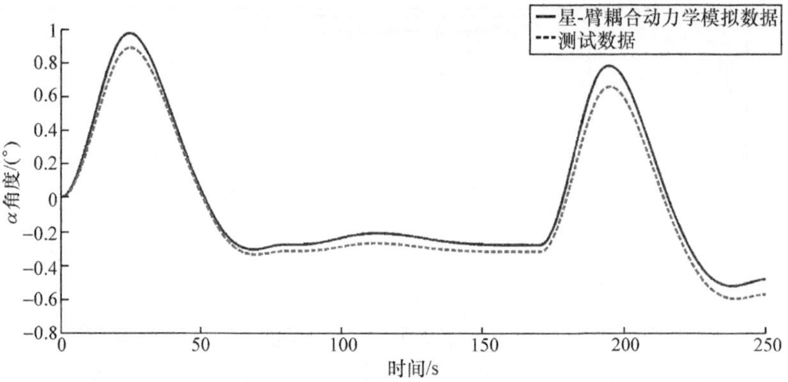

图 2.8　算例 2-2 中的星-臂耦合运动学仿真结果(主星 X 轴角度)

算例 2-2 中的星-臂耦合运动学仿真结果(主星 Y 轴角度)如图 2.9 所示。

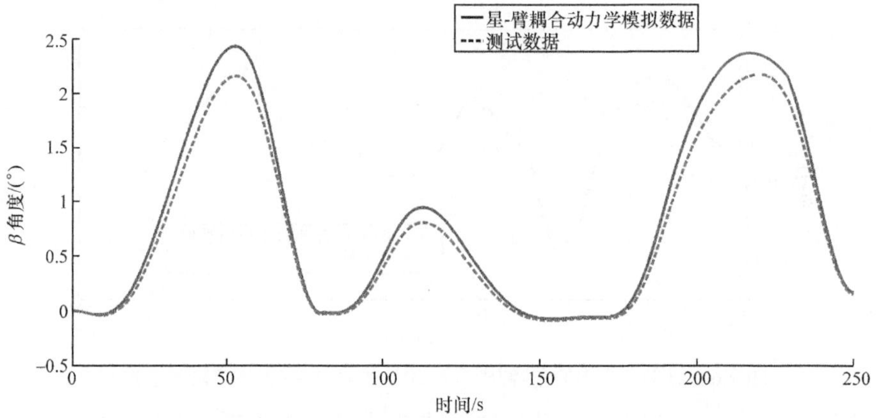

图 2.9　算例 2-2 中的星-臂耦合运动学仿真结果(主星 Y 轴角度)

算例 2-2 中的星-臂耦合运动学仿真结果(主星 Z 轴角度)如图 2.10 所示。

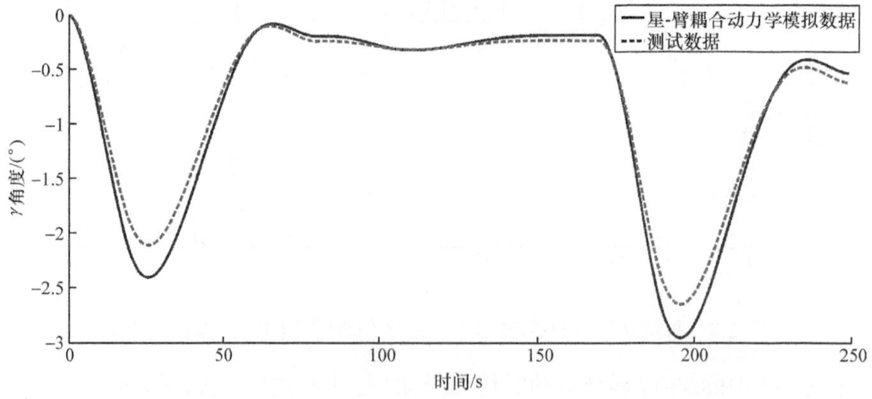

图 2.10　算例 2-2 的星-臂耦合运动学仿真结果(主星 Z 轴角度)

统计实验结果，计算每个时刻仿真值和实测值的相对误差，并求一次实验中所有时刻相对误差的平均结果，得到的主星姿态角速度仿真的平均相对误差为 8.64%，主星角度状态仿真的平均相对误差为 14.81%。

由于没有剔除受 0 值附近微小波动影响产生的过大相对误差，而是对所有时刻数据直接平均，因此这一误差结果偏大。观察姿态角速度仿真结果对比图可以发现，在每个轴的结果中，实测角速度取最大值的时刻，姿态角速度的误差绝对值也取最大值。仿真值与实测值之间的相对误差分别为 9.5%、8.4%和 10.3%。

此外，从角速度结果对比图中可以明显看到，当姿态角速度从 0 开始逐渐增大时，仿真值与实测值之间的偏差也逐渐增大；当姿态角速度减小至 0 时，仿真数据与实测值之间的误差也逐渐收敛。由图中曲线及前述数据可知，仿真值与实测值之间的相对误差在每个时刻都保持在 10%左右，仅有小幅的上下波动。这一误差的存在可能是由真实问题中存在建立模型时未考虑的动力学效应所致，或者模型本身参数有误。

在姿态角结果对比图中可以看到，从起始位置开始运动时，仿真值与实测值之间的误差在逐步增大，但当姿态角掉头向起始角度回溯时，两条曲线之间的误差又会逐渐弥合。这与姿态角速度结果中 0 点上下符号相反的误差对应。由此可知，如果在给定的运动规划路径中，主星姿态角会在向某一方向运动之后又回到起始点附近，那么整个过程中的仿真误差是有上界的；如果主星姿态角不断向同一个方向转动，那么仿真误差会不断积累而发散。因此，如果在任务规划中给出非闭合的操作路径，那么势必需要对这一运动学仿真结果不断进行修正，才能将仿真预报误差约束在可接受的范围内。

2.2　受控机械臂关节建模

在整个空间机器人系统仿真预测模型中，由于受到控制系统制约，机械臂的实际响应并不能完全跟随其输入指令。作为整个机器人系统模型的输入，获取准确的机械臂响应是对系统耦合模型进行正确仿真的前提条件。因此，除了对主星-机械臂-被抓取目标进行运动学建模，还需要对受控机械臂的控制系统进行建模，以便在对整个主星-机械臂-目标物体耦合系统的响应状态进行预报的模型中，将机械臂的响应误差修正也纳入考虑,从而完成对整个系统的响应修正和状态预报。

考虑空间机器人中由电机驱动的一种典型关节[68]，为了便于对其控制传递函数进行建模，一般作如下五条合理简化的假设。

① 忽略饱和效应、涡流和铁心磁滞。

② 各相分布均匀，气隙均匀。

③ 控制电压为阶跃信号，其通断状态之间切换的弛豫时间为零。

④ 干摩擦型负载。

⑤ 各项绕阻的电阻、电感分别相等且为一固定常数。

在这五条假设成立的前提下，电机将满足如下控制方程。

① 电机电路中的电压为

$$V = Ri + L\frac{\mathrm{d}i}{\mathrm{d}t} + k_e\omega \tag{2.37}$$

其中，V 为电枢电压；R 为电枢电阻；i 为电枢电流；L 为相绕组自感；k_e 为旋转电压系数；ω 为电机轴的角速度。

② 电机中的控制力矩为

$$T_e = k_T i \tag{2.38}$$

其中，T_e 为电机控制力矩；k_T 为电磁转矩系数。

③ 电机传动轴动力学方程为

$$T = J\frac{\mathrm{d}^2\theta}{\mathrm{d}t^2} + B\frac{\mathrm{d}\theta}{\mathrm{d}t} + T_D = T_e + T_D \tag{2.39}$$

其中，T_D 为由重力、负载、阻尼等所有其他因素引起的外力矩之和；J 为由电机传动轴上所有惯量累加求得的等效转动惯量；θ 为电机轴的角位移；B 为由电机传动轴上所有阻尼累加求得的等效阻尼系数。

联立式(2.37)～式(2.39)的控制方程，即可用最常见的独立关节 PID 控制方法建立单个关节的动力学模型。机械臂关节闭环控制模型结构图如图 2.11 所示。图中，$\Theta_r(s)$ 为输入关节角；$E(s)$ 为误差；$G_c(s)$ 为控制器；$U(s)$ 为控制器输出；$V(s)$ 为电枢输入电压；$I(s)$ 为电枢电流；$T_e(s)$ 为电机控制力矩；$T_D(s)$ 为外力矩；$T(s)$ 为电机传动轴输入力矩；$\Omega(s)$ 为电机传动轴输入关节角；η 为传动比；$\Theta_y(s)$ 为输出关节角；k_b 为反馈控制系数。

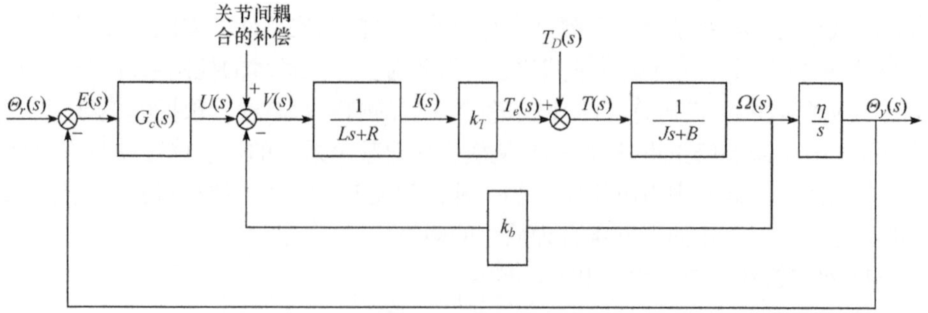

图 2.11　机械臂关节闭环控制模型结构图

若不使用测速发电机，则 k_b 与旋转电压系数 k_e 相等；若在系统中添加测速发电机，则有下式，即

$$k_b = k_e + k_s k_\omega \tag{2.40}$$

其中，k_s 为测速发电机的传递函数；k_ω 为速度反馈信号放大器的增益。

传动比为

$$\eta = \frac{N_m}{N_L} \tag{2.41}$$

其中，N_m 为传动轴的齿数；N_L 为负载轴的齿数。

在不同的关节构型和关节角速度下，机械臂不同关节之间还存在耦合问题。考虑机械臂控制器中不添加耦合补偿环节的情况，关节角输出的传递函数 $\Theta_y(s)$ 可以表示为

$$\begin{aligned}\Theta_y(s) &= \frac{k_T\eta G_c(s)}{(Ls+R)(Js+B)s^3 + k_T\eta G_c(s) + k_b k_T \eta}\Theta_r(s)\\ &\quad + \frac{\eta(Ls+R)}{(Ls+R)(Js+B)s + k_T\eta G_c(s) + k_b k_T \eta}T_D(s)\end{aligned} \tag{2.42}$$

只要 $G_c(s)$ 中含有积分项，就可以将阶跃扰动引起的稳态输出平抑为零，即

$$\Theta_{y|T_D}(s) = \frac{\eta(Ls+R)}{(Ls+R)(Js+B)s + k_T\eta G_c(s) + k_b k_T \eta}T_D(s) \tag{2.43}$$

设 $G_c(s) = k_P + \dfrac{k_I}{s}$，则有下式，即

$$\begin{aligned}\Theta_{y|T_D}(\infty) &= \lim_{s\to 0} s\Theta_{y|T_D}(s)\\ &= \lim_{s\to 0} s\frac{\eta(Ls+R)}{(Ls+R)(Js+B)s + k_T\eta G_c(s) + k_b k_T \eta}\frac{1}{s}\\ &= 0\end{aligned} \tag{2.44}$$

使用经典的 PID 控制，经分析可得机械臂关节角的传递函数，将 $G_c(s) = k_p + \dfrac{k_I}{s} + k_D s$ 代入式(2.42)，可得下式，即

$$\begin{aligned}\Theta_y(s) &= \frac{k_T\eta\left(k_D s^2 + k_P s + k_I\right)}{LJs^4 + (LB+RJ)s^3 + \left(RB + k_D k_T \eta + k_b k_T\right)s^2 + k_P k_T \eta s + k_I k_T \eta}\Theta_r(s)\\ &\quad + \frac{\eta\left(Ls^2 + Rs\right)}{LJs^4 + (LB+RJ)s^3 + \left(RB + k_D k_T \eta + k_b k_T\right)s^2 + k_P k_T \eta s + k_I k_T \eta}T_D(s)\end{aligned} \tag{2.45}$$

式(2.45)即受控机械臂的一个典型关节的控制模型。

2.3 小　　结

本章首先重点开展星-臂耦合运动学建模研究，通过联立动量守恒方程，给出自由漂浮空间机器人的广义雅可比矩阵，建立空间漂浮多刚体系统的运动学模型。以机械臂关节角和主星姿态角为初始输入条件，机械臂关节角速度为后续持续激励条件，在相同的初始条件和激励下驱动仿真程序，将输出结果与地面实测数据进行对比，模型的主星姿态角速度仿真的平均相对误差为 8.64%，主星角度状态仿真的平均相对误差为 14.81%，并且角速度最大时的三轴瞬时误差都在 10%左右，验证了该仿真模型的有效性。此外，本章还建立了受控状态下空间机器人单关节机械臂的动力学模型，为后续章节中预测机械臂的响应建立了理论基础。

第 3 章　空间机器人遥操作不确定大时延影响

本章针对大时延环境和不确定问题，分层次讨论时延对遥操作的影响，提出时延影响消减条件。首先是天地时间基准同步且时间标志已知，存在不确定大时延的情况；其次是天地时间基准同步，没有时间标志的情况；再次是天地时间基准不同步或不准确，且没有时间标志的情况；最后是双向时延(上行指令时延和下行反馈时延)均不确定和波动的情况。

3.1　不确定大时延及其对遥操作的影响

大时延遥操作指在较大的通信延迟和有限的通信带宽条件下，由本地的操作员控制远地的遥机器人完成作业任务的一种操作方式。在空间应用领域，大时延遥操作一般指操作员在地面控制空间机器人。大时延遥操作技术的研究将使由空间机器人代替宇航员完成各种空间作业任务成为可能。大时延遥操作技术近年来受到国内外的广泛关注，自 20 世纪 90 年代以来，美国、日本及欧洲国家都对大时延遥操作展开了大规模的研究和实验，其中比较有代表性的有欧洲空间局的 ROTEX、日本的 ETS-VII 卫星等实验。大时延遥操作面临的主要问题有 3 个。

① 较大的通信延迟。操作员控制站和遥现场之间存在较大的通信延迟，体现在遥控指令的传输延迟和遥测信号的传输延迟两个方面。在空间站应用中，单向传输延迟一般在 3～10 s 左右。该时间延迟引入控制回路使系统的稳定性受到严重挑战。

② 有限的通信带宽。通信带宽资源有限，使操作员难以获得足够的包括实时视频信息在内的反馈信息，因此限制操作员准确地感知和判断操作现场。

③ 不确定的时延。时延值的不确定性将大幅增加在线系统辨识和对象修正的难度，降低对象状态的预报精度，严重影响连续操作下的安全性和精确性。

3.1.1　空间遥操作时延产生原因、分类及其基本特点

遥操作时延按照时延值的大小可以分为短时延和大时延。短时延一般不大于 1s，如微波数据收发、编解码、内部节点间的数据传递、分布式基站间的转发和数据再处理等。大时延则从几秒到十几秒，甚至几十秒不等。例如，月球与地球之间信号延迟达 3 s，采用声呐通信的水下机器人系统的通信时延可达几十秒。按

时延值的变化与否可将时延分为定时延和变时延。定时延一般为信息由空间跨度、传输/处理介质、速度差等不可抗因素在传输、处理过程中引起的时间延迟。变时延一般为传输、交互策略等因素引起的时间延迟，理论上有优化的可能，实际受技术水平的限制。遥操作的时延按产生原因，可分为固定时延 T_c 、执行时延 T_p 、数据时延 T_d 和扰动时延 T_r 。

① 固定时延 T_c 。固定时延指传输数据包在没有其他干扰的情况下，经通信介质从数据源端到目的端所需的时间，包括通信初始化时间和在介质中的传输时间。信号通过传输介质在两地间的物理传输时间随网络节点间的物理距离的增大而增大。在遥操作中，如果远端执行机构工作地点固定、通信方式固定，则 T_c 为恒值；如果远端执行机构是移动的(地面、太空或水下)，但运动速度较慢，则可认为 T_c 为恒值。随着移动执行机构运动速度的加快，则需将其视为 T_c 变化条件下的遥操作。

② 执行时延 T_p 。执行时延包括控制指令的解释、计算、执行时间，现场图像的处理时间，以及仿真图像的运行时间等。T_p 与现场系统的软件、硬件、运行策略，以及具体任务相关。一般情况下，T_p 变化很小。

③ 数据时延 T_d 。$T_d = (D_s + D_r)/V$ ，其中 D_s 为发送的数据总量；D_r 为回收的数据总量；V 为传输速率，与传输介质有关。这表明，数据传输量和带宽对远程作业非常重要。减少传输量固然能减小时延，但远端获取的现场信息可能不足。高效的数据压缩技术和良好的通信通道有助于解决这一矛盾。

④ 扰动时延 T_r 。扰动时延主要指传输中不可预测的扰动，如信息丢失或信息次序的混乱，受网络环境不确定性的限制，干扰必定存在，而且随时间的变化而变化。

3.1.2 时延对遥操作的影响

1. 大时延的影响

(1) 大时延环境对远程控制的影响机理

在无时延条件下，对于典型的某闭环回路，其相角裕度为 γ 。当回路存在时延 $e^{-\tau s}$ 时，其相角裕度变为 $\gamma - 57.3\tau$ 。显然，随着时延值 τ 的增加，回路的相角裕度迅速下降。控制器的加入可在一定程度上弥补降低的相角裕度，如微分项 D 可以提供 90°左右相角，双微分项 $D \times D$ 可提供 180°左右的相角。当时延值超过 5s 后，经典的控制方法已不能适用，需要更多的相角补偿策略。时延对闭环控制回路的相角裕度影响如图 3.1 所示。

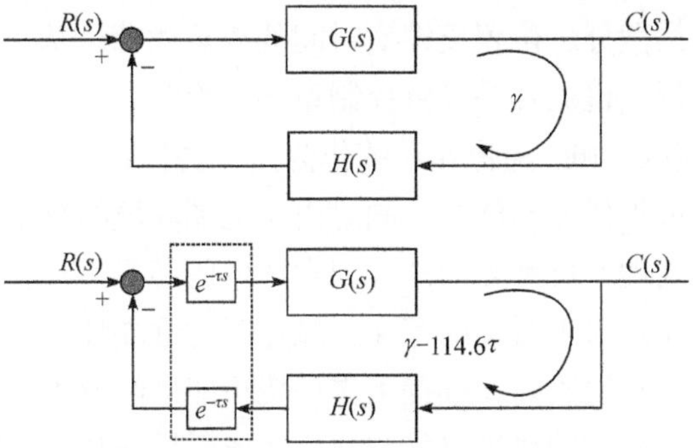

图 3.1　时延对闭环控制回路的相角裕度影响

控制器与被控对象构成的无时延小回路将时延环境排斥在控制回路外。此时，时延影响仅作用于指令生成和发出端，对大回路的影响是破坏了指令产生的连续性，控制效果体现为“走-停-走”，指令生成的间隔需超过大回路中的时延值。时延对闭环控制回路的控制连续性影响如图 3.2 所示。

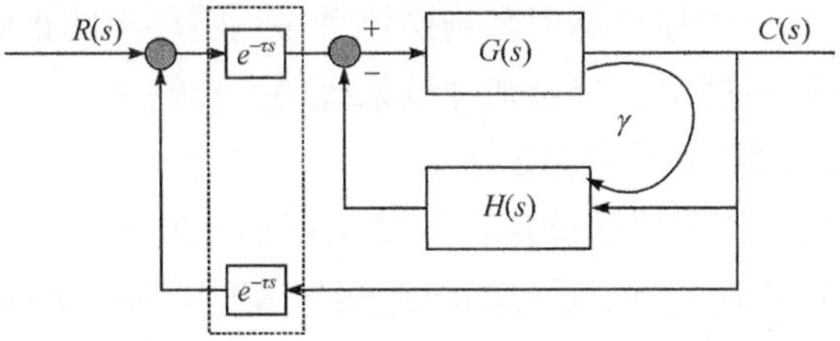

图 3.2　时延对闭环控制回路的控制连续性影响

(2) 大时延环境对遥操作系统和遥操作人员的影响

① 时延对视觉反馈的影响。时延对系统的一个主要影响是操作者无法实时看到当前现场的视频图像，从而获得实时的视觉反馈。时延使遥操作者发送操作指令若干时间后，才能通过延迟的视屏获得反馈，使操作过程失去与操作指令匹配的因果关系，给操作者造成很大的心理负担。为了获得匹配的操作因果关系，操作者不得不等待远端执行机构完成指定的动作后再发布下一步的运动指令，因此效率很低。

② 时延对力反馈的影响。早期采用机械联动的操作系统具有力反馈功能。力反馈可以有效地提高遥操作的效率和质量，特别是机器人末端与环境存在约束时，力反馈带来的优势更加明显。因此，人们同样希望现代的遥操作系统具有力反馈功能。有学者利用双边力反馈控制开展远程操作，使从手能跟踪主手的运动，同时将从端的力反馈到主手，实现对主手和从手的力和运动的同时控制，给操作者提供实时的力反馈信息。然而，时延会给力觉反馈带来严重影响，因为力觉反馈

是速度反馈对时间的微分、位置反馈对时间的双重微分。基于力觉反馈的控制，即使只有很小的时延，也极容易导致控制系统不稳定。

③ 对安全性能的影响。遥操作系统作为人机协作系统，既要充分发挥远端执行机构代替人处理远程任务的优势，同时由于远端环境的复杂性和不可预知性，又要利用人的智能处理不可预知的外界因素产生的随机事件，进行决策和规划，实现安全可靠的作业。由于时延的存在，操作者对远端环境的感知是滞后于当前时刻T_0的，在滞后的时间段内，远程工作环境可能已经发生了变化，而操作者基于T_0时刻的反馈信息所作的决策可能有误，造成遥操作指令失效，甚至是不可逆的损失。

④ 对可操作性能的影响。一方面，时延的存在使现场的各种信息到达操作端时已是几秒前的信息，使操作者不能及时、准确地感知远端环境当前的信息；另一方面，操作者基于这些信息发出的控制命令传送到远端时同样也被延时，而此时机器人和环境状态又发生了新的变化。这些过时的控制命令极易导致控制系统的不稳定。因此，时延的存在不但影响操作者对远端环境的正确感知，而且更重要的是可能导致系统不稳定，严重地降低系统的操作性。

(3) 典型遥操作模式下的大时延影响

1.2.4 节所述的三类主要遥操作操作模式都具有鲜明的特点。由于时延的存在，在这三类主要操作模式下，系统的稳定性与透明度在一定程度上均受到影响。遥操作任务下的时延环节包括遥测数据经采集和传输的下行时延、遥操作指令的上行时延、空间机器人与空间环境的执行时延、遥操作员与遥操作系统的反应时延，其中时延的主要部分为天地远程传输的遥测数据下行时延和遥操作数据上行时延。空间机器人遥操作时延环境图如图 3.3 所示。

在自主操作模式下，遥操作员发送自主操作模式指令后，空间任务由现场空间机器人自主决断，操作员交出控制权，只对现场工作执行情况进行监视。在正常工作情况下，虽然操作员获取的遥测信息滞后，但遥测数据时延和遥操作指令时延均被排除在空间机器人及其控制器的执行回路之外，因此大时延环境并不影响遥操作任务执行的稳定性。遥操作人员和遥操作系统仅对遥操作任务的执行过程予以监视，仅在发生错误或者预见危险的情况下介入，因此大时延环境对自主模式下的遥操作任务执行几乎没有影响，只对地面遥操作人员的监视情况有滞后效果。自主操作模式系统时延图如图 3.4 所示。图中，G_c^{Tel} 为广义控制器；$G_o^{\mathrm{Tag}}(s)$ 为广义被控对象；$G_c^{\mathrm{Rob}}(s)$ 为空间机器人机载控制器；$G_o^{\mathrm{Rob}}(s)$ 为空间机器人。

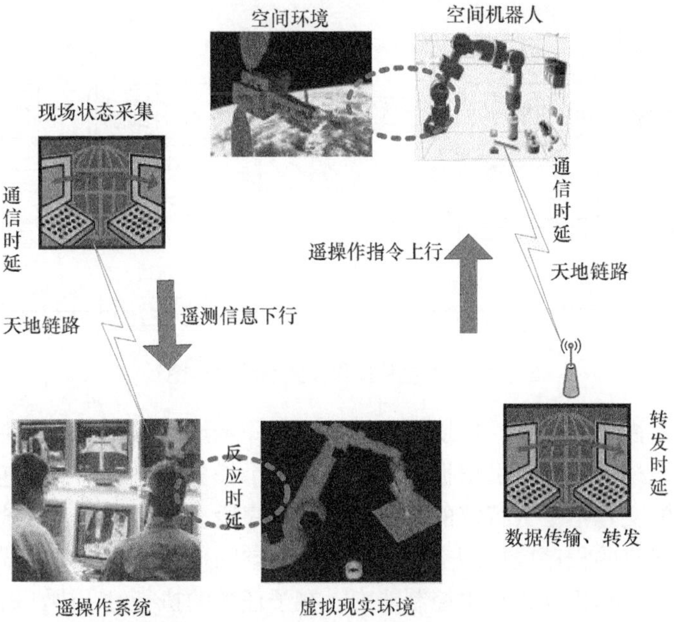

图 3.3　空间机器人遥操作时延环境图

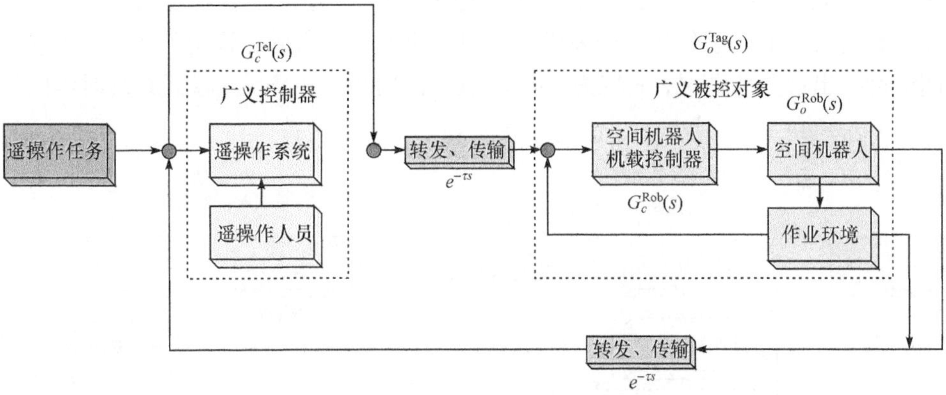

图 3.4　自主操作模式系统时延图

在主从操作模式下，遥操作人员和遥操作系统组成的广义控制器直接控制空间机器人作业。遥操作人员根据遥操作任务需要，决策任务执行指令。遥操作系统将任务级指令分解并生成空间机器人可直接执行的控制指令，控制空间机器人作业。在整个控制回路中，大时延环境相当于滞后环节，从时域来看，引入非线性环节，从频域来看，纯滞后环节会直接减少系统的相角裕度，降低系统的稳定性。主从操作模式系统时延图如图 3.5 所示。

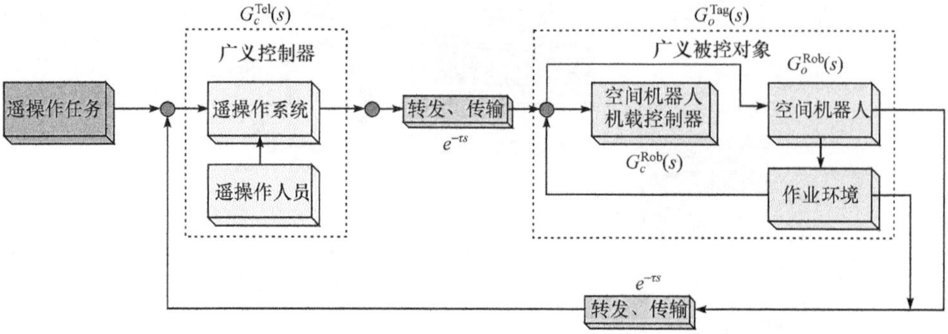

图 3.5　主从操作模式系统时延图

在共享遥操作模式下，遥操作任务由遥操作系统和遥操作人员进行组织和分配。遥操作系统和操作人员根据任务规划将整个任务分为若干个子任务。与空间现场机器人的交互指令为特定的指令代码或程序段。空间机器人机载控制器根据预定程序或接收的程序段控制空间机器人进行空间作业。该操作模式结合操作员的规划决策能力和机器人自主控制能力，在子任务的执行过程中，时延被排除在外，对子任务的执行无影响，对地面遥操作人员的监视情况有滞后效果。当前一子任务完成，下一子任务执行前，由于大时延环境的影响，遥操作人员对现场情况了解滞后，下一子任务指令发送到空间机器人接收滞后，将使子任务与子任务间的衔接出现等待情况，表现为“走-停-走”的特点。共享操作模式系统时延图如图 3.6 所示。

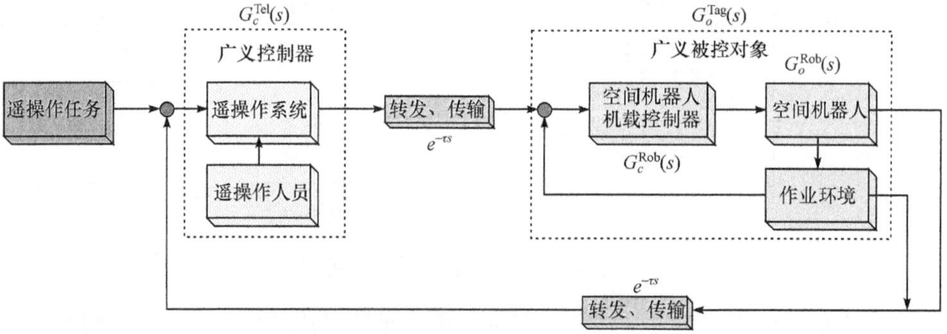

图 3.6　共享操作模式系统时延图

三种模式相比，时延对系统稳定性和透明度造成的影响以自主控制模式最小，共享操作模式次之，而主从(交互)操作模式的影响最严重。解决大时延环境下时延对系统造成的影响是遥操作技术的关键技术，既要保证系统的稳定性，又要使系统具有一定的透明度，使操作员能够具有较高的临场感，以提高完成复杂工作的能力。

2. 时延不确定性的影响

时延环境的存在对遥操作的稳定性有严重影响。经典控制器在应对大时延环境带来的相角裕度下降问题上难以满足稳定性要求。准确预测 m 秒的环节可用数学公式 e^{ms} 表述，显然准确预测是补偿相角裕度的直接方法。控制器中的微分项 D 和双微分项 $D\times D$ 也是通过对速度项和加速度项的获取形成有限预测来提高相角裕度。目前，在应对大时延环境的有效手段中，预测已成为不可缺少的环节。

时延不确定性影响的主要机理不在于降低了多少相角裕度，而是时延值波动和不确定性降低了状态预测的准确性。当预测不准确时，不能用 e^{ms} 描述预测环节，对相角裕度的补偿作用会大幅下降。时延不确定性对预测准确性的影响主要有以下两点。

① 由于时延的不确定，现场状态信息序列会出现顺序错乱的情况，降低地面遥操作人员对遥现场对象运行状态时序感知。同时，如果以错乱状态信息序列为数据基础，对预测模型的校正也会不准确。

② 由于时延的不确定，遥操作指令序列会使遥现场机构起始执行指令的时刻不确定，以及地面观测的遥现场状态与执行指令的预期不确定，导致以此为基础的预测模型校正不准确。

3. 双向时延、上行时延的影响

与遥测信息的下行时延产生原因一样，遥操作指令的上行时延也是由于数据中转、处理和天地传输距离而客观存在的。一般的处理往往将上行时延并入遥操作任务的大时延环节，将其与下行时延一并处理，如果使用隔时重装初值等离线式输入输出修正时，将上行时延视为整个大时延环境的一部分统一处理并无不妥，但当以人在回路为主进行连续操作时，遥操作指令的上行时延就必须与遥测信息的下行时延分别对待。遥操作指令上行时延会导致遥操作人员的操作意图不能得到迅速反应，遥测信息下行时延使空间机器人的响应不能及时传达至操作员。虽然对操作员而言，其感觉都是空间机器人反应滞后，但机理不同。如果仅存在遥操作指令上行延时，操作员可即时获取当前工作状态。在此情况下，操作员不会因感知混乱而误操作，但在发现问题后的干预处理将滞后。如果仅存在遥测数据下行延时，操作员感知现场状态滞后，在预计问题发生时的干预处理可即时完成。可以看出，由于上行指令时延的存在，真实被控对象前增加了滞后环节，这将带来以下几个问题。

① 指令时间与次序错配。在被控对象处于静态或者稳态的情况下，当滞后环节的滞后效果恒定时(即上行时延值恒定)，被控对象可按控制顺序由静态到动态顺序执行。若滞后环节的滞后效果变化时，操作员发出的指令序列到达的先后次序有可能打乱，这将使空间机器人的执行过程发生震颤、抖动、降低平滑效果，甚至损坏机器人。上行指令时延造成的指令时间与次序错配影响如图 3.7 所示。

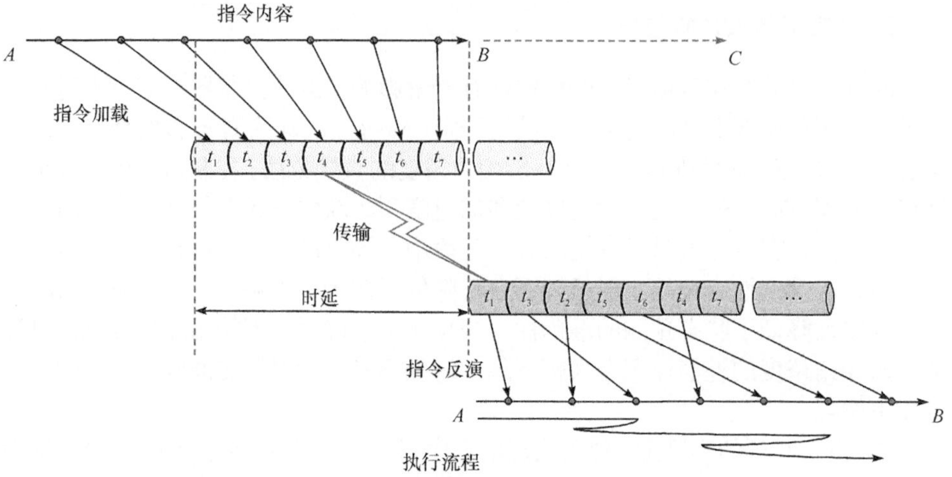

图 3.7　上行指令时延造成的指令时间与次序错配影响

② 指令内容与运动状态冲突。当被控对象处于动态或运动情况时，滞后环节的滞后效果，可能使操作员发送的操作指令在到达现场空间机器人时刻变得不适应和不适用，成为过时型指令或者冲突型指令，降低操作员的操作效果，甚至造成机器人的往复运动、急停、急转等情况。上行指令时延造成的指令内容与运动冲突影响如图 3.8 所示。

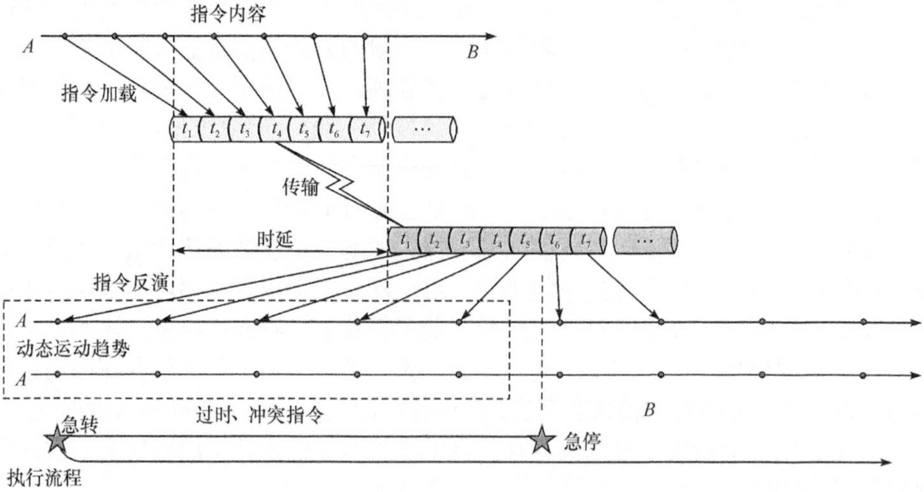

图 3.8　上行指令时延造成的指令内容与运动冲突影响

③ 预测异步。在不能准确预知指令执行时刻的条件下，地面遥操作系统对象模型激励时刻会与空间对象的实际受激励时刻有时间差。这会导致空间对象运行状态的预测与现实运行状态存在异步。

④ 在线模型修正匹配失效。在线模型修正利用实测的输入输出数据，对已建立的预测模型参数进行校正，最终在相同的输入激励条件下使预测模型的输出以一定的误差限度逼近真实系统的输出来达到修正的目的。未知上行时延时，观测的输出无法与对应的输入激励匹配。对于在线修正，匹配失效不仅会增加修正误差，还有可能因误差积累使修正发散。

3.2　不确定大时延影响消减条件

3.2.1　不确定大时延影响消减的基本条件

不确定大时延影响消减的核心在于准确预测空间对象的在轨运行状态，并在地面端及时复现。不确定大时延消减的基本条件包括以下 4 项。

① 下行遥测信息的充分性条件。下行遥测数据应当具有充分种类和充分数量的现场状态信息，主要有 3 个原因。一是地面遥操作端的建模、修正和预测均与空间对象状态的完整性和充分性相关。二是虚拟环境建模和驱动的拟似性需要充分的空间现场状态来保障。三是遥测数据容错和纠错需要冗余的状态数据。

② 特征信息的可观测性条件。所谓特征信息指可以反映空间作业系统相关动力学/运动学特征、控制特征、操作序列特征等状态或过程的信息。特征信息可观测，主要服务于提升大时延条件下的遥操作稳定性。

第一，空间作业系统和目标对象的建模、辨识、预测与特征信息的可观测性直接相关。例如，加速度/角加速度、速度/角速度、驱动电压/电流/转矩等额外的特征信息获取，对提高辨识和预测精度、增强操作稳定性有直接好处。

第二，在线修正方法的运行效率和收敛稳定性与特征信息的可观测性相关。例如，控制指令的序列和执行标签、不确定时延的辨识值等，对在线修正方法中提高预测-实测比对的匹配度有重要作用。

③ 在线修正速度及遥测数据信息密度条件。遥测数据的信息密度直接决定特征信息的采样步长，在线修正速度决定修正速度是否能跟上现场对象状态的变化速度。根据采样定理，遥测数据的信息密度和在线修正的用时步长均需高于现场对象特征频率的 3～5 倍。

④ 时间同步或基准时标条件。无论是上行遥操作指令时延，还是下行遥测数据时延，为实现不确定大时延条件下的稳定操作，均需要辨识不确定时延值。遥操作系统与空间作业系统的时间同步或基准时标是离线/在线辨识不确定时延值的基本条件。

3.2.2 固定物体操作条件下的不确定大时延影响消减条件

对于空间遥操作，操作相对位置固定物体主要指借助机械臂操作航天器本体，如操作舱内仪器、操作空间站内的实验、维护舱外设备等空间任务。它们与 3.2.1 节阐述的 4 个基本条件一一对应，描述如下。

1. 下行遥测信息的充分性条件

对于相对位置固定物体的遥操作，下行遥操作数据至少应当包括以下几方面。

① 机械臂各关节角瞬时关节角度(空间运行状态的最基本的数据)。

② 数据状态的采样和指令执行时标(预测/修正匹配、辨识时延环境)。

③ 空间操作任务过程的瞬时图像(全局相机图像、局部相机图像、末端执行器相机图像)数据(用于与虚拟场景的图像形成比对，增强操作员直观感受)。

此外，为准确建立遥操作对象模型和直观的虚拟场景，至少还需要先期获取以下数据。

① 机械臂 D-H 参数、外形尺寸(虚拟建模需要)。

② 机械臂初始状态，操作环境和操作对象初始相对位姿(虚拟建模、模型初值确定需要)。

③ 各关节转动惯量、交叉惯性积或质量分布(对象动力学建模需要)。

若可获取的在线/离线信息更丰富时，会对大时延遥操作的顺利进行有重要促进。

在线信息包括以下数据。

① 瞬时各关节角电机的瞬时电压/电流或功率(在线动力学激励模型修正需要)。

② 瞬时各关节角速度/关节角加速度(在线动力学模型精确修正与在线修正纠错/容错需要)。

离线信息包括以下数据。

① 各关节电机参数，如电压/电流/功率-扭矩关系、减速比等(动力学激励模型建模需要)。

② (地面标定)典型形态或任务下的动态响应数据(典型状态下的建模对象初值确定需要，运行容错需要，预测/修正约束边界建立需要)。

2. 特征信息的可观测性条件

特征信息可观测性条件与遥测信息充分性要求基本一致，必要的遥测信息均要求是可观测的，期望获取的额外数据也是可观测的。

除了上述特征信息外，若能获取机械臂的瞬时控制器函数，或者控制器函数中的特征值，可以有效提高在线构建/修正预测模型的精准性。这类特征信息的可观测性需要机械臂研发与遥操作研发的深度耦合和协作。从纯技术层面讨论，这是有可能性的。

3. 在线修正速度及遥测数据信息密度条件

在线修正速度及遥测数据信息密度要求高于现场对象响应特征频率的 3～5 倍。现场对象的响应特征频率取决于现场对象本身的惯量和控制机构的执行功率。在线修正速度由地面遥操作端控制，主要取决于遥操作系统的软/硬件配置和在线修正方法的实现效率，应在系统容忍的范围内尽量提高。遥测数据信息占用宝贵的天地链路资源，可按需提供，信息密度不够的情况下需要地面遥操作端进行中间信息预测和填充。

4. 时间同步或基准时标条件

时间同步或基准时标可通过在上行指令和下行数据中填充时标来实现，具体包括以下几个方面。

① 上行指令的期望执行时标。

② 上行指令的发送时标。

③ 上行指令对应的接收时标。

④ 对应序号上行指令的执行时标。

⑤ 下行数据中对象状态的采样时标。

⑥ 下行数据中现场图像的采样时标。

⑦ 下行数据的接收时标。

3.2.3　漂浮物体的操作条件下的不确定大时延影响消减条件

对位置相对固定的物体而言，对漂浮物体进行操作难度更大。在对漂浮物体的操作任务中，航天器编队相对轨道/姿态动力学运动学、机械臂运动的反作用力矩、基座航天器自稳定控制等要素相互耦合并最终影响操作。对漂浮物体的操作又分为在自由漂浮基座上对自由漂浮物体的操作和在受控基座上对自由漂浮物体的操作。

1. 在自由漂浮基座上对漂浮物体的操作

自由漂浮基座上对漂浮物体的操作与 3.2.1 节阐述的 4 个基本条件的一一对应描述如下。

(1) 下行遥测信息的充分性条件

对于自由漂浮基座上漂浮物体的遥操作，下行遥操作数据至少应当包括以下几个方面。

① 机械臂各关节角瞬时关节角度(空间运行状态的基本数据)。

② 基座瞬时各姿态角度(相对位姿解算和预测的基本数据)。

③ 操作对象瞬时姿态角(相对位姿解算和预测的基本数据)。

④ 相对导航的位姿数据(相对位姿预测的基本数据)。

⑤ 数据状态的采样和指令执行时标(用于预测/修正匹配，辨识时延环境)。

⑥ 空间操作任务过程的瞬时图像(全局相机图像、局部相机图像、末端执行器相机图像)数据(用于与虚拟场景的图像形成比对，增强操作员直观感受)。

除此之外，为准确建立遥操作对象的模型和直观的虚拟场景，至少还需要先期获取以下数据。

① 机械臂 D-H 参数、外形尺寸(虚拟建模需要)。

② 机械臂初始状态，操作环境和操作对象初始相对位姿，操作对象和基座初始轨道(虚拟建模需要，模型初值确定需要)。

③ 各关节转动惯量、交叉惯性积或质量分布(对象动力学建模需要)。

④ 基座各通道转动惯量、交叉惯性积或质量分布(对象动力学建模需要)。

当可获取的在线/离线信息更丰富时，其对大时延遥操作将有重要促进作用。

离线信息包括以下数据。

① 各关节电机参数，如电压/电流/功率-扭矩关系、减速比等(动力学激励模型建模需要)。

② 用于地面标定的典型形态或典型任务下的动态响应数据(典型状态下的建模对象初值确定需要、运行容错需要、预测/修正约束边界建立需要)。

在线信息包括以下数据。

① 瞬时各关节角电机的瞬时电压/电流或功率(在线动力学激励模型修正需要)。

② 基座各通道姿态角瞬时角速度。

③ 操作对象各通道姿态角瞬时角速度。

④ 瞬时各关节角速度/关节角加速度(在线动力学模型精确修正与在线修正纠错/容错需要)。

(2) 特征信息的可观测性条件

特征信息可观测性条件与前述对遥测信息充分性要求基本一致，必要的遥测信息均要求是可观测的，期望获取的额外数据也是可观测的。

除了上述特征信息外，若能够获取机械臂的瞬时控制器函数，或者控制器函数中的特征值，对于提高在线构建/修正预测模型的精准性会很有效。这个特征信息的可观测性需要机械臂研发与遥操作研发深度耦合和协作。从纯技术层面讨论，这是有可能性的。

(3) 在线修正速度及遥测数据信息密度条件

在线修正速度及遥测数据信息密度要求高于现场对象响应特征频率的 3～5 倍。现场对象的响应特征频率取决于现场对象本身的惯量和控制机构的执行功率。在线修正速度由地面遥操作端控制，主要取决于遥操作系统的软/硬件配置和在线修正方法的实现效率，应在系统容忍的范围内尽量提高。遥测数据信息占用宝贵的天地链路资源，可按需提供，在信息密度不够的情况下需要地面遥操作端进行中间信息预测和填充。

(4) 时间同步或基准时标条件

时间同步或基准时标可通过在上行指令和下行数据中填充时标实现，具体包括以下几个方面。

① 上行指令的期望执行时标。

② 上行指令的发送时标。

③ 上行指令对应的接收时标。

④ 对应序号上行指令的执行时标。

⑤ 下行数据中对象状态的采样时标。

⑥ 下行数据中现场图像的采样时标。

⑦ 下行数据的接收时标。

2. 在受控基座上对漂浮物体的操作

受控漂浮基座上对漂浮物体的操作与 3.2.1 节阐述的 4 个基本条件的一一对应描述如下。

(1) 下行遥测信息的充分性条件

对于受控漂浮基座上漂浮物体的遥操作，下行遥操作数据至少应当包括以下几个方面。

① 机械臂各关节角瞬时关节角度(空间运行状态的基本数据)。

② 基座瞬时各姿态角度/角速度(相对位姿解算和预测的基本数据)。

③ 操作对象瞬时姿态角/角速度(相对位姿解算和预测的基本数据)。

④ 相对导航的位姿数据(相对位姿预测的基本数据)。

⑤ 数据状态的采样和指令执行时标(用于预测/修正匹配，辨识时延环境)。

⑥ 受控基座控制机构动作数据(用于基座状态预测/修正)。

⑦ 空间操作任务过程的瞬时图像，如全局相机图像、局部相机图像、末端执行器相机图像等数据(用于与虚拟场景的图像形成比对，增强操作员直观感受)。

除此之外，为准确建立遥操作对象模型和直观的虚拟场景，至少还需要先期获取以下数据。

① 机械臂 D-H 参数、外形尺寸(虚拟建模需要)。

② 机械臂初始状态，操作环境和操作对象初始相对位姿(虚拟建模需要和模型初值确定需要)。

③ 各关节转动惯量、交叉惯性积或质量分布(对象动力学建模需要)。

④ 基座各通道转动惯量、交叉惯性积或质量分布(对象动力学建模需要)。

当可获取的在线/离线信息更丰富时，其对大时延遥操作将有重要的促进作用。

离线信息包括以下数据。

① 各关节电机参数，如电压/电流/功率-扭矩关系、减速比等(动力学激励模型建模需要)。

② 地面标定的典型形态或典型任务下的动态响应数据(典型状态下的建模对象初值确定需要、运行容错需要、预测/修正约束边界建立需要)。

在线信息包括以下数据。

① 瞬时各关节角电机的瞬时电压/电流或功率(在线动力学激励模型修正需要)。

② 瞬时各关节角速度/关节角加速度(在线动力学模型精确修正与在线修正纠错/容错需要)。

(2) 特征信息的可观测性条件

特征信息可观测性条件与遥测信息充分性要求基本一致，遥测信息均要求是可观测的，期望获取的额外数据也是可观测的。

除了上述特征信息外，若能够获取机械臂的瞬时控制器函数，或者控制器函数中的特征值，对于提高在线构建/修正预测模型的精准性会很有效。这个特征信息的可观测性需要机械臂研发与遥操作研发的深度耦合和协作。从纯技术层面讨论，这是有可能性的。

(3) 在线修正速度及遥测数据信息密度

在线修正速度及遥测数据信息密度要求高于现场对象响应特征频率的 3～5 倍。现场对象的响应特征频率取决于现场对象本身的惯量和控制机构的执行功率。在线修正速度由地面遥操作端控制，主要取决于遥操作系统的软/硬件配置和在线修正方法的实现效率，应在系统容忍的范围内尽量提高。遥测数据信息占用宝贵的天地链路资源，可按需提供。在信息密度不够的情况下，地面遥操作端可以进行中间信息预测和填充。

(4) 时间同步或基准时标

时间同步或基准时标可通过在上行指令和下行数据中填充时标来实现，具体包括以下几个方面。

① 上行指令的期望执行时标。

② 上行指令的发送时标。

③ 上行指令对应的接收时标。
④ 对应序号上行指令的执行时标。
⑤ 下行数据中对象状态的采样时标。
⑥ 下行数据中现场图像的采样时标。
⑦ 下行数据的接收时标。

3.3 小　　结

本章针对大时延环境和不确定问题，首先介绍不确定大时延及其对遥操作的影响，提出不确定大时延影响消减的 4 个一般性条件。然后，根据一般性条件，针对 3 种操作情况，给出相应不确定大时延影响消减的具体需求条件。

第4章 空间机器人遥操作不确定大时延影响消减技术

本章给出大时延环境和不确定问题的消减方法，并分层次讨论。

① 天地时间基准同步且时间标志已知，存在不确定大时延的情况。

② 天地时间基准同步，没有时间标志的情况。

③ 天地时间基准不同步或不准确，且没有时间标志的情况。

④ 双向时延(上行指令时延和下行反馈时延)均不确定且有波动的情况。

遥操作系统时延影响的消减主要通过预测补偿实现。理论上讲，当预测模型与实际情况一致时，预测补偿可以消减任何强度的时延影响，达到遥操作系统的完全透明化，但是预测模型与实际情况一致在工程中是不可能的。不仅如此，现场设备工作时的状态还受环境、结构、材料等多种不可抗、不可预计因素的影响。正因为如此，仅采用模型预测的方法会有误差，而且误差将随时间的推移而累积，直至预测完全走样，遥操作任务无法进行。因此，时延影响消减策略必须在拥有模型预测的同时，引入修正策略，修正可以是修正预测模型的输出，也可以直接修正预测模型本身。其目的是使预测模型的预测结果与真实情况一致。一般修正需要用到真实情况的输入输出信息，但由于时延的存在，修正可利用的信息被限制在当前时刻的时延值之前，即只能用“过去”的信息修正“现在”。显然，时延的存在对修正的效果有较大影响，当无时延或时延较小时，修正将比较容易且准确。随着时延值的增加，修正效果降低，预测误差增加。除时延大小外，变时延环境也会对遥操作系统的预测误差造成影响。其主要影响的机理是：由变时延环境造成的信息流到达时刻分布不均匀，如信息序列混乱、错配、忽而一段时间没有信息、忽而一段时间信息数据集中到达。以上由变时延环境引起的数据特征使修正难度急剧增大。修正正确性的前提保障是获得充分准确的信息。为应对变时延环境，时延的精确辨识和遥测数据的整理必不可少。除此之外，修正准确性与遥测信息的充分性(信息密度)相关，信息越充分，修正越准确。另外，由通信条件或干扰造成的丢包、误码情况将导致信息连续性降低，对于修正而言则是信息采样步长变化。

本章提出的遥操作系统时延影响消减方法主要以配合修正的模型预测方法实现。修正方法的核心是模型参数误差修正，即利用实测的输入输出数据，对已建立的预测模型参数进行校正，最终在相同输入激励的条件下使预测模型的输出以一定的误差逼近真实系统的输出，达到修正的目的[69]。

模型参数误差修正定义包含以下 3 个要素。

① 真实对象实测的输入输出数据。输入输出数据是修正的基础，其中隐含输入与输出变量之间的因果关系，反映系统的特性行为。

② 模型集。模型集指修正优化的模型范围。

③ 等价准则。等价准则指修正优化的目标。

由上述定义可知，修正有相当大的自由度。这表现在数据、模型集和等价准则上。从实用的观点出发，对模型的要求并非要求完全匹配，只要利用输入输出数据按照等价准则从实数模型集中拟合出能反映实际过程动态特性的模型即可，即 $\left\|\boldsymbol{Y}-\hat{\boldsymbol{Y}}\right\| \leqslant e_{\text{limit}}$，其中 $\boldsymbol{Y}$ 为真实对象的输出，$\hat{\boldsymbol{Y}}$ 为预测模型的预测输出，e_{limit} 为误差限。基于该模型参数误差修正方法的时延影响消减应当由以下部分组成。

① 适度准确、易于修正的预测模型。预测精度与预测模型的准确度息息相关，由于真实环境状态往往随时间变化，因此某一时刻预测模型的准确度在遥操作任务执行的过程中并不重要。一般而言，预测模型越贴近真实情况，其模型复杂度越高，各参数耦合性越强。对于这种复杂模型，其修正往往难度极大。因此，需在预测模型的准确度和预测模型的易修正性能中寻找平衡，即找一种适度准确、易于修正的预测模型，以便消减时延影响。以我们前期的工作经验，当对象的预测模型能够在操作时间尺度上正确模拟综合对象的 2～3 阶频谱响应时，即可成为基本模板。

② 快速收敛、简单易行的修正方法。只有让预测模型总是跟随真实情况的变化而修正，才能保证运行过程中预测与实际情况始终保持一定精度。为达到此目的，修正应当在线、实时、滚动性进行。遥操作系统的实时性要求修正方法能够在短时间内将预测模型修正，因此该修正方法必须在准确性和快速收敛性上折中，既要有相当的准确度，又不能太复杂而占用过多时间。除了快速性和收敛性外，对于修正方法，存在一个非常容易忽略的问题，即修正方法往往只能保证数学上的收敛性和逼近性。对于遥操作任务而言，操作对象是有明确物理含义的具体实物，修正过程中的一些结果，在数学上是维持收敛的必要过程，但若反推并对应于物理实物的动力学特性，其描述的结果往往是不恰当的。例如，一个过阻尼的系统，由于在修正的数学过程中对其参数的辨识成了一个欠阻尼系统，甚至是无阻尼系统，并基于此辨识结果预测若干秒以后的状态，预测结果显然会偏差很远。因此，修正方法不仅需要数学上的收敛性和逼近性，还需要算法实现的高效性和快速性，同时也必须满足物理模型描述的准确性和平滑性。这种针对性的修正方法是解决遥操作大时延问题的关键所在。

③ 实时性强、准确性高的时延值辨识方法。在遥操作任务执行过程中，变时延环境会使修正方法依赖的源头信息混乱，降低修正依赖信息的置信度，影响修正效果。要消除变时延环境的影响，首先要辨识各时刻的时延值，才能对混乱的信息进行整理来提高修正效果。

④ 信息序列错乱、信息空缺、信息冲突、变采样步长下的信息重整策略。受不确定大时延和传输中丢包误码等影响，遥测数据信息可能出现空缺(一段时间无遥测数据)、错乱(前一时刻的遥测数据比后一刻的遥测数据后到)、冲突(同时收到多个不同的遥测数据)等情况，对应地需要对遥测数据进行插值补全、重排序、重刷新等信息重整，以保证修正稳定性。

4.1　大时延影响消减技术研究现状

遥操作中的时延主要产生于通信过程和计算机对数据的处理过程。受计算机处理能力、科学技术发展水平等的限制，空间机器人遥操作仍然存在大时延问题，影响操作系统的稳定性、透明性、临场感等性能。苏联于 1970 年采用“走-停-走”的遥操作模式解决时延影响问题，但只针对 2s 以内的小时延，因此工作效率极低、成本较高，且模糊不清的力反馈信息使地面操作人员负担严重。此后，逐渐出现很多其他解决时延影响问题的方法。Niemeyer 等于 1991 年提出波变量法。该方法从能量的角度出发，把 Anderson 法中主从端传输的速度和力用波变量代替，保证系统的无源稳定性。理论上，无源稳定性与系统时延无关，但是与遥操作系统透明性相互制约。系统时延越大，遥操作系统的操作性能越差，因此该方法也只适用于 2s 内的小时延情况。Xi 等于 1993 年提出基于事件的规划控制方法，用事件代替时间作为新的参考变量来解决大时延问题。之后，他们还对该方法进行了改进，也只是满足一定条件的情况下才能保证系统的稳定性。为消减时延带来的影响，人们又提出基于 H_∞理论的控制方法、基于 Lyapunov 函数的控制方法、基于自适应的控制方法、基于滑模控制的方法等。基于 H_∞理论的控制方法是把大时延作为干扰信号来处理，把时延的影响降低到要求的范围内。该方法的缺点是不能有效应对任意时延的情况。基于 Lyapunov 函数的控制方法只能处理固定时延的情况。基于自适应的控制方法具有学习的特性，它不需要大量的参数和先验信息，在处理随机时延方面有着突出的优势，不足之处在于不能有效地处理无模型的动力学问题。Park 等于 1999 年提出基于滑模控制的方法，首次用于解决变时延难题。该方法在滑模控制中存在高频抖振及其不连续的控制律，会影响遥操作系统的控制精度及性能。

虽然前人为解决遥操作系统大时延问题，提出不少的经典控制方法，但是大部分方法只是对 2s 以内小时延、固定时延的情况有效，不能在兼顾系统稳定性、透明性、临场感等性能的同时，有效解决不确定大时延问题。

4.2　遥操作大时延影响消减策略及在线修正方法

4.2.1　预测模型在线修正原理

基于预测模型的遥操作是克服不确定大时延的有效方法，因此成为操作远端或恶劣环境中对象的有效途径。其在线应用需要一个重要的前提保障，即保证虚拟对象(预测模型)与真实对象匹配。精确的数学模型是准确预测和正确规划的基础。在实际应用中，对象十分复杂，难以建立精确的预测模型，再加上不确定因素和噪声干扰的影响，使相同输入条件下的预测模型与真实对象的输出产生误差，即预测误差。产生预测误差的因素诸多，归纳起来可分为以下几类。

① 结构性误差。模型结构不准确造成的计算值与真实值之间的误差。

② 参数性误差。在模型结构准确的条件下，系统特性的参数不精确或发生漂移造成的计算值与真实值之间的误差。

③ 计算性累积误差。迭代的初值或计算的累积误差造成的计算值与真实值之间的误差。

④ 噪声干扰。测量、传输，以及环境不确定因素造成的计算值与真实值之间的误差。

结构性误差和参数性误差是由对象建模不精确造成的。计算性累计误差是在预测模型迭代计算中产生的，一般利用初值重装的方法来修正。噪声干扰产生的误差是无法克服，也无法避免的。在线修正原理框图如图 4.1 所示。

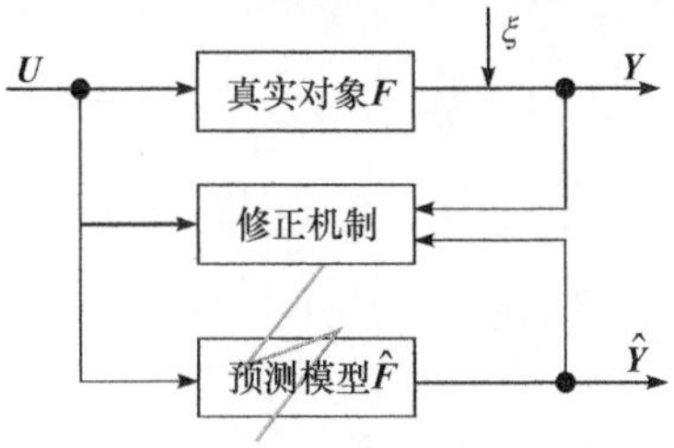

图 4.1　在线修正原理框图

图 4.1 中，$\boldsymbol{U}$ 为系统输入，$\boldsymbol{U}=[u_1,u_2,\cdots,u_m]^{\mathrm{T}}$ (m 为输入维数)；$\boldsymbol{Y}$ 为真实对象的输出，$\boldsymbol{Y}=[y_1,y_2,\cdots,y_n]^{\mathrm{T}}$ (n 为输出维数)；$\hat{\boldsymbol{Y}}$ 为预测模型的预测输出，$\hat{\boldsymbol{Y}}=[\hat{y}_1,\hat{y}_2,\cdots,\hat{y}_n]^{\mathrm{T}}$ (n 为输出维数)；$\boldsymbol{F}$ 为真实对象；$\hat{\boldsymbol{F}}$ 为预测模型。离散系统的输

入输出模型可以用标准的差分方程描述，即

$$A(z^{-1})Y(k)=B(z^{-1})U(k) \tag{4.1}$$

其中

$$A(z^{-1})=\begin{bmatrix} A_{11}(z^{-1}) & A_{12}(z^{-1}) & \cdots & A_{1n}(z^{-1}) \\ A_{21}(z^{-1}) & A_{22}(z^{-1}) & \cdots & A_{2n}(z^{-1}) \\ \vdots & \vdots & & \vdots \\ A_{n1}(z^{-1}) & A_{n2}(z^{-1}) & \cdots & A_{nn}(z^{-1}) \end{bmatrix}$$

$$A_{ij}(z^{-1})=1+a_{ij}^{1}z^{-1}+a_{ij}^{2}z^{-2}+\cdots+a_{ij}^{n_{ij}}z^{-n_{ij}}$$

$$B(z^{-1})=\begin{bmatrix} B_{11}(z^{-1}) & B_{12}(z^{-1}) & \cdots & B_{1m}(z^{-1}) \\ B_{21}(z^{-1}) & B_{22}(z^{-1}) & \cdots & B_{2m}(z^{-1}) \\ \vdots & \vdots & & \vdots \\ B_{m1}(z^{-1}) & B_{m2}(z^{-1}) & \cdots & B_{mm}(z^{-1}) \end{bmatrix}$$

$$B_{ij}(z^{-1})=1+b_{ij}^{1}z^{-1}+b_{ij}^{2}z^{-2}+\cdots+b_{ij}^{m_{ij}}z^{-m_{ij}}$$

$$\hat{A}(z^{-1})\hat{Y}(k)=\hat{B}(z^{-1})U(k) \tag{4.2}$$

其中

$$\hat{A}(z^{-1})=\begin{bmatrix} \hat{A}_{11}(z^{-1}) & \hat{A}_{12}(z^{-1}) & \cdots & \hat{A}_{1n}(z^{-1}) \\ \hat{A}_{21}(z^{-1}) & \hat{A}_{22}(z^{-1}) & \cdots & \hat{A}_{2n}(z^{-1}) \\ \vdots & \vdots & & \vdots \\ \hat{A}_{n1}(z^{-1}) & \hat{A}_{n2}(z^{-1}) & \cdots & \hat{A}_{nn}(z^{-1}) \end{bmatrix}$$

$$\hat{A}_{ij}(z^{-1})=1+\hat{a}_{ij}^{1}z^{-1}+\hat{a}_{ij}^{2}z^{-2}+\cdots+\hat{a}_{ij}^{n_{ij}}z^{-n_{ij}}$$

$$\hat{B}(z^{-1})=\begin{bmatrix} \hat{B}_{11}(z^{-1}) & \hat{B}_{12}(z^{-1}) & \cdots & \hat{B}_{1m}(z^{-1}) \\ \hat{B}_{21}(z^{-1}) & \hat{B}_{22}(z^{-1}) & \cdots & \hat{B}_{2m}(z^{-1}) \\ \vdots & \vdots & & \vdots \\ \hat{B}_{m1}(z^{-1}) & \hat{B}_{m2}(z^{-1}) & \cdots & \hat{B}_{mm}(z^{-1}) \end{bmatrix}$$

$$\hat{B}_{ij}(z^{-1})=1+\hat{b}_{ij}^{1}z^{-1}+\hat{b}_{ij}^{2}z^{-2}+\cdots+\hat{b}_{ij}^{m_{ij}}z^{-m_{ij}}$$

当预测模型(式(4.2))与真实对象(式(4.1))完全匹配($\hat{F}=F$)，且初值条件相同、不存在噪声时，真实对象输出与预测输出相同($\hat{Y}=Y$)，达到系统完全透明。在实际应用中，$\hat{F}\neq F$ 导致存在预测误差 $\hat{Y}\neq Y$ ，因此利用实测的输入输出信息校正

预测模型 $\hat{\boldsymbol{F}}$，消减预测误差可以提高预测精度。目前常用的修正方法有最小二乘法、增广最小二乘法、广义最小二乘法、多步最小二乘法、辅助变量法、极大似然法、卡尔曼滤波法、随机逼近法等。最小二乘法是早年高斯为进行行星运动轨迹预报研究工作提出来的。后来，最小二乘法成为估计与修正理论的奠基石。最小二乘法原理简单，编制程序也不困难，并且不需要数理统计的知识，甚至在其他方法失败时，最小二乘法仍可以提供较好的修正效果。现在，最小二乘理论已经成为参数修正的主要手段。设过程的输入输出关系可以描述成如下形式，即

$$\boldsymbol{z}(k)=\boldsymbol{h}^{\mathrm{T}}(k)\boldsymbol{q}+\boldsymbol{e}(k) \tag{4.3}$$

其中，$\boldsymbol{z}(k)$ 为过程的输出量；$\boldsymbol{h}(k)$ 为可观测的数据向量；$\boldsymbol{e}(k)$ 为均值为零的随机噪声。

利用数据序列 $\{z(k),h(k)\}$，可以极小化下列准则函数，即

$$\boldsymbol{J}(\boldsymbol{\theta})=\sum_{k=1}^{L}\left(\boldsymbol{z}(k)-\boldsymbol{h}^{\mathrm{T}}(k)\boldsymbol{\theta}\right)^{2} \tag{4.4}$$

其中，$\boldsymbol{\theta}$ 为过程参数。

其核心问题是求取使以上准则函数达到最小时的参数 $\hat{\boldsymbol{\theta}}$，称为最小二乘法。最小二乘法的基本结果有两种形式,一种是离线修正算法,另一种是在线修正算法。

① 离线修正算法，又称离线估计算法，指利用采集的一批实测信息 $\{\boldsymbol{Y}(k_i),\boldsymbol{U}(k_i)\}(i=1,2,\cdots,p)$，在数值仿真计算正常运行之外，对系统预测模型的误差进行一次性修正，更新预测模型，然后重新进入正常仿真计算状态的模型修正方法。

② 在线修正算法，利用每次实时获取的实测信息，在数值仿真计算正常运行的同时，实时滚动修正并更新原预测模型的修正方法。

离线修正算法简单，修正过程全部在离线时段完成，在线计算负担小，对计算机的实时计算速度要求较低，缺点是无法对误差实时监视与及时修正。在线修正算法在线计算量相对较大，但可以实时监视和修正误差，保证及时性。当今，计算速度已经大大提高，因此在线修正受到工程界的广泛青睐。假定有一个变量 y，它与 n 维变量 $\boldsymbol{X}=\left[x_1,x_2,\cdots,x_n\right]^{\mathrm{T}}$ 线性无关，即

$$y=\theta_1x_1+\theta_2x_2+\cdots+\theta_nx_n=\boldsymbol{X\theta} \tag{4.5}$$

其中，$\boldsymbol{\theta}=\left[\theta_1,\theta_2,\cdots,\theta_n\right]^{\mathrm{T}}$ 为一个常数参数集。

假定 $\theta_i(i=1,2,\cdots,n)$ 是未知的，并且希望通过不同时刻对 y 和 $\boldsymbol{X}$ 的观测值获取它们的数值。最小二乘原理示意图如图 4.2 所示。

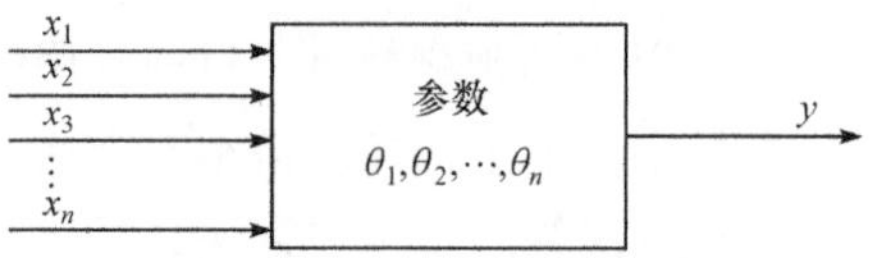

图 4.2　最小二乘原理示意图

假设已经获得 $t_1, t_2, \cdots, t_m$ 时刻 y 和 $\boldsymbol{X}$ 的观测值序列，并且用 $y(i)$ 和 $x_i(i)$，$i = 1, 2, \cdots, m$ 表示其观测数据，则可以用如下线性方程组表示这些数据的关系，即

$$y(i) = \theta_1 x_1(i) + \theta_2 x_2(i) + \cdots + \theta_n x_n(i), \quad i = 1, 2, \cdots, m \tag{4.6}$$

观测值序列即实测样本值是修正的基础，它需要满足以下可修正条件。

① 输入信号必须是持续激励的。在实验期间，输入信号必须充分激励过程的所有状态，要求输入信号的频谱覆盖过程频谱。

② 输入信号的功率或幅值适宜。输入信号的功率或幅值不宜过大，以免工况进入非线性区，但是也不能过小，否则数据所含的信息量将下降，尤其在噪声较大的情况下会直接影响修正的精度。

③ 数据要充分。实测信息的采样间隔要满足香农采样定理，即采样速度要高于过程模型频率特性截止频率的 2 倍(如果采样间隔太小，还会出现数值问题，使数据的相关程度明显增加，修正过程出现病态奇异现象且计算量增大会产生计算上的困难)。

在线最小二乘修正方法的基本思想可以描述为

$$\hat{\boldsymbol{\theta}}(k) = \hat{\boldsymbol{\theta}}(k-1) + \Delta\hat{\boldsymbol{\theta}}(k) \tag{4.7}$$

其中，$\hat{\boldsymbol{\theta}}(k)$ 为本次修正参数；$\hat{\boldsymbol{\theta}}(k-1)$ 为上一次的修正参数；$\Delta\hat{\boldsymbol{\theta}}(k)$ 为修正项。

本次修正参数在上一次修正参数的基础上修正而成，每获得一次观测数据就修正一次参数，随着时间的推移，便能够获得满意的修正结果。

首先有下式，即

$$\hat{\boldsymbol{\theta}}_{LS} = \left(\boldsymbol{H}_L^{\mathrm{T}} \boldsymbol{H}_L\right)^{-1} \boldsymbol{H}_L^{\mathrm{T}} \boldsymbol{z}_L \overset{\mathrm{def}}{=} \boldsymbol{P}(L) \boldsymbol{H}_L^{\mathrm{T}} \boldsymbol{z}_L = \left(\sum_{i=1}^{k} \boldsymbol{h}(i) \boldsymbol{h}^{\mathrm{T}}(i)\right)^{-1} \left(\sum_{i=1}^{k} \boldsymbol{h}(i) \boldsymbol{z}(i)\right) \tag{4.8}$$

定义如下关系，即

$$\begin{cases} \boldsymbol{P}^{-1}(k) = \sum_{i=1}^{k} \boldsymbol{h}(i) \boldsymbol{h}^{\mathrm{T}}(i) \overset{\mathrm{def}}{=} \boldsymbol{H}_k^{\mathrm{T}} \boldsymbol{H}_k \\ \boldsymbol{P}^{-1}(k-1) = \sum_{i=1}^{k} \boldsymbol{h}(i) \boldsymbol{h}^{\mathrm{T}}(i) \overset{\mathrm{def}}{=} \boldsymbol{H}_{k-1}^{\mathrm{T}} \boldsymbol{H}_{k-1} \end{cases} \tag{4.9}$$

其中，$\boldsymbol{H}_k=\begin{bmatrix}\boldsymbol{h}^{\mathrm{T}}(1)\\ \boldsymbol{h}^{\mathrm{T}}(2)\\ \vdots\\ \boldsymbol{h}^{\mathrm{T}}(k)\end{bmatrix}$；$\boldsymbol{H}_{k-1}=\begin{bmatrix}\boldsymbol{h}^{\mathrm{T}}(1)\\ \boldsymbol{h}^{\mathrm{T}}(2)\\ \vdots\\ \boldsymbol{h}^{\mathrm{T}}(k-1)\end{bmatrix}$。

由式(4.9)可得下式，即

$$\boldsymbol{P}^{-1}(k)=\sum_{i=1}^{k}\boldsymbol{h}(i)\boldsymbol{h}^{\mathrm{T}}(i)+\boldsymbol{h}^{\mathrm{T}}(i)\boldsymbol{h}(i)=\boldsymbol{P}^{-1}(k-1)+\boldsymbol{h}(i)\boldsymbol{h}^{\mathrm{T}}(i) \tag{4.10}$$

$$\boldsymbol{z}_{k-1}=\left[z(1)\,,z(2)\,,\cdots,z(k-1)\right]^{\mathrm{T}} \tag{4.11}$$

$$\hat{\boldsymbol{\theta}}(k-1)=\left(\boldsymbol{H}_{k-1}^{\mathrm{T}}\boldsymbol{H}_{k-1}\right)^{-1}\boldsymbol{H}_{k-1}^{\mathrm{T}}\boldsymbol{z}_{k-1}=\boldsymbol{P}(k-1)\left(\sum_{i=1}^{k-1}\boldsymbol{h}(i)z(i)\right) \tag{4.12}$$

则有下式，即

$$\boldsymbol{P}^{-1}(k-1)\hat{\boldsymbol{\theta}}(k-1)=\sum_{i=1}^{k-1}\boldsymbol{h}(i)z(i) \tag{4.13}$$

令下式成立，即

$$\boldsymbol{z}_k=\left[z(1)\,,z(2)\,,\cdots,z(k)\right]^{\mathrm{T}} \tag{4.14}$$

利用式(4.9)和式(4.12)，可得下式，即

$$\begin{aligned}\hat{\boldsymbol{\theta}}(k)&=\left(\boldsymbol{H}_k^{\mathrm{T}}\boldsymbol{H}_k\right)^{-1}\boldsymbol{H}_k^{\mathrm{T}}\boldsymbol{z}_k\\&=\boldsymbol{P}(k)\left(\sum_{i=1}^{k}\boldsymbol{h}(i)z(i)\right)\\&=\boldsymbol{P}(k)\left(\boldsymbol{P}^{-1}(k-1)\hat{\boldsymbol{\theta}}(k-1)+\boldsymbol{h}(k)z(k)\right)\\&=\boldsymbol{P}(k)\left[\left(\boldsymbol{P}^{-1}(k)-\boldsymbol{h}(k)\boldsymbol{h}^{\mathrm{T}}(k)\right)\hat{\boldsymbol{\theta}}(k-1)+\boldsymbol{h}(k)z(k)\right]\\&=\hat{\boldsymbol{\theta}}(k-1)+\boldsymbol{P}(k)\boldsymbol{h}(k)\left(z(k)-\boldsymbol{h}^{\mathrm{T}}(k)\hat{\boldsymbol{\theta}}(k-1)\right)\end{aligned} \tag{4.15}$$

定义增益矩阵 $\boldsymbol{K}(k)$ 为

$$\boldsymbol{K}(k)=\boldsymbol{P}(k)\boldsymbol{h}(k) \tag{4.16}$$

则式(4.15)可写成如下形式，即

$$\hat{\boldsymbol{\theta}}(k)=\hat{\boldsymbol{\theta}}(k-1)+\boldsymbol{K}(k)\left(z(k)-\boldsymbol{h}^{\mathrm{T}}(k)\hat{\boldsymbol{\theta}}(k-1)\right) \tag{4.17}$$

把式(4.9)改写成下式，即

$$\boldsymbol{P}(k)=\left(\boldsymbol{P}^{-1}(k-1)+\boldsymbol{h}(k)\boldsymbol{h}^{\mathrm{T}}(k)\right)^{-1} \tag{4.18}$$

为了避免矩阵求逆运算，利用矩阵求逆公式，即

$$(\boldsymbol{A}+\boldsymbol{CDC}^{\mathrm{T}})^{-1}=\boldsymbol{A}^{-1}-\boldsymbol{A}^{-1}\boldsymbol{C}(\boldsymbol{D}^{-1}+\boldsymbol{C}^{\mathrm{T}}\boldsymbol{A}^{-1}\boldsymbol{C})^{-1}\boldsymbol{C}^{\mathrm{T}}\boldsymbol{A}^{-1} \tag{4.19}$$

可将式(4.18)利用矩阵求逆公式演变成下式，即

$$\begin{aligned}\boldsymbol{P}(k)&=\boldsymbol{P}(k-1)-\boldsymbol{P}(k-1)\boldsymbol{h}(k)\left(\boldsymbol{I}+\boldsymbol{h}^{\mathrm{T}}(k)\boldsymbol{P}(k-1)\boldsymbol{h}(k)\right)^{-1}\boldsymbol{h}^{\mathrm{T}}(k)\boldsymbol{P}(k-1)\\&=\left(\boldsymbol{I}-\frac{\boldsymbol{P}(k-1)\boldsymbol{h}(k)\boldsymbol{h}^{\mathrm{T}}(k)}{\boldsymbol{h}^{\mathrm{T}}(k)\boldsymbol{P}(k-1)\boldsymbol{h}(k)+\boldsymbol{I}}\right)\boldsymbol{P}(k-1)\end{aligned} \tag{4.20}$$

代入式(4.16)，整理可得在线最小二乘修正算法，即

$$\begin{cases}\hat{\boldsymbol{\theta}}(k)=\hat{\boldsymbol{\theta}}(k-1)+\boldsymbol{K}(k)\left(\boldsymbol{z}(k)-\boldsymbol{h}^{\mathrm{T}}(k)\hat{\boldsymbol{\theta}}(k-1)\right)\\ \boldsymbol{K}(k)=\boldsymbol{P}(k-1)\boldsymbol{h}(k)\left(\boldsymbol{h}^{\mathrm{T}}(k)\boldsymbol{P}(k-1)\boldsymbol{h}(k)+\boldsymbol{I}\right)^{-1}\\ \boldsymbol{P}(k)=\left(\boldsymbol{I}-\boldsymbol{K}(k)\boldsymbol{h}^{\mathrm{T}}(k)\right)\boldsymbol{P}(k-1)\end{cases} \tag{4.21}$$

式(4.21)表明，参数修正项正比于k时刻的新信息$\left(\boldsymbol{z}(k)-\boldsymbol{h}^{\mathrm{T}}(k)\hat{\boldsymbol{\theta}}(k-1)\right)$，其比例系数为增益矩阵$\boldsymbol{K}(k)$。增益矩阵$\boldsymbol{K}(k)$是时变矩阵，$\boldsymbol{P}(k)$是对称矩阵。从一个初始值$\hat{\boldsymbol{\theta}}(0)$和$\boldsymbol{P}(0)$开始，当新的采样连续获得时，可不断地修正参数$\hat{\boldsymbol{\theta}}(k)$。

初值的选择方法有以下两种。

① 用最初m个数据，直接计算$\boldsymbol{P}(m)$和$\hat{\boldsymbol{\theta}}(m)$，即

$$\boldsymbol{P}(m)=(\boldsymbol{H}_M^{\mathrm{T}}\boldsymbol{H}_M)^{-1} \tag{4.22}$$

$$\hat{\boldsymbol{\theta}}(m)=\boldsymbol{P}(m)\boldsymbol{H}_M^{\mathrm{T}}\boldsymbol{z}_M \tag{4.23}$$

然后从第$m+1$个数据点开始采用在线修正方法修正参数$\hat{\boldsymbol{\theta}}$。

② 任意选择$\hat{\boldsymbol{\theta}}(0)$，令$\boldsymbol{P}(0)=\alpha\boldsymbol{I}$，其中$\alpha$为一个充分大的正标量，$\boldsymbol{I}$为单位阵，算法从$\hat{\boldsymbol{\theta}}(1)$及$\boldsymbol{P}(1)$开始递推。当$\alpha$趋于$\infty$时，经过$m$次递推所得的$\boldsymbol{P}(m)$与$\hat{\boldsymbol{\theta}}(m)$和由式(4.22)和式(4.23)求出的结果相同。

具体步骤如下，即

$$\begin{cases}\boldsymbol{P}(0)=\alpha^2\boldsymbol{I}\\ \hat{\boldsymbol{\theta}}(0)=\boldsymbol{\varepsilon}\end{cases} \tag{4.24}$$

其中，$\boldsymbol{\varepsilon}$为充分小的实向量。

因为有如下关系成立，即

$$\begin{cases}\boldsymbol{P}^{-1}(k)=\sum\limits_{i=1}^{k}\boldsymbol{h}(i)\boldsymbol{h}^{\mathrm{T}}(i)\\ \boldsymbol{P}^{-1}(k)\hat{\boldsymbol{\theta}}(k)=\sum\limits_{i=1}^{k}\boldsymbol{h}(i)\,\boldsymbol{z}(i)\end{cases} \tag{4.25}$$

则有下式，即

$$\begin{aligned}\hat{\boldsymbol{\theta}}(k)&=\left(\sum_{i=1}^{k}\boldsymbol{h}(i)\boldsymbol{h}^{\mathrm{T}}(i)\right)^{-1}\left(\sum_{i=1}^{k}\boldsymbol{h}(i)\boldsymbol{z}(i)\right)\\&=\left(\boldsymbol{P}^{-1}(0)+\sum_{i=1}^{k}\boldsymbol{h}(i)\boldsymbol{h}^{\mathrm{T}}(i)\right)^{-1}\left(\boldsymbol{P}^{-1}(0)\hat{\boldsymbol{\theta}}(0)+\sum_{i=1}^{k}\boldsymbol{h}(i)\boldsymbol{z}(i)\right)\end{aligned}\tag{4.26}$$

显然，使上式成立的条件是 $\lim\limits_{\alpha\to\infty}\mathbf{P}^{-1}(0)=\lim\limits_{\alpha\to\infty}\dfrac{1}{\alpha}\mathbf{I}=\mathbf{0}$ 和 $\lim\limits_{\varepsilon\to\infty}\hat{\boldsymbol{\theta}}(0)=\mathbf{0}$。

4.2.2　遥操作大时延影响消减策略

由 2.2 节对单关节机械臂建模的结果可知，单关节机械臂的基本模型已有三阶，采用 PID 控制器的空间机器人的机械臂的粗略模型的传递函数可达到四阶或更多。如果进一步考虑关节间的运动耦合和不同构型下转动惯量的变化，其阶数还将上升。机械臂控制器日趋复杂，各种智能控制算法层出不穷，当采用神经网络、模糊控制、变结构控制等强非线性控制器时，要建立精确的机械臂模型已经非常困难，模型修正更是无处下手。

以模型参数修正方法的思想，对预测模型并非要求完全匹配，只要利用输入输出数据按照等价准则从实数模型集中拟合出能反映实际过程的动态特性的模型即可。从工程角度而言，空间机器人或者机械臂控制必然具备内闭环控制系统，因此受控良好状态下的机械臂对指令激励响应的对外表现会类似于典型的理想系统，如果能建立与之匹配的预测模型，就能极大地降低预测模型的复杂度，使修正易于进行。此外，即使面对某一极其复杂的系统，当将其对激励的响应过程细分后，对于每个细分部分的内容，该系统的表现将与最简单的系统相同。如果能保证参数变化的准确性和快速性，就有可能用带参数变化的简单系统模型达到与复杂模型输入输出的匹配。由此，预测模型的建立采用如下思路。

① 采用简单模型。

② 模型结构与典型系统类似。

③ 引入先验知识，根据遥操作任务中的不同状态选择与之对应的预测模型参数或模型结构，以模型集合的方式，缩短修正时的参数收敛时间。

④ 多感态反映现场状态信息，可以增强操作员的感知效果。

4.2.3　仿真实验验证

以机械臂单关节为研究对象。通过 PID 控制器进行闭环控制，由关节对象及闭环控制器构成一个广义被控对象 F，根据预测模型建立方法，简化预测模型，并将参数漂移作为模型参数误差进行在线实时修正。遥操作系统中机械臂关节正向预测与反馈修正原理示意图如图 4.3 所示。图中，$\theta_r(s)$ 为输入关节角；$G_c(s)$ 为控制器；$I(s)$ 为电枢电流；k_T 为电磁转矩系数；$T_D(s)$ 为外力矩；$\Omega(s)$ 为电机转动轴输入关节角；$\theta_y(s)$ 为输出关节角；k_b 为反馈控制系数；$\hat{\Theta}_y(z^{-1})$ 为预测输出关节角；$E(z^{-1})$ 为预测关节角误差。

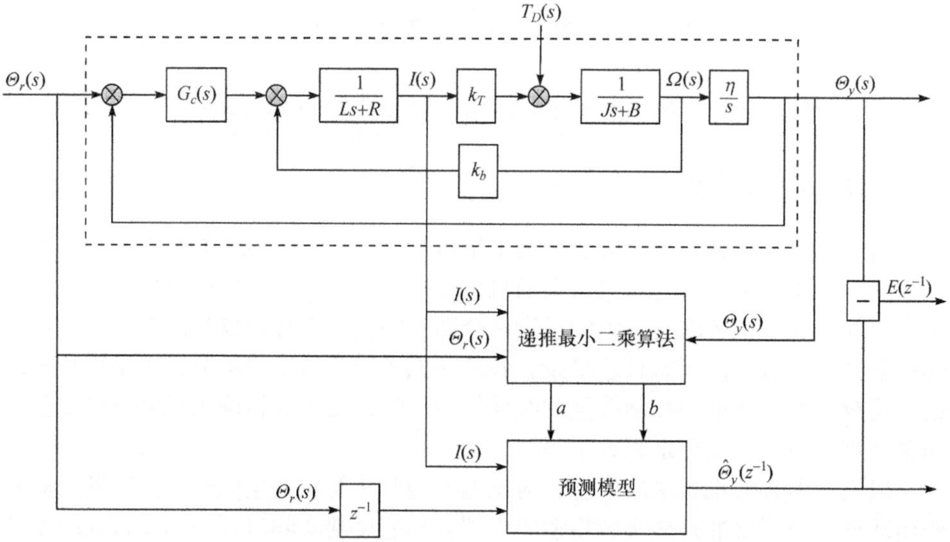

图 4.3 遥操作系统中机械臂关节正向预测与反馈修正原理示意图

以 NASA 喷气推进实验室(Jet Propulsion Laboratory, JPL)机械手第一个关节为真实对象，其参数如表 4.1 所示。

表 4.1 NASA JPL 机械手第一个关节参数表

参数	第一个关节
电磁转矩系数 k_T/(N·m/A)	0.0430
驱动电机的转动惯量 J_a/(kg·m^2)	5.5359×10^{-4}
电机阻尼系数 B_m/(kg·m^2/s)	7.9301×10^{-4}
电势反馈系数 k_e/(V·s/rad)	0.04297
电机电枢电感 L/μH	100
电机电枢电阻 R/Ω	1.025
测速电机系数 k_s	0.02149
速度反馈增益 k_b	1
传动比 η	0.01
机械手有效转动惯量 J_l/(kg·m^2)	空载最小值 1.417，空载最大值 6.173，满载最大值 9.570

根据式(2.42)，机械手的传递函数为

$$\begin{aligned}\Theta_y(s)=&\frac{k_T\eta G_c(s)}{(Ls+R)(Js+B)s+k_T\eta G_c(s)+k_Tk_b\eta}\Theta_r(s)\\&+\frac{\eta(Ls+R)}{(Ls+R)(Js+B)s+k_T\eta G_c(s)+k_Tk_b\eta}T_D(s)\end{aligned}\tag{4.27}$$

虚拟对象预测模型的化简过程如下，令 $G_c(s)=\dfrac{G_{c0}(s)}{s}$，又有如下关系，即

$$\begin{aligned}I(s)=&\frac{G_c(s)(Js+B)s}{(Ls+R)(Js+B)s+k_T\eta G_c(s)+k_Tk_bs}\Theta_r(s)\\&-\frac{\eta G_c(s)+k_bs}{(Ls+R)(Js+B)s+k_T\eta G_c(s)+k_Tk_bs}T_D(s)\end{aligned}\tag{4.28}$$

可得下式，即

$$\Theta_y(s)=\frac{\eta G_{c0}(s)}{k_bs^2+\eta G_{c0}(s)}\Theta_r(s)-\frac{\eta(Ls+R)s}{k_bs^2+\eta G_{c0}(s)}I(s)\tag{4.29}$$

令 $G_{c0}(s)=k_Ps+k_I+k_Ds^2$，则有

$$\frac{\eta G_{c0}(s)}{k_bs^2+\eta G_{c0}(s)}=\frac{\eta k_Ds^2+\eta k_Ps+\eta k_I}{(\eta k_D+k_b)s^2+\eta k_Ps+\eta k_I}\tag{4.30}$$

如果 $k_I=0$，$k_D=0$，则式(4.30)为一阶惯性环节，但是对阶跃扰动存在稳态误差。当 $k_I\neq0$，其对阶跃扰动的稳态误差为 0，但阶跃响应可能出现超调。

预测模型采用简化，即 $\dfrac{\eta G_{c0}(s)}{k_bs^2+\eta G_{c0}(s)}=\dfrac{1}{T_0s+1}$。对第二项，有 $\dfrac{\eta(Ls+R)s}{k_bs^2+\eta G_{c0}(s)}=\dfrac{1}{T_0s+1}\dfrac{(Ls+R)s}{G_{c0}}$。由于 $G_{c0}(s)$ 的所有零点都远小于 $\dfrac{1}{T_0}$，$\dfrac{L}{R}\ll T_0$ 得到简化，即 $\dfrac{\eta(Ls+R)s}{k_bs^2+\eta G_{c0}(s)}=\dfrac{k_is}{T_0s+1}$，因此有如下关系式，即

$$\Theta_y(s)=\frac{1}{T_0s+1}\Theta_r(s)-\frac{k_is}{T_0s+1}I(s)\tag{4.31}$$

令 $a=\dfrac{T_0}{T_0+T_s}$，$b=\dfrac{k_i}{T_0+T_s}$，矩形法离散化可得下式，即

$$\Theta_y(z^{-1})=\frac{1-a}{1-az^{-1}}\Theta_r(z^{-1})-\frac{b-bz^{-1}}{1-az^{-1}}I(z^{-1})\tag{4.32}$$

因此，有下式成立，即

$$\boldsymbol{Y}(k)=a\big(\boldsymbol{Y}(k-1)-\boldsymbol{R}(k)\big)+b\big(\boldsymbol{I}(k-1)-\boldsymbol{I}(k)\big)+\boldsymbol{R}(k)\tag{4.33}$$

令 $\boldsymbol{\alpha}^{\mathrm{T}}=[a,b]$，$\boldsymbol{\Psi}_k^{\mathrm{T}}=[\boldsymbol{Y}(k-1)-\boldsymbol{R}(k),\boldsymbol{I}(k-1)-\boldsymbol{I}(k)]$，$\boldsymbol{z}(k)=\boldsymbol{Y}(k)-\boldsymbol{R}(k)$，采用渐消递推最小二乘算法可得

$$\boldsymbol{K}_k = \frac{\boldsymbol{P}_{k-1}\boldsymbol{\Psi}_k}{\lambda + \boldsymbol{\Psi}_k^{\mathrm{T}}\boldsymbol{P}_{k-1}\boldsymbol{\Psi}_k} \tag{4.34}$$

$$\boldsymbol{P}_k = \frac{\boldsymbol{P}_{k-1}}{\lambda + \boldsymbol{\Psi}_k^{\mathrm{T}}\boldsymbol{P}_{k-1}\boldsymbol{\Psi}_k} \tag{4.35}$$

$$\boldsymbol{\alpha}_k = \boldsymbol{\alpha}_{k-1} + \boldsymbol{K}_k\left(z_k - \boldsymbol{\Psi}_k^{\mathrm{T}}\boldsymbol{\alpha}_{k-1}\right) \tag{4.36}$$

初值 $\boldsymbol{P}_0 = 10^7\begin{bmatrix}1 & 0\\ 0 & 1\end{bmatrix}$，$\boldsymbol{\alpha}_0^{\mathrm{T}} = \left[10^{-7}, 10^{-7}\right]$。

1. 工况 1

参考输入信号：单位阶跃；无噪声；机械手有效转动惯量 $J_l = 5\ \mathrm{kg \cdot m^2}$；最小二乘算法的采样间隔为 0.01s；比例控制。基本达到稳态后某时刻加入单位阶跃扰动。使用最小二乘法和简化模型的在线修正效果(工况 1)如图 4.4 所示。

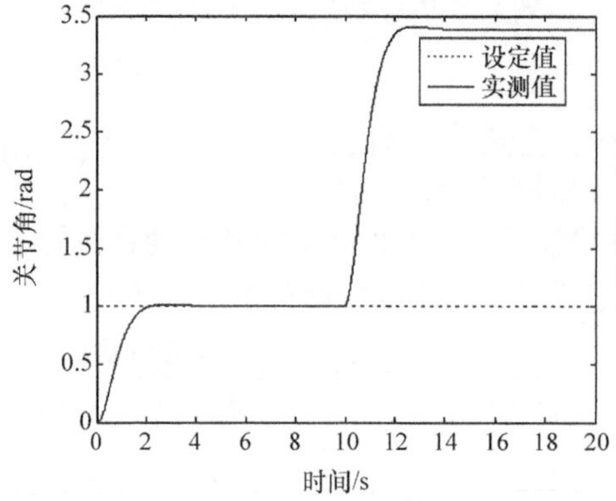

(a) 指令与实测输出

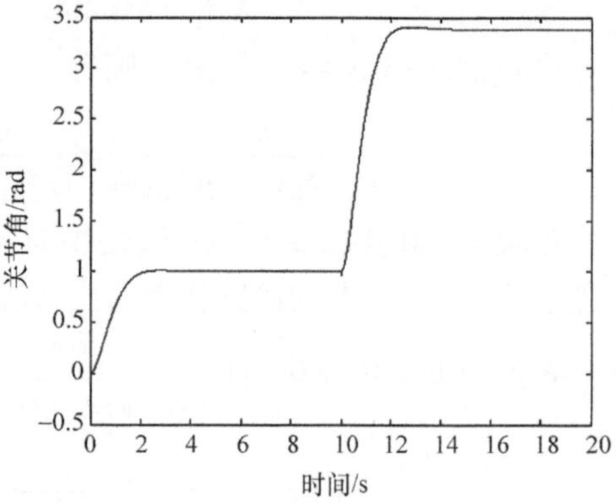

(b) 预报输出

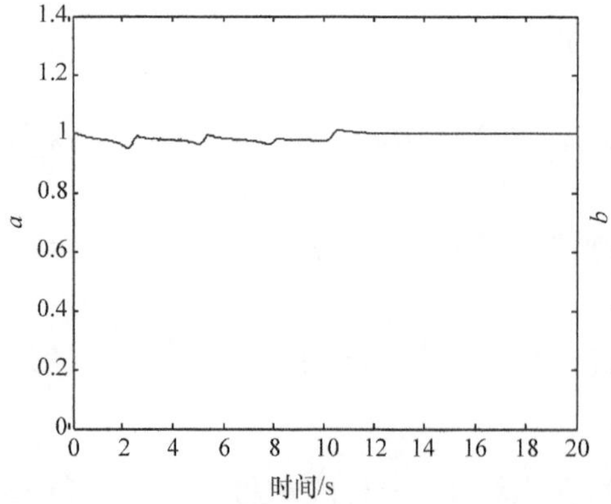

(c) 预测参数a在线修正变化

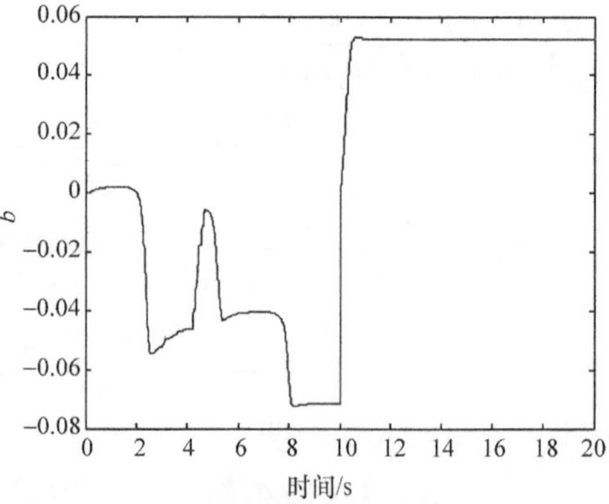

(d) 预测参数b在线修正变化

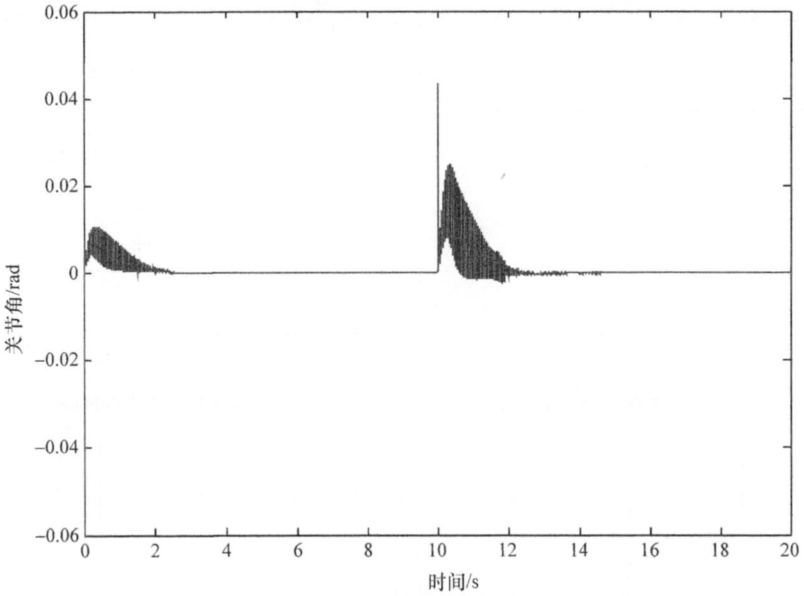

(e) 关节角预报误差

图 4.4　使用最小二乘法和简化模型的在线修正效果(工况 1)

2.　工况 2

参考输入信号：单位阶跃；无噪声；机械手有效转动惯量 $J_l = 5\text{kg}\cdot\text{m}^2$ ；最小二乘算法的采样间隔为 0.01s；PID 控制。基本达到稳态后某时刻加入单位脉冲扰动。使用最小二乘法和简化模型的在线修正效果(工况 2)如图 4.5 所示。

3.　工况 3

参考输入信号：正弦信号；无噪声；机械手有效转动惯量 J_l=3.7965+ 2.3795sin $(0.2\pi t)$ ；最小二乘算法的采样间隔为 0.05s；PID 控制。使用最小二乘法和简化模

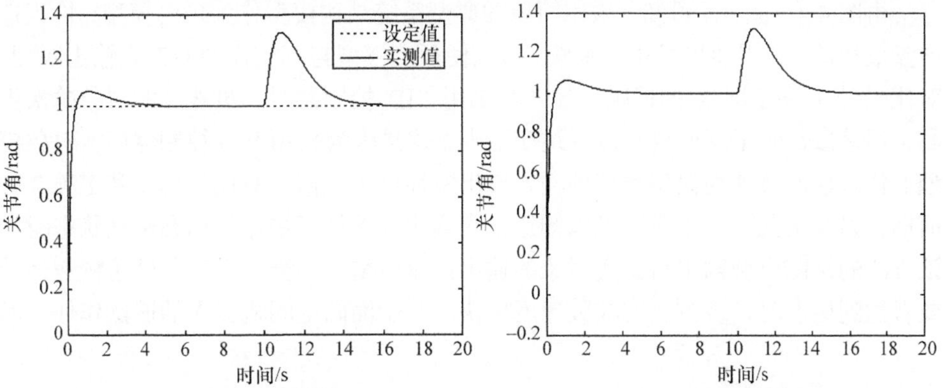

(a) 指令与实测输出　　(b) 预报输出

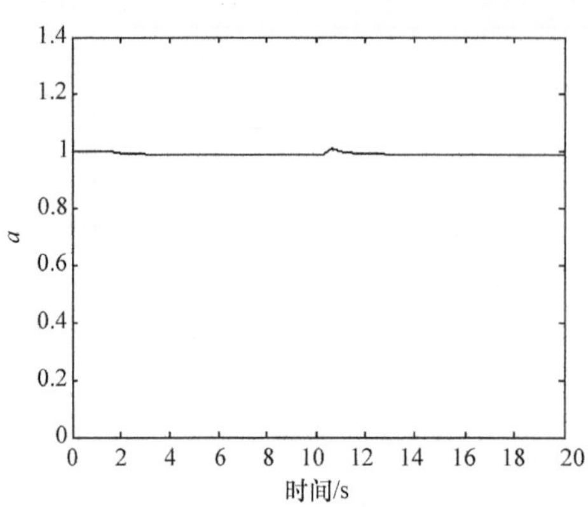

(c) 预测参数a在线修正变化

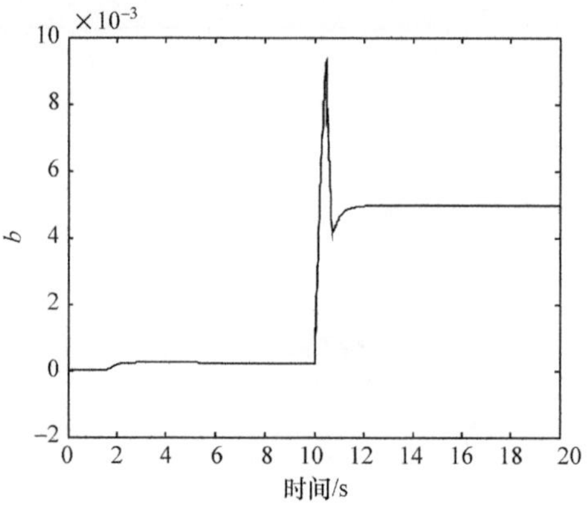

(d) 预测参数b在线修正变化

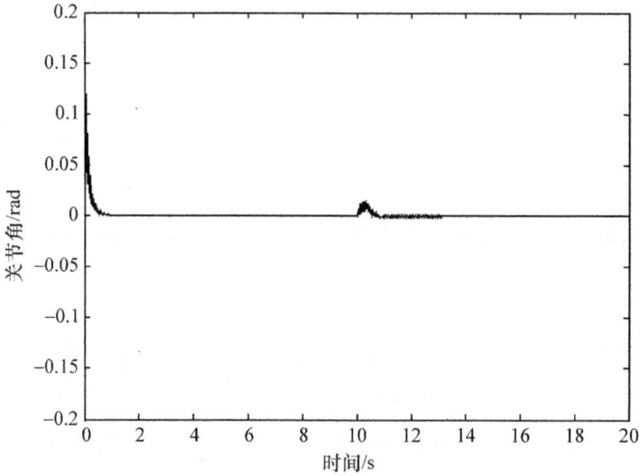

(e) 关节角预报误差

图 4.5　使用最小二乘法和简化模型的在线修正效果(工况 2)

型的在线修正效果(工况 3)如图 4.6 所示。

由图 4.4～图 4.6 可知，采用简单的典型系统结构模型作为预测模型，恰当选取参数初值，利用递推最小二乘法，可以使预测模型与真实模型的输入输出匹配。对比工况 1 和工况 2 的情况可知，当采用 PID 控制器时，虽然真实对象阶次更高，但是参数修正反而更平滑，跳变更少，这是因为采用 PID 控制器后，对象模型的输入输出特性与典型系统的输入输出特性更为相似；对比工况 1 和工况 2 的前期，以及工况 1 和工况 3 可以知道，当真实系统处于快速的动态运动状态时，该方法的预测模型输出与真实对象的输出误差将增大，当真实对象处于慢速运动或者达到稳态时，该方法的收敛速度较快。对于面向空间机器人的遥操作任务而

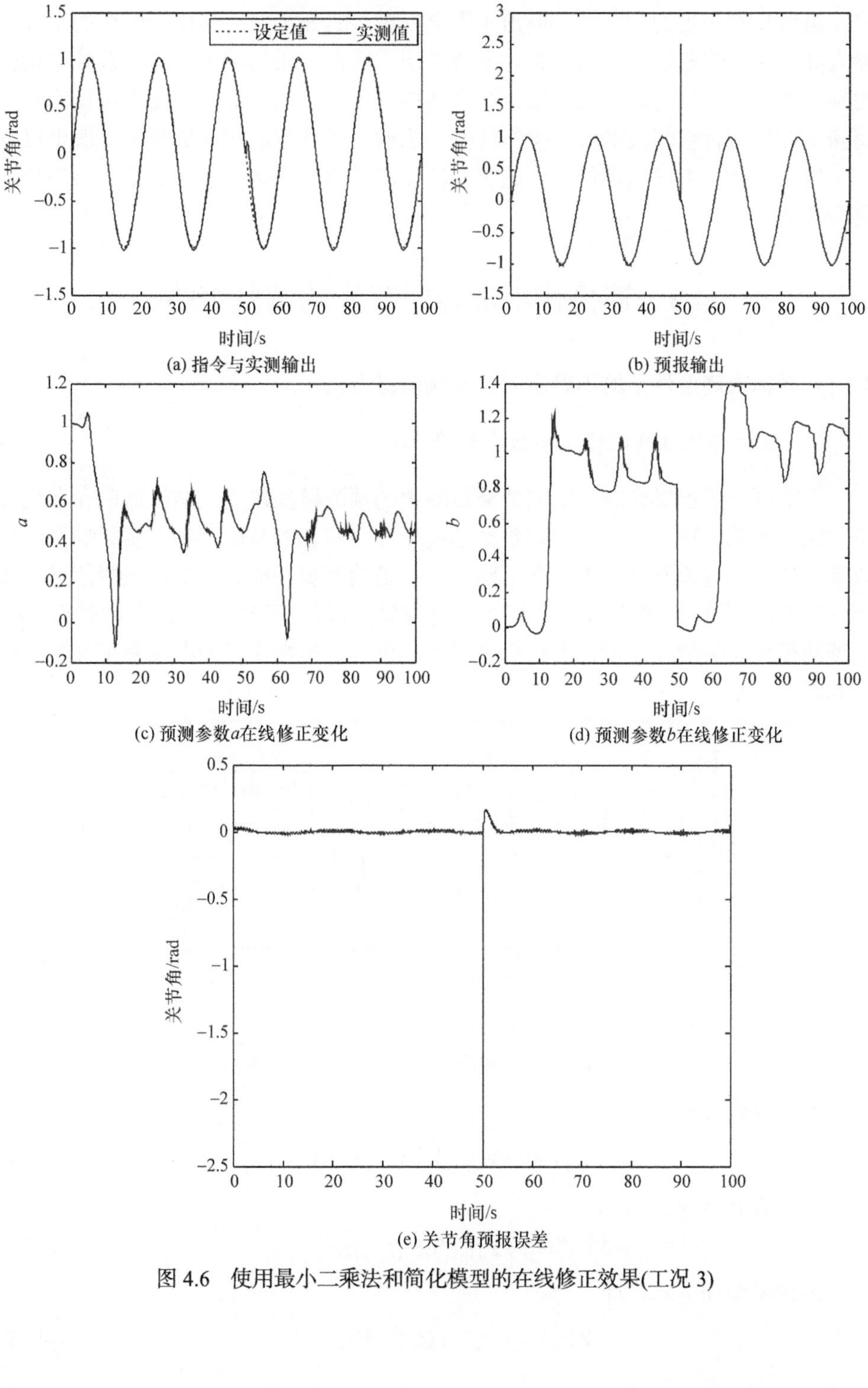

(a) 指令与实测输出

(b) 预报输出

(c) 预测参数a在线修正变化

(d) 预测参数b在线修正变化

(e) 关节角预报误差

图 4.6　使用最小二乘法和简化模型的在线修正效果(工况 3)

言，虽然具有相当的动态性，但出于安全考虑，其任务执行与用于生产的工业机器人高强度、快速运动不同，相对平滑平缓。因此，采用简单的典型系统结构作为预测模型，恰当选取参数初值，结合递推最小二乘法的综合在线模型预测和模型修正方法适合空间机器人遥操作任务。当然，各种智能化参数整定方法也可以用于修正参数，考虑遥操作系统的实时性要求，简单快速的递推最小二乘法相对更为合适。

4.3　遥操作不确定时延影响消减策略

4.3.1　时标准确条件下的不确定时延影响消减方法

1. 基于邮签准则的模型参数在线修正方法

上节阐述了遥操作时延影响消减策略中的预测模型建立、初值选取和在线修正方法。在该方法中，实测样本数据是模型参数修正的基础，将直接影响修正的效果。然而，遥操作任务中存在不确定大时延的客观特征，会造成预测信息与实测信息空/时错配、反馈修正与实时预测过程异步，以及不确定大采样步长等问题，给预测模型参数的在线修正方法带来巨大的挑战。遥操作模型在线修正方法原理图如图 4.7 所示。

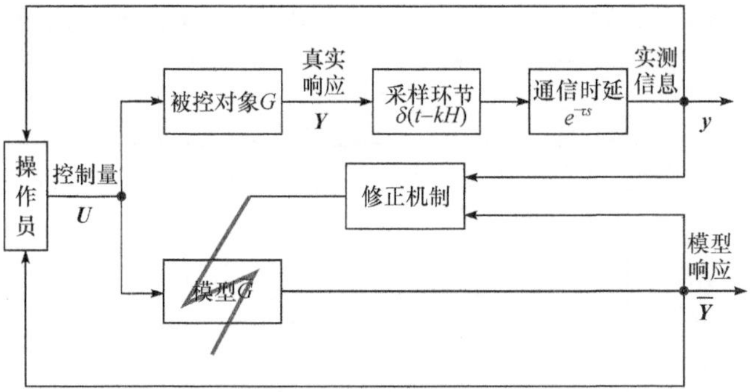

图 4.7　遥操作模型在线修正方法原理图

真实被控对象描述为

$$\boldsymbol{y}(t_n)=f\left[\boldsymbol{y}(t_{n-1}),\boldsymbol{U}(t_{n-1}),\boldsymbol{A}(t_{n-1})\right] \tag{4.37}$$

模型 $\bar{G}$ 可用下式表示，即

$$\bar{\boldsymbol{Y}}(t_n)=f\left[\bar{\boldsymbol{Y}}(t_{n-1}),\boldsymbol{U}(t_{n-1}),\bar{\boldsymbol{A}}(t_{n-1})\right] \tag{4.38}$$

传输模型如下式，即

$$\boldsymbol{Y}(t_n)=\boldsymbol{y}\big(t_n-\tau(t_n)\big)\cdot\boldsymbol{\delta}(t_n-H) \tag{4.39}$$

其中，$\boldsymbol{A}$ 为真实对象参数；$\overline{\boldsymbol{A}}$ 为模型的参数；$\tau(t_n)$ 为通信不确定大时延(未知)；H 为实测信息的采样步长；$\boldsymbol{\delta}(t_n - H)$ 是以 H 为采样周期的采样函数。

当 $\overline{\boldsymbol{A}} \neq \boldsymbol{A}$ 时，模型参数失配，通过模型在线修正环节修正 $\overline{\boldsymbol{A}}$，使 $\overline{\boldsymbol{A}} \approx \boldsymbol{A}$ 且预测误差在误差限内，即 $\boldsymbol{e}(t_n) \leqslant \boldsymbol{E}$。定义 t 为系统当前时间，$\tau(t)$ 为不确定大时延，t_P 为预测信息的响应时间，t_R 为实测信息的响应时间，t_F 为模型正向预测时间，t_B 为模型反馈修正时间，$h = t_n - t_{n-1}$ 为预测模型 $\overline{G}$ 的计算步长。其中，模型正向实时预测时间 t_F，即系统当前时间 t，预测信息的获取时间为其响应时间，即 $\overline{\boldsymbol{Y}}(t) = \overline{\boldsymbol{Y}}(t_P)$。受不确定大时延的影响，实测信息 $\boldsymbol{Y}(t) = \boldsymbol{y}(t - \tau(t)) = \boldsymbol{y}(t_R)$，而且实测信息响应时间决定反馈修正过程的时间，即 $t_B = t_R$。时间标度关系示意图如图 4.8 所示。

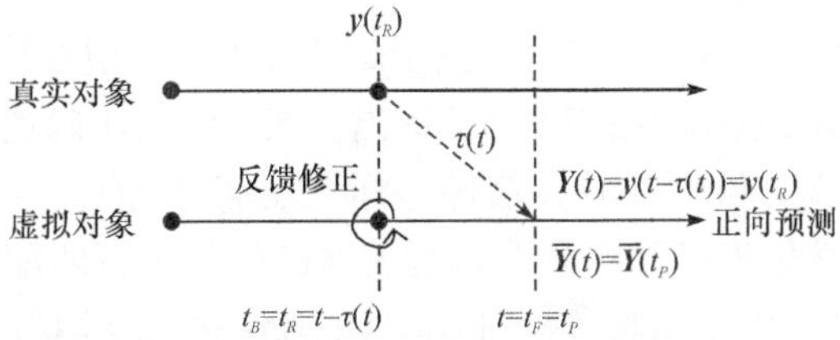

图 4.8　时间标度关系示意图

传统的最小二乘模型在线修正方法适用于无时延或时延恒定且实测信息为定采样步长的情况，然而遥操作中不确定大时延及有限带宽对模型在线修正会产生严重的影响，难以达到令人满意的修正结果。

① 大时延 $\tau(t)$ 使实测信息滞后，造成在线修正过程与正向预测过程的异步问题，即 $\boldsymbol{U}\left(t_{R_i} \mid *\right)$，进而难以实现模型在线修正。

② $\tau(t)$ 的不确定性导致信息错配。当前 t 时刻获取的样本点用下式表示，即

$$\left\{\boldsymbol{Y}(t), \overline{\boldsymbol{Y}}(t), \boldsymbol{U}(t)\right\} = \left\{\boldsymbol{y}(t - \tau(t)), \overline{\boldsymbol{Y}}(t), \boldsymbol{U}(t)\right\} \tag{4.40}$$

则预测误差如下，即

$$\boldsymbol{e}(t) = \left\|\boldsymbol{Y}(t) - \overline{\boldsymbol{Y}}(t)\right\| = \left\|\boldsymbol{y}(t - \tau(t)) - \overline{\boldsymbol{Y}}(t)\right\| \tag{4.41}$$

其中，实测信息、预测信息及控制量的时间并非同一响应时刻，因此利用时间错配的样本信息不仅无法正确监视误差，还会误导操作员，无法对模型进行正确的在线修正。时延造成的时间错配的样本信息对修正预测的影响如图 4.9 所示。

目前，遥操作系统在应对不确定大时延和有限带宽问题时，一般采用静态预测误差的一次性校正方法，如采用“停-改-走”的模式对模型仿真的静态累计误差进行校正；在指令上行过程中对虚拟对象的静态误差进行修正；采用实测数据周期重装的方法修正预测误差，但它要求仿真计算的速度足够快。上述这些方法虽然使预测误差得到间歇式的修正，但修正不及时、效率低下，而且没有解决其根本原因，即模型失配，无法实时保证预测仿真的精确性，会极大地限制遥操作在

实际中的在线应用。

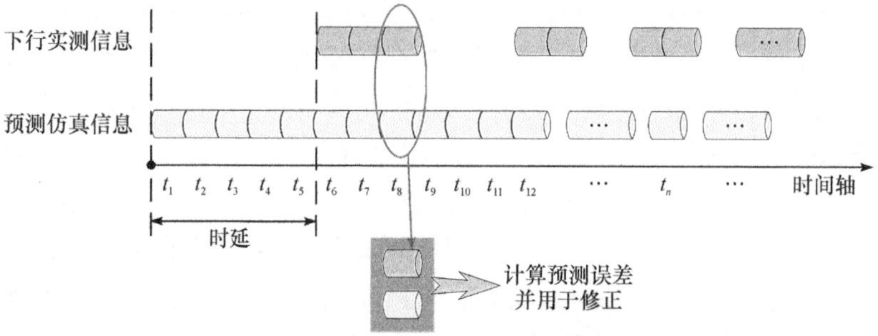

图 4.9 时延造成的时间错配的样本信息对修正预测的影响

因此，针对不确定大时延问题一种基于邮签准则的模型参数在线修正法(stamp-based online modify method，SBOMM)被提出。该方法借用邮递系统的原理，即将由信源发出的信息作为信件，并在信件上标记发信时间(即信息的响应时间)，即邮签，然后在接收端依据邮签由各个信源发送的信件进行匹配处理。邮递原理不考虑邮递路径和邮递时间，只将接收到的信件的邮签作为参考标准，因此 SBOMM 将有效克服不确定大时延造成的信息时间错配的影响。SBOMM 在线修正过程示意图如图 4.10 所示。图中，$\boldsymbol{y}\left(t_{R_{n-1}}\right)$、$\boldsymbol{y}\left(t_{R_n}\right)$和$\boldsymbol{y}\left(t_{R_{n+1}}\right)$为其对应时刻的真实对象输出；$\overline{\boldsymbol{Y}}\left(t_{R_{n-1}}\right)$、$\overline{\boldsymbol{Y}}\left(t_{R_n}\right)$和$\overline{\boldsymbol{Y}}\left(t_{R_{n+1}}\right)$为其对应时刻的虚拟对象响应输出；$\overline{\boldsymbol{Y}}\left(t_{F_{n-1}}\right)$、$\overline{\boldsymbol{Y}}\left(t_{F_n}\right)$和$\overline{\boldsymbol{Y}}\left(t_{F_{n+1}}\right)$为其对应时刻的虚拟对象预测响应输出；$\breve{\boldsymbol{Y}}\left(t_{F_{n-1}}\right)$、$\breve{\boldsymbol{Y}}\left(t_{F_n}\right)$和$\breve{\boldsymbol{Y}}\left(t_{F_{n+1}}\right)$为其对应时刻的同态模型响应输出；$\overline{\boldsymbol{A}}\left(t_{F_{n-1}}\right)$、$\overline{\boldsymbol{A}}\left(t_{F_n}\right)$和$\overline{\boldsymbol{A}}\left(t_{F_{n+1}}\right)$为其对应时刻的虚拟对象模型参数；$\breve{\boldsymbol{A}}\left(t_{F_{n-1}}\right)$、$\breve{\boldsymbol{A}}\left(t_{F_n}\right)$和$\breve{\boldsymbol{A}}\left(t_{F_{n+1}}\right)$为其对应时刻的同态模型模型参数。

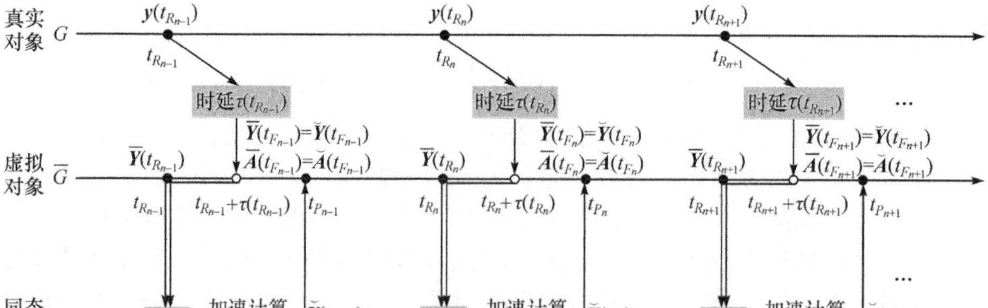

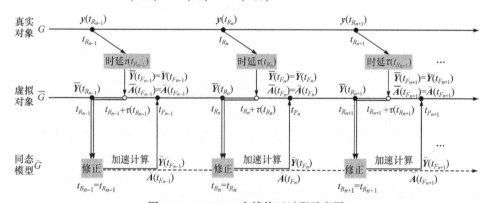

图 4.10 SBOMM 在线修正过程示意图

引入符号 DATA(·|*)，表示*时刻接收到的信息 DATA 的响应时间。为了克

服不确定大时延 $\tau(t)$ 的影响，采用邮签准则将信息的响应时间作为标签，直接标识信息，可得 $\boldsymbol{Y}\left(t_{R_n}|t\right)$ 和 $\bar{\boldsymbol{Y}}\left(t_{P_n}|t\right)$。以 $\left(t_{R_n}|*\right)$ 为原则进行信息匹配，可得样本点 $\boldsymbol{I}\left(t_{R_n}|*\right)=\left\{\boldsymbol{Y}\left(t_{R_n}|*\right),\bar{\boldsymbol{Y}}\left(t_{R_n}|*\right),\boldsymbol{U}\left(t_{R_n}|*\right)\right\}$，并实时计算 $\bar{G}$ 的预测误差 $\bar{\boldsymbol{e}}\left(t_{R_n}|*\right)=\left\|\boldsymbol{Y}\left(t_{R_n}|*\right)-\bar{\boldsymbol{Y}}\left(t_{R_n}|*\right)\right\|$。当 $\bar{\boldsymbol{e}}\left(t_{R_n}|*\right)>\boldsymbol{E}$ 时，建立 $\bar{G}$ 的同态模型 $\breve{G}$，并将其由预测时刻 t_F 反演到 t_{R_n} 时刻(即修正时刻 t_B)，可得下式，即

$$\breve{\boldsymbol{Y}}\left(t_{R_{n+1}}\right)=f\left[\breve{\boldsymbol{Y}}\left(t_{R_n}\right),\boldsymbol{U}\left(t_{R_n}\right),\breve{\boldsymbol{A}}\left(t_{R_n}\right)\right] \tag{4.42}$$

其中，同态模型初始时刻 $\breve{\boldsymbol{A}}\left(t_{R_n}\right)=\bar{\boldsymbol{A}}\left(t_F\right)$。

然后，利用实时获得的样本点 $\boldsymbol{I}\left(t_{R_n}|t\right)$ 在线滚动修正 $\breve{G}$ 的参数 $\breve{\boldsymbol{A}}$，直到 $\breve{G}$ 的误差 $\breve{\boldsymbol{e}}\left(t_{R_n}|t\right)=\left\|\boldsymbol{Y}\left(t_{R_n}|t\right)-\breve{\boldsymbol{Y}}\left(t_{R_n}|t\right)\right\|$ 小于 $\boldsymbol{E}$。最后，将 $\breve{G}$ 由当前反馈修正时刻 t_B 加速计算至正向预测时刻 t_F，可得 $\breve{G}$ 的状态 $\breve{\boldsymbol{Y}}\left(t_F|t_F\right)$ 和参数 $\breve{\boldsymbol{A}}\left(t_B\right)$，用其更新模型 $\bar{G}$ 可完成在线修正。

基于邮签准则的模型参数在线修正方法的具体修正步骤及流程描述如下。

① 接收实测信息 $\boldsymbol{Y}\left(t_{R_n}|*\right)$。

② 按邮签 $\left(t_{R_n}|*\right)$ 匹配原则在预测仿真信息 $\bar{\boldsymbol{Y}}\left(t_{R_i}|*\right)$ 和输入信息 $\boldsymbol{U}\left(t_{R_i}|*\right)$ 中搜索并构成样本点 $\left\{\boldsymbol{Y}\left(t_{R_n}|*\right),\bar{\boldsymbol{Y}}\left(t_{R_n}|*\right),\boldsymbol{U}\left(t_{R_n}|*\right)\right\}$。

③ 实时计算预测误差 $\bar{\boldsymbol{e}}\left(t_{R_n}|*\right)=\left\|\boldsymbol{Y}\left(t_{R_n}|*\right)-\bar{\boldsymbol{Y}}\left(t_{R_n}|*\right)\right\|$，当 $\bar{\boldsymbol{e}}\left(t_{R_n}|*\right)>\boldsymbol{E}$ 时，建立同态模型 $\breve{G}$，将其反演至 t_{R_n} 时刻，并转入④；当 $\bar{\boldsymbol{e}}\left(t_{R_{n-1}}|*\right)>\boldsymbol{E}$ 且 $\bar{\boldsymbol{e}}\left(t_{R_n}|*\right)\leqslant\boldsymbol{E}$ 时，转入⑤；当 $\bar{\boldsymbol{e}}\left(t_{R_{n-1}}|*\right)\leqslant\boldsymbol{E}$ 且 $\bar{\boldsymbol{e}}\left(t_{R_n}|*\right)\leqslant\boldsymbol{E}$ 时，转入⑦。

④ 将 $\bar{\boldsymbol{e}}\left(t_{R_n}|t\right)$ 及样本点 $\left\{\boldsymbol{Y}\left(t_{R_n}-h|t\right),\bar{\boldsymbol{Y}}\left(t_{R_n}-h|t\right),\boldsymbol{U}\left(t_{R_n}-h|t\right)\right\}$ 对 $\breve{\boldsymbol{A}}\left(t_{R_n}\right)$ 进行修正，然后返回①进行滚动修正。修正过程如下，即

$$\breve{\boldsymbol{A}}\left(t_{R_n}\right)=\breve{\boldsymbol{A}}\left(t_{R_{n-1}}\right)+\gamma\left(t_{R_n}\right)\boldsymbol{P}\left(t_{R_{n-1}}\right)\boldsymbol{X}\left(t_{R_n}-h\right)\bar{\boldsymbol{e}}\left(t_{R_n}|t\right) \tag{4.43}$$

$$\boldsymbol{P}\left(t_{R_n}\right)=\boldsymbol{P}\left(t_{R_{n-1}}\right)-\gamma\left(t_{R_n}\right)\boldsymbol{P}\left(t_{R_{n-1}}\right)\boldsymbol{X}\left(t_{R_n}-h\right)\boldsymbol{X}^{\mathrm{T}}\left(t_{R_n}-h\right)\boldsymbol{P}\left(t_{R_{n-1}}\right) \tag{4.44}$$

$$\gamma\left(t_{R_n}\right)=\frac{1}{\left(1+\boldsymbol{X}^{\mathrm{T}}\left(t_{R_n}-h\right)\boldsymbol{P}\left(t_{R_{n-1}}\right)\boldsymbol{X}\left(t_{R_n}-h\right)\right)} \tag{4.45}$$

其中，$\boldsymbol{X}\left(t_{R_n}-h\right)=\left[\bar{\boldsymbol{Y}}\left(t_{R_n}-h\right),\boldsymbol{U}\left(t_{R_n}-h\right)\right]^{\mathrm{T}}$。

⑤ 将 $\boldsymbol{Y}\left(t_{R_n}|t\right)$ 作为初值代入同态模型 $\breve{G}$ 中，并由当前的修正时刻 $t_B\ (t_B=t_{R_n})$

加速至当前预测时刻 $t_F\ (t_F = t)$，可得 $\breve{\boldsymbol{Y}}(t_F\,|\,t_F)$ 和 $\breve{\boldsymbol{A}}(t_B)$。

⑥ 更新模型 $\begin{cases}\overline{\boldsymbol{A}}(t_F)=\breve{\boldsymbol{A}}(t_B)\\ \overline{\boldsymbol{Y}}(t_F\,|\,t_F)=\breve{\boldsymbol{Y}}(t_F\,|\,t_F)\end{cases}$，并释放同态模型，完成在线修正。

⑦ 返回①，开始下一步循环，或者结束。

基于邮签准则的模型参数在线修正方法流程图如图 4.11 所示。

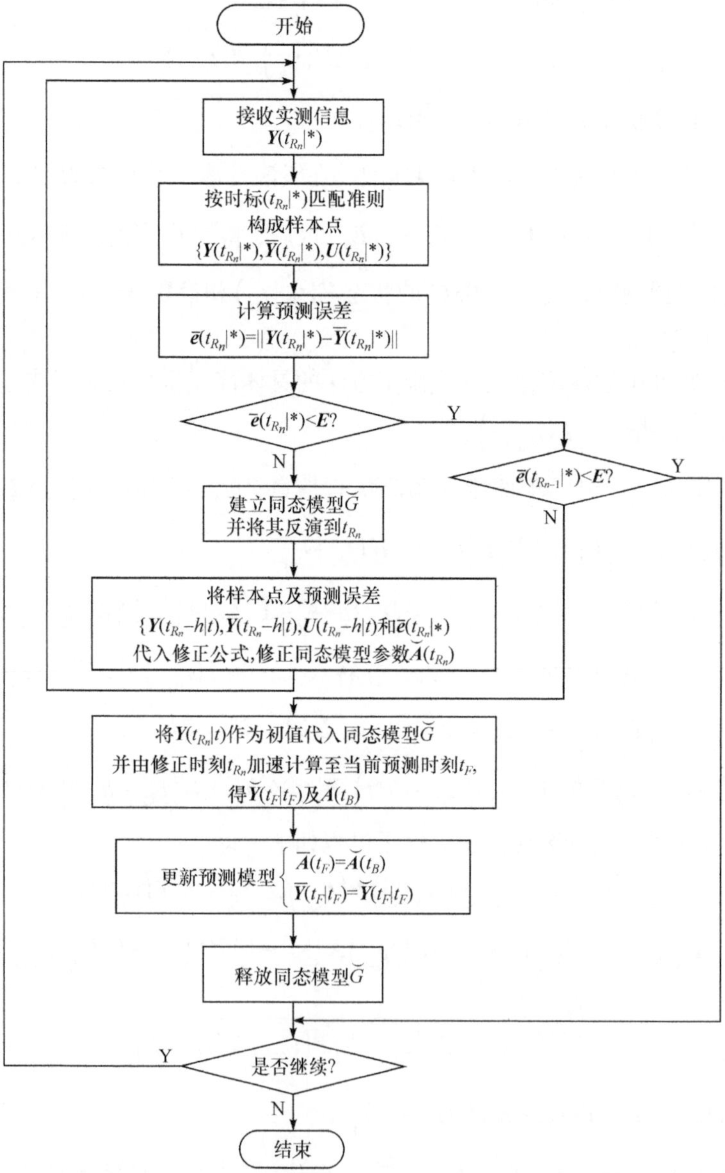

图 4.11　基于邮签准则的模型参数在线修正方法流程图

通过信息的时标标识和同态模型的反演与加速计算策略，基于邮签准则的模型参数在线修正方法将不确定大时延 $\tau(t)$ 排除在外，不但可以解决信息错配问题，而且可以使修正过程的时间 t_B 统一到预测过程时间 t_F，解决过程异步问题。在没有影响正常预测的情况下，可以有效地完成预测模型的在线修正。基于邮签准则的预测过程异步问题解决示意图如图 4.12 所示。

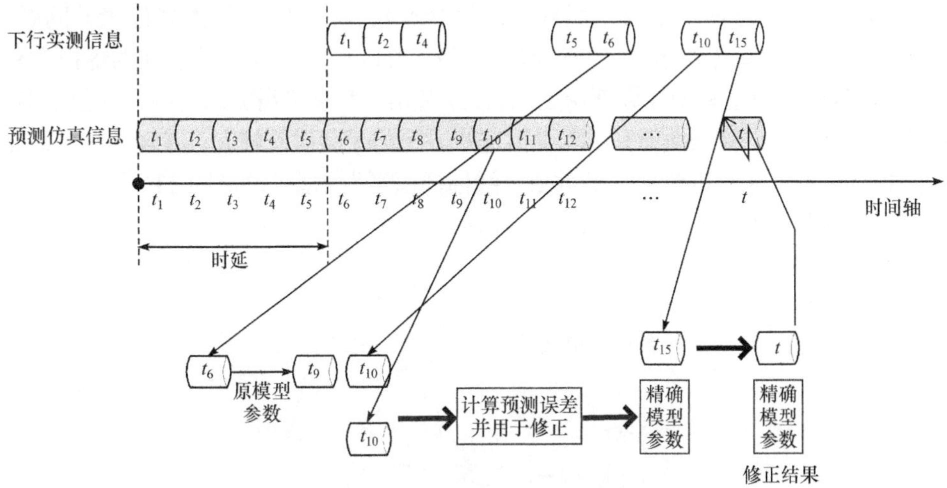

图 4.12　基于邮签准则的预测过程异步问题解决示意图

2.　改进的基于邮签准则的模型参数在线修正方法

在遥操作系统中，除了不确定大时延外，有限带宽造成下行的实测信息(即样本数据)不充分，难以完全准确地表征真实对象的响应特性。这同样会对模型在线修正产生严重的影响。令虚拟对象的预测计算步长为 h，当 h 较大时，在线计算量较小，但仿真精度较低；当 h 较小时，在线计算量较大，但仿真精度较高。因此，在选取 h 时要折中考虑在线计算量和仿真精度两个因素。然而，为了便于传输与计算机处理并满足传输带宽的要求，需要对真实对象的响应信息进行采样。设实测信息的采样步长为 H ($H = t_i - t_{i-1}$，即相邻实测信息响应时间的间隔)，H 远大于 h。定义信息相对密度 M 为预测仿真信息步长 h 与实测信息采样步长 H 之比 $M = h/H$。M 直接反映实测信息的充分性，$M \geqslant 1$ 时，实测信息充分(稠密)；$M < 1$ 时，实测信息不充分(稀疏)。

为了满足天地间有限带宽的要求，经常使 $M < 0.1$，实测信息稀疏、不充分，相关性变弱，无法准确反映真实对象的特性。另外，受遥操作系统在轨系统处理能力，以及传输过程中数据缺损等影响，造成采样步长 H 的不确定性，即不确定大采样步长 $H(t) = mh$ (m 为不确定正整数)。因此，利用不充分的样本数据修正预测模型，将导致以下几个结果。

① 实测样本信息不充分，信息相关性变弱，无法表征动态响应特性。

② 无法保证样本点在大采样步长内恒定，即 $\left\{\boldsymbol{Y}(T),\bar{\boldsymbol{Y}}(T),\boldsymbol{U}(T)\right\}\neq\{\boldsymbol{Y}(t_{i-1}),\bar{\boldsymbol{Y}}(t_{i-1}),\boldsymbol{U}(t_{i-1})\}$（$t_{i-1}\leqslant T\leqslant t_{i-1}+H$），影响修正的结果。

③ 在变采样步长 $H(t)=mh$ 条件下，模型修正无法正确收敛。

SBOMM 可以有效解决不确定大时延的影响，但在不确定大采样步长(即实测样本数据不充分)的条件下，对修正结果会有较大影响。对于大采样步长问题，一般采用数据平滑方法解决，通过数据平滑，可以产生采样点间隔间的虚拟实测信息，达到数据补全和增加数据密度的目的。常用的数据平滑方法有线性插值平滑、抛物线插值平滑、样条插值平滑等。但这些方法的平滑误差较大，并且没有考虑此期间控制量的作用，影响修正的效果。线性插值平滑示意图如图 4.13 所示。

抛物线插值平滑示意图如图 4.14 所示。

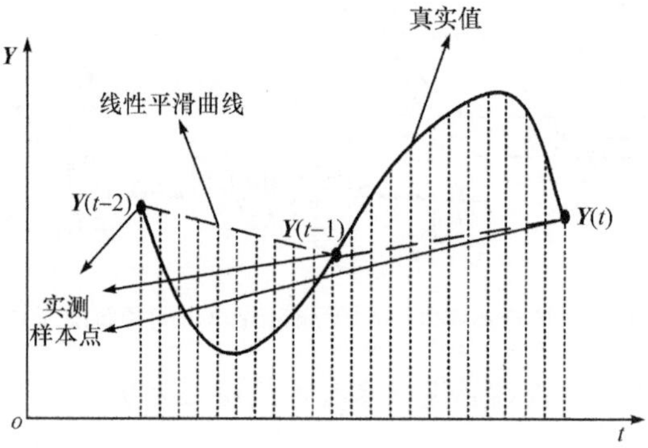

图 4.13 线性插值平滑示意图

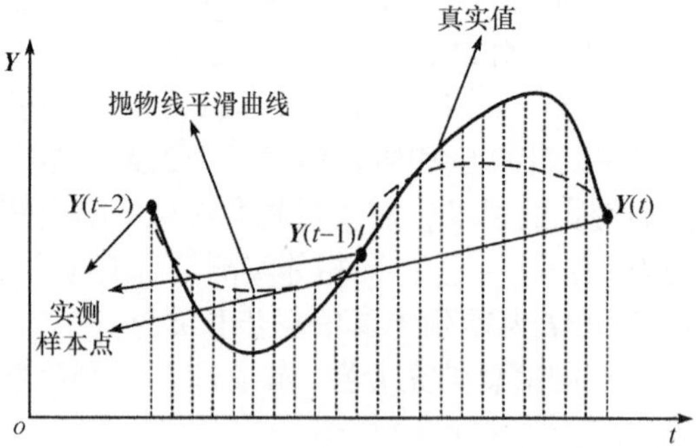

图 4.14 抛物线插值平滑示意图

考虑模型结构的确定性信息，利用动态的同态模型设计如下平滑器，即

$$\breve{\boldsymbol{Y}}(t+nh)=\underbrace{f\Big[\cdots\Big[f}_{n}[\boldsymbol{Y}(t),\boldsymbol{U}(t),\breve{\boldsymbol{A}}(t)],\cdots,\boldsymbol{U}\big(t+(n-1)h\big),\breve{\boldsymbol{A}}\big(t+(n-1)h\big)\Big]\Big] \tag{4.46}$$

这种基于模型的数据积分平滑方法不但充分利用了已知模型结构的确定性信

息，而且考虑了大采样步长时段内控制量的作用效果，可以减小平滑误差。基于模型的数据积分平滑示意图如图 4.15 所示。

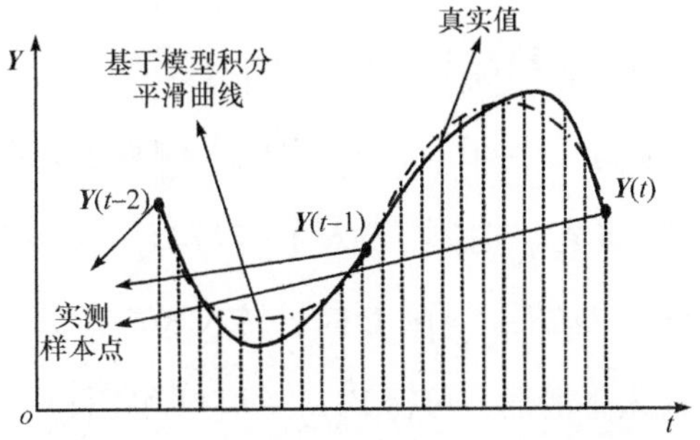

图 4.15　基于模型的数据积分平滑示意图

通过分析最小二乘在线修正方法及 SBOMM，适用于实测信息充分的情况，属于单向递推修正方法，即直接利用实测信息、仿真信息和相应的控制量信息进行模型修正。单向递推修正方法示意图如图 4.16 所示。

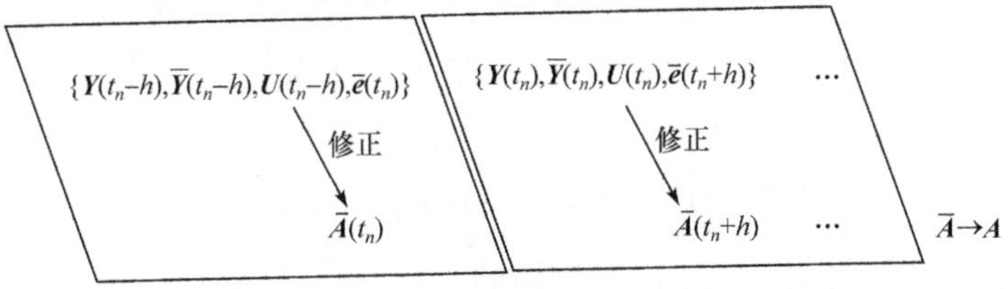

图 4.16　单向递推修正方法示意图

在利用动态同态模型作为平滑器的基础上，基于邮签准则的模型参数在线修正增加基于模型的数据积分平滑环节，因此革新了传统的单向递推修正方式，形成一种嵌套式递推修正方法。嵌套式递推修正方法示意图如图 4.17 所示。

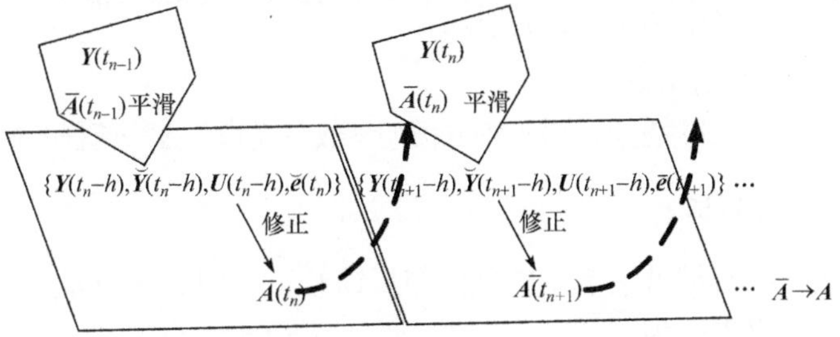

图 4.17　嵌套式递推修正方法示意图

采用同态模型平滑并配合邮签准则的模型参数在线修正方法的具体修正步骤和流程描述如下。

① 接收实测信息$\boldsymbol{Y}\left(t_{R_n}|*\right)$。

② 按时标$\left(t_{R_n}|*\right)$匹配原则在预测仿真信息$\bar{\boldsymbol{Y}}\left(t_{R_i}|*\right)$和输入信息$\boldsymbol{U}\left(t_{R_i}|*\right)$中搜索并构成样本点$\left\{\boldsymbol{Y}\left(t_{R_n}|*\right),\bar{\boldsymbol{Y}}\left(t_{R_n}|*\right),\boldsymbol{U}\left(t_{R_n}|*\right)\right\}$。

③ 实时计算预测$\bar{\boldsymbol{e}}\left(t_{R_n}|*\right)=\left\|\boldsymbol{Y}\left(t_{R_n}|*\right)-\bar{\boldsymbol{Y}}\left(t_{R_n}|*\right)\right\|$误差，当$\bar{\boldsymbol{e}}\left(t_{R_n}|*\right)>\boldsymbol{E}$时，建立同态模型$\breve{G}$并将其反演至$t_{R_n}$时刻，转入④；当$\bar{\boldsymbol{e}}\left(t_{R_{n-1}}|*\right)>\boldsymbol{E}$且$\bar{\boldsymbol{e}}\left(t_{R_n}|*\right)\leqslant\boldsymbol{E}$时，转入⑥；当$\bar{\boldsymbol{e}}\left(t_{R_{n-1}}|*\right)\leqslant\boldsymbol{E}$且$\bar{\boldsymbol{e}}\left(t_{R_n}|*\right)\leqslant\boldsymbol{E}$时，转入⑧。

④ 将$\boldsymbol{Y}\left(t_{R_{n-1}}|*\right)$代入平滑器，可得$\breve{\boldsymbol{Y}}\left(t_{R_n}-h|*\right)$和$\breve{\boldsymbol{Y}}\left(t_{R_n}|*\right)$。

⑤ 计算$\breve{G}$的误差$\breve{\boldsymbol{e}}\left(t_{R_n}|t\right)=\left\|\breve{\boldsymbol{Y}}\left(t_{R_n}|t\right)-\bar{\boldsymbol{Y}}\left(t_{R_n}|*\right)\right\|$，当$\breve{\boldsymbol{e}}\left(t_{R_n}|t\right)\leqslant\boldsymbol{E}$时，转入⑥；否则，将$\breve{\boldsymbol{e}}\left(t_{R_n}|t\right)$及样本点$\left\{\breve{\boldsymbol{Y}}\left(t_{R_n}-h|t\right),\bar{\boldsymbol{Y}}\left(t_{R_n}-h|t\right),\boldsymbol{U}\left(t_{R_n}-h|t\right)\right\}$对$\breve{\boldsymbol{A}}\left(t_{R_n}\right)$进行修正，然后返回①进行滚动修正，即

$$\breve{\boldsymbol{A}}\left(t_{R_n}\right)=\breve{\boldsymbol{A}}\left(t_{R_{n-1}}\right)+\gamma\left(t_{R_n}\right)\boldsymbol{P}\left(t_{R_{n-1}}\right)\boldsymbol{X}\left(t_{R_n}-h\right)\breve{\boldsymbol{e}}\left(t_{R_n}|t\right) \tag{4.47}$$

$$\boldsymbol{P}\left(t_{R_n}\right)=\boldsymbol{P}\left(t_{R_{n-1}}\right)-\gamma\left(t_{R_n}\right)\boldsymbol{P}\left(t_{R_{n-1}}\right)\boldsymbol{X}\left(t_{R_n}-h\right)\boldsymbol{X}^{\mathrm{T}}\left(t_{R_n}-h\right)\boldsymbol{P}\left(t_{R_{n-1}}\right) \tag{4.48}$$

$$\gamma\left(t_{R_n}\right)=\frac{1}{1+\boldsymbol{X}^{\mathrm{T}}\left(t_{R_n}-h\right)\boldsymbol{P}\left(t_{R_{n-1}}\right)\boldsymbol{X}\left(t_{R_n}-h\right)} \tag{4.49}$$

其中，$\boldsymbol{X}\left(t_{R_n}-h\right)=\left[\breve{\boldsymbol{Y}}\left(t_{R_n}-h\right),\boldsymbol{U}\left(t_{R_n}-h\right)\right]^{\mathrm{T}}$。

⑥ 将$\boldsymbol{Y}\left(t_{R_n}|t\right)$作为初值代入同态模型$\breve{G}$中，并由当前的修正时刻$t_B$（$t_B=t_{R_n}$）加速至当前预测时刻$t_F$（$t_F=t$），可得$\breve{\boldsymbol{Y}}(t_F|t_F)$和$\breve{\boldsymbol{A}}(t_B)$。

⑦ 更新模型$\begin{cases}\bar{\boldsymbol{A}}(t_F)=\breve{\boldsymbol{A}}(t_B)\\ \bar{\boldsymbol{Y}}(t_F|t_F)=\breve{\boldsymbol{Y}}(t_F|t_F)\end{cases}$，并释放同态模型，完成在线修正。

⑧ 返回①，否则结束。

采用同态模型平滑并配合邮签准则的模型参数在线修正方法流程图如图4.18所示。

3. 仿真实验验证

遥操作系统中机械臂关节正向预测与反馈修正原理示意图如图4.19所示。

真实关节对象表示为

$$\ddot{\vartheta}=\frac{1}{I}M \tag{4.50}$$

虚拟对象预测模型为

$$\bar{\vartheta}(t_{n+1})=\bar{\vartheta}(t_n)+\bar{p}_{11}\bar{\vartheta}(t_{n-1})+\bar{p}_{12}M(t_n) \tag{4.51}$$

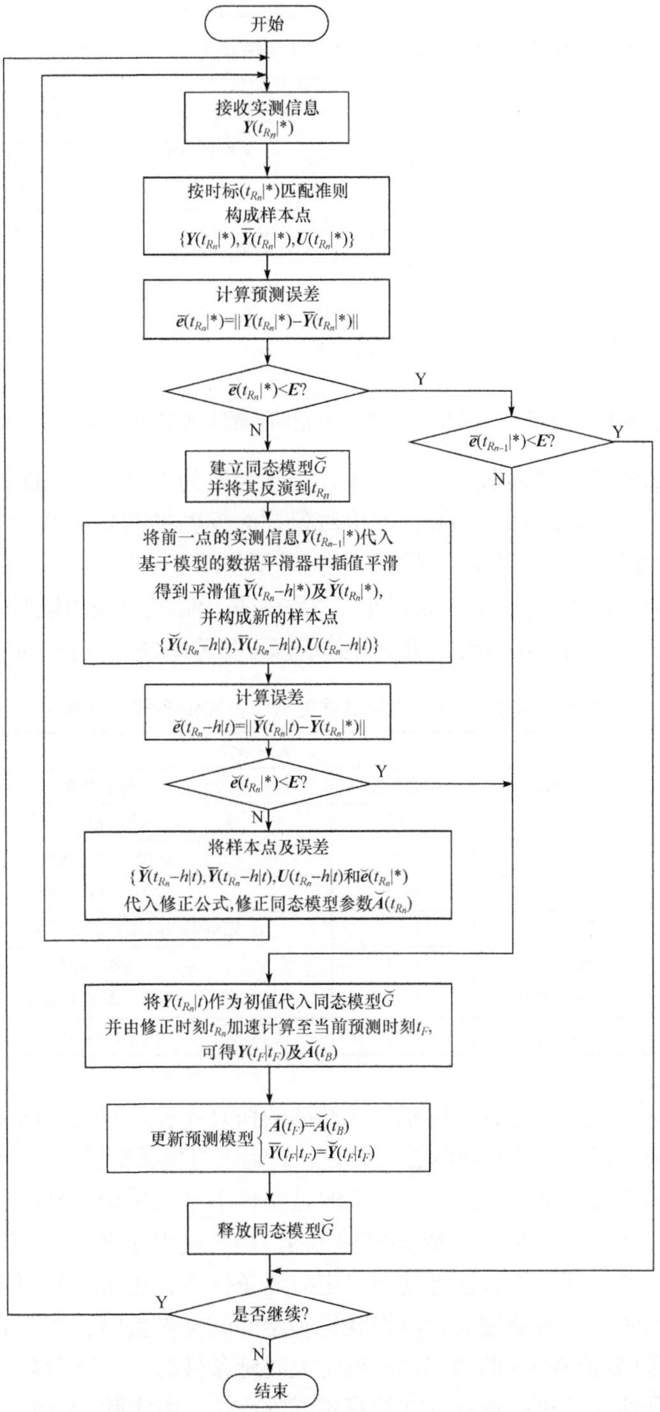

图4.18 采用同态模型平滑并配合邮签准则的模型参数在线修正方法流程图

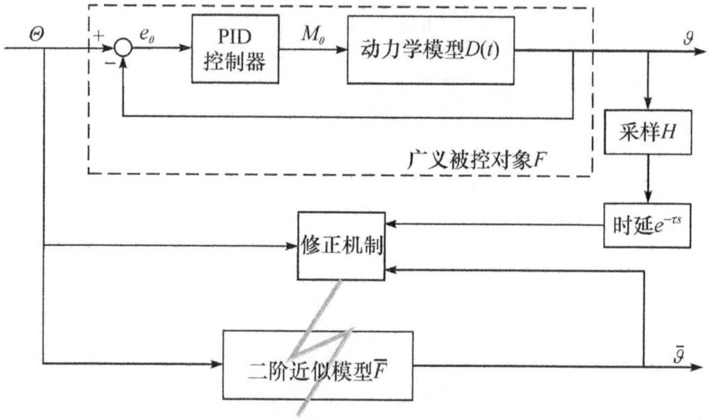

图 4.19 遥操作系统中机械臂关节正向预测与反馈修正原理示意图

令 $h=0.05\text{s}$ 为计算步长，真实对象动力学参数为 $I=0.8$，PID 控制器参数为 $P_1=0.005$，$I_1=0.0$，$D_1=30.0$；虚拟对象预测模型的初始参数为 $\overline{p}_{11}=-0.72$，$\overline{p}_{12}=0.18$，预测模型与真实广义对象存在模型失配。

针对不同时延条件，开展传统最小二乘法和基于邮签准则的模型参数在线修正方法的对比实验。遥操作系统中机械臂关节修正实验条件一览表 1 如表 4.2 所示。

表 4.2 遥操作系统中机械臂关节修正实验条件一览表 1

实验序号	实验条件		
	时延/s	信息密度	修正策略
实验 01	0	1：1	不采用修正策略
实验 02	0	1：1	最小二乘在线修正
实验 03	5(确定时延)	1：1	最小二乘在线修正
实验 04	5(确定时延)	1：1	先辨识出时延，最小二乘在线修正
实验 05	5(确定时延)	1：1	SBOMM
实验 06	不确定时延	1：1	最小二乘在线修正
实验 07	不确定时延	1：1	SBOMM

实验 01～实验 07 是针对时延问题开展的仿真实验。从实验结果可以看出，当模型失配时，若不进行有效的在线修正，则无法对机械臂进行准确的预测(实验 01)，影响操作员的决策与操作。若在无时延条件下采用传统的最小二乘在线修正方法，则可以实时保证预测的精度(实验 02)，提高遥操作系统的透明度。然而，传统的最小二乘在线修正方法即使在确定时延条件下，也难以使预测模型参数正确收敛(实验 03)，只有通过时延辨识获得确定的时延参数时，才能够达到令人满意的修正效果(实验 04)。但当存在不确定大时延条件时，时延参数将无法辨识，这时最小二乘法无法进行有效的在线修正(实验 06)。由实验 05 和实验 07 的仿真

结果可知，基于邮签准则的遥操作模型参数在线修正方法可以有效地克服不确定大时延的影响，使模型参数逐渐收敛到真值，有效地消减预测误差。

这里仅将典型实验 01 和实验 07 的仿真结果汇总。机械臂关节角预测/修正实验 01 仿真结果如图 4.20 所示。

机械臂关节角预测/修正实验 07 仿真结果如图 4.21 所示。

实验 08～实验 11 针对不同采样步长条件，开展对比仿真实验。遥操作系统中机械臂关节修正实验条件一览表 2 如表 4.3 所示。

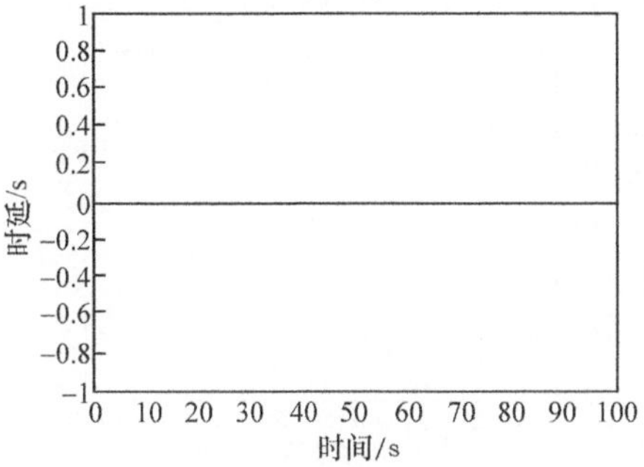

(a) 时延曲线

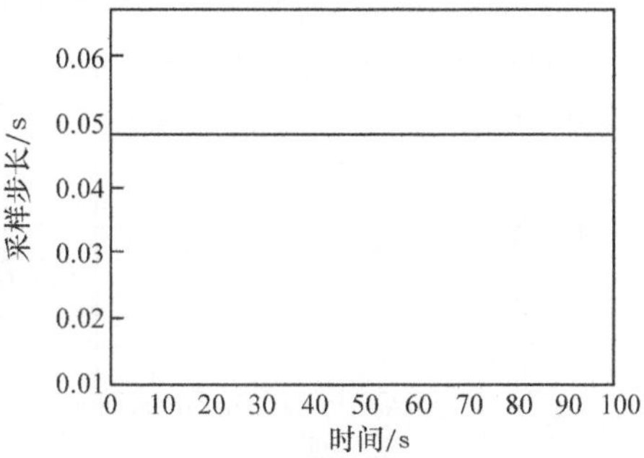

(b) 采样步长曲线

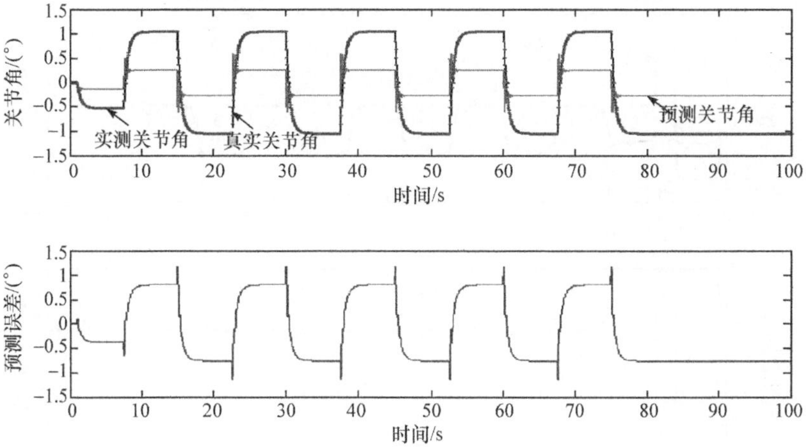

(c) 关节角真实、实测、预测曲线

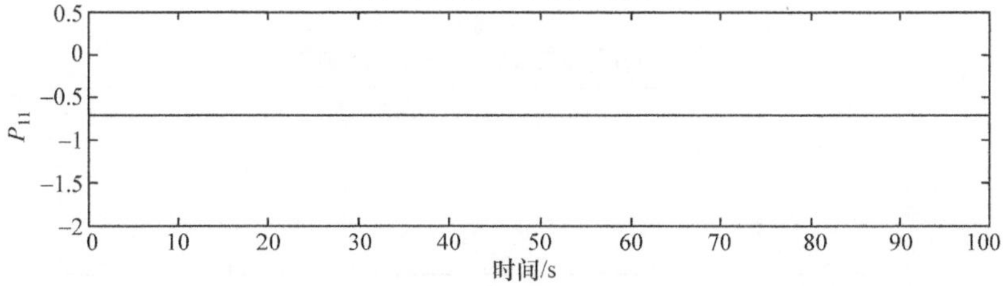

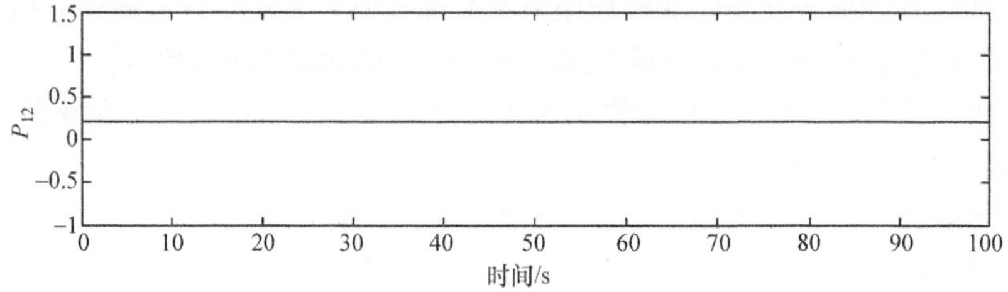

(d) 参数P_{11}、P_{12}修正曲线

图 4.20　机械臂关节角预测/修正实验 01 仿真结果

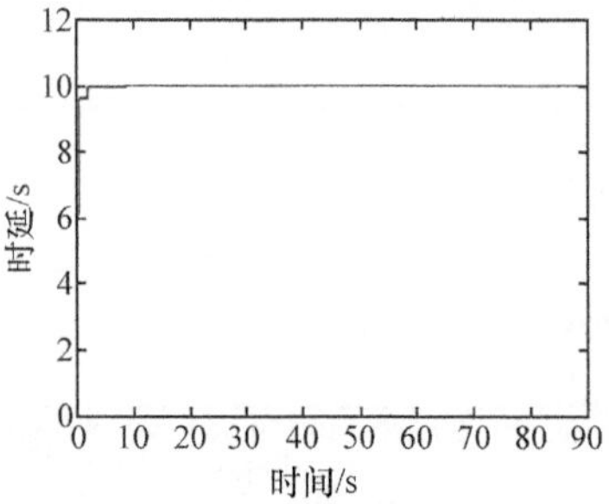

(a) 时延曲线

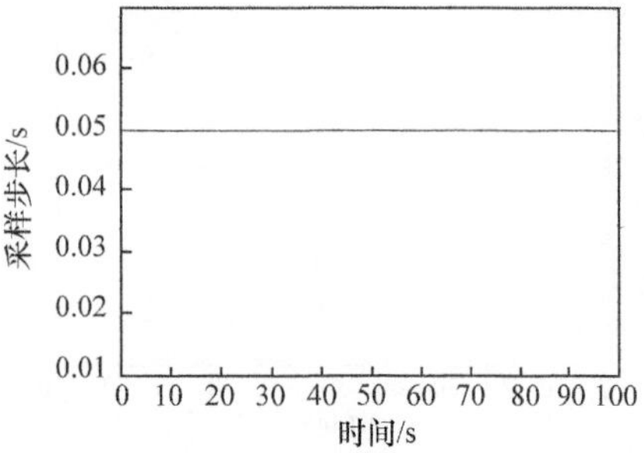

(b) 采样步长曲线

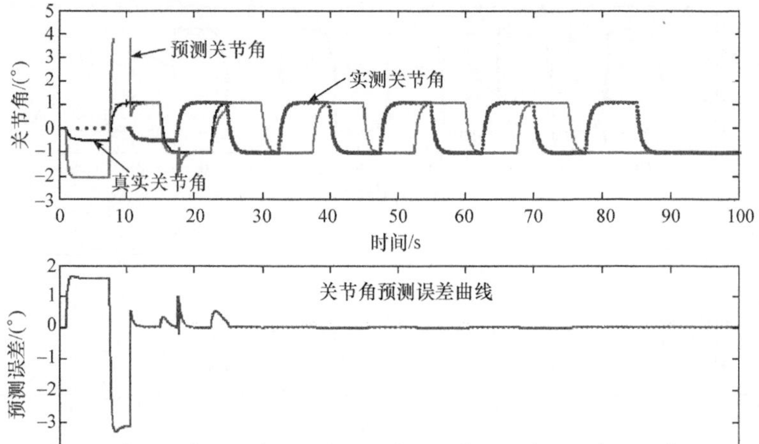

(c) 关节角真实、实测、预测曲线

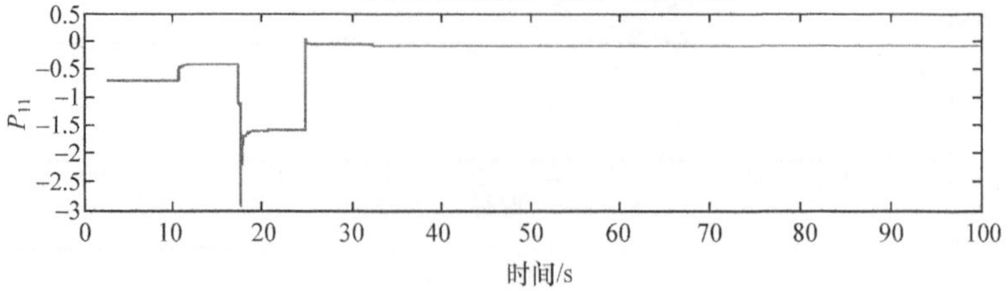

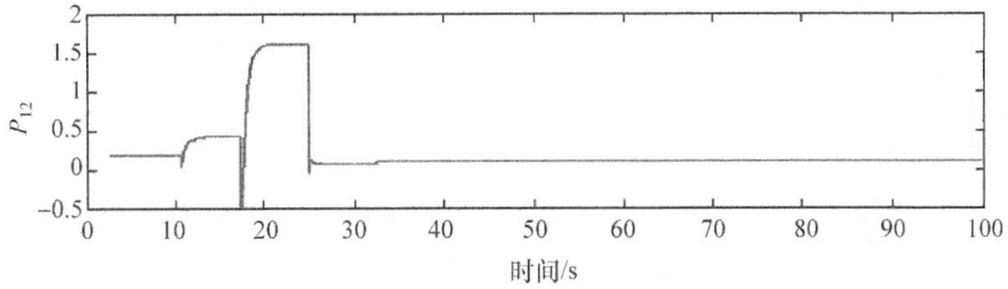

(d) 参数P_{11}、P_{12}修正曲线

图 4.21　机械臂关节角预测/修正实验 07 结果

表 4.3　遥操作系统中机械臂关节修正实验条件一览表 2

实验序号	时延/s	信息密度	修正策略
实验 08	0	1：23(确定采样)	最小二乘在线修正
实验 09	0	1：23(确定采样)	基于模型的数据积分平滑
实验 10	0	不确定采样	最小二乘在线修正
实验 11	0	不确定采样	基于模型的数据积分平滑

实验 08～实验 11 是在无时延条件下，针对大采样步长开展对比实验。从实验结果可知，基于模型的积分平滑方法可以有效克服不确定大采样步长问题。

限于篇幅，这里仅给出实验 09 和实验 11 的仿真结果。机械臂关节角预测/修正实验 09 结果如图 4.22 所示。

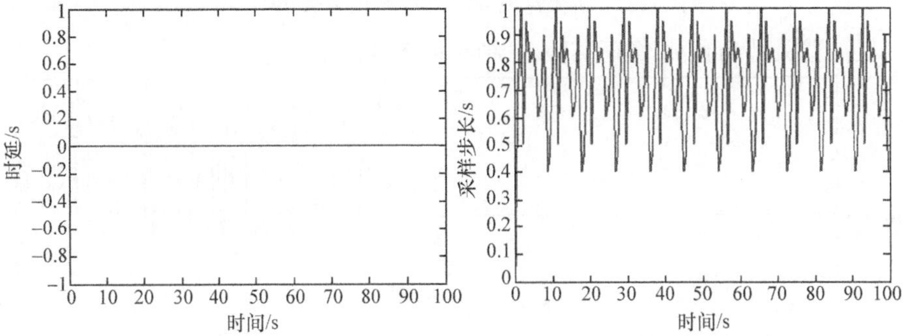

(a) 时延曲线　　(b) 采样步长曲线

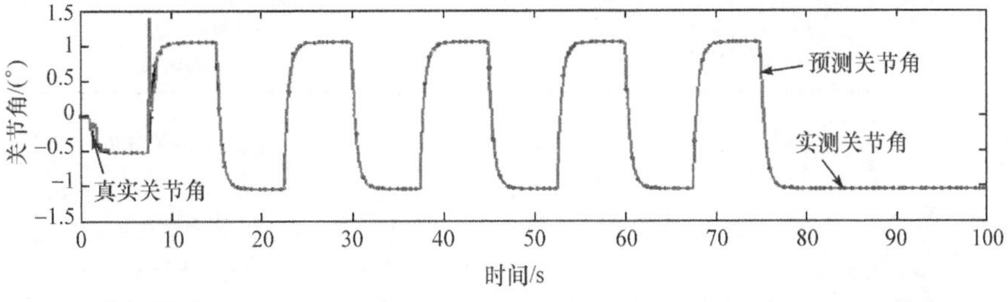

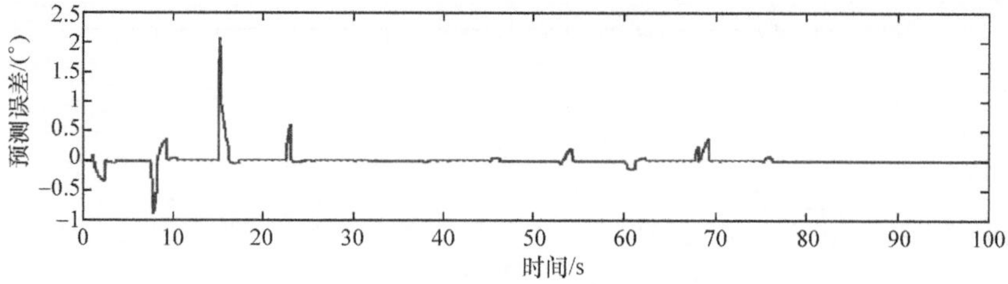

(c) 关节角真实、实测、预测曲线

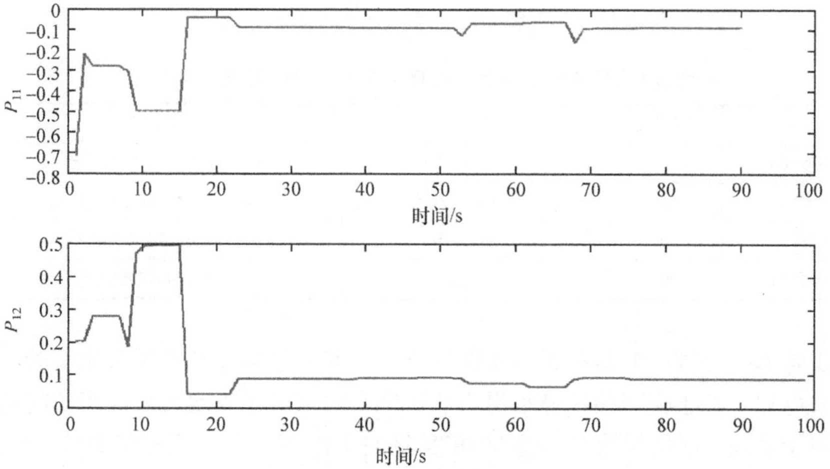

(d) 参数P_{11}、P_{12}修正曲线

图 4.22　机械臂关节角预测/修正实验 09 结果

机械臂关节角预测/修正实验 11 结果如图 4.23 所示。

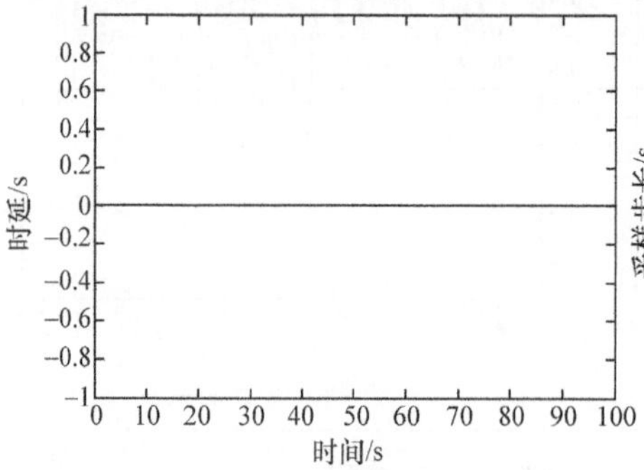

(a) 时延曲线

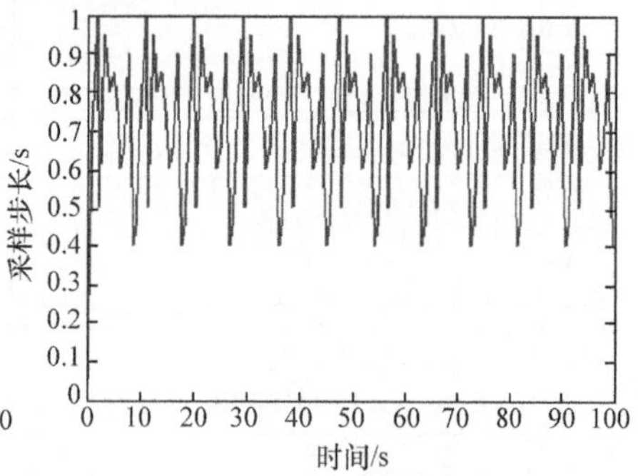

(b) 采样步长曲线

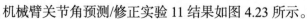

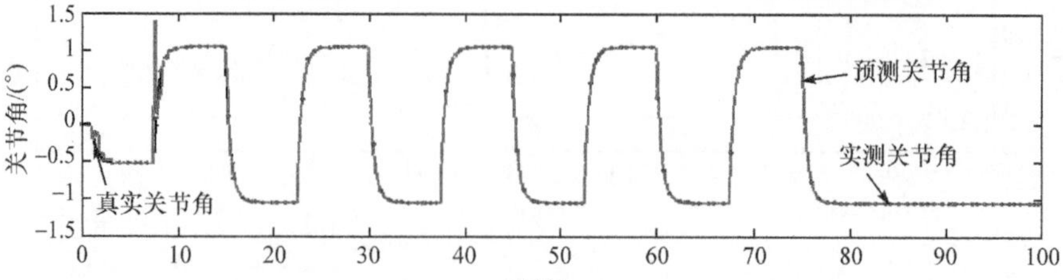

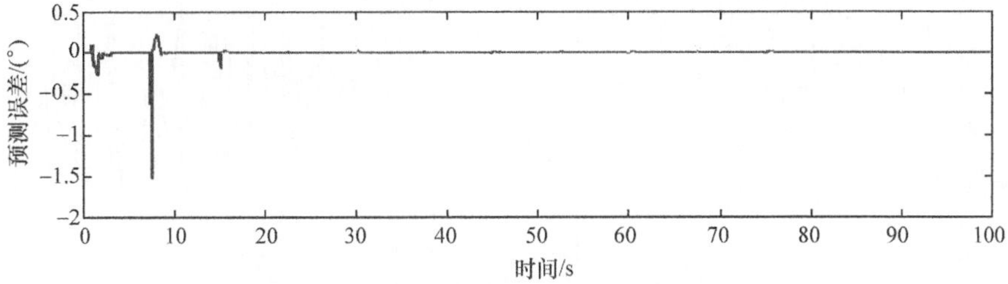

(c) 关节角真实、实测、预测曲线

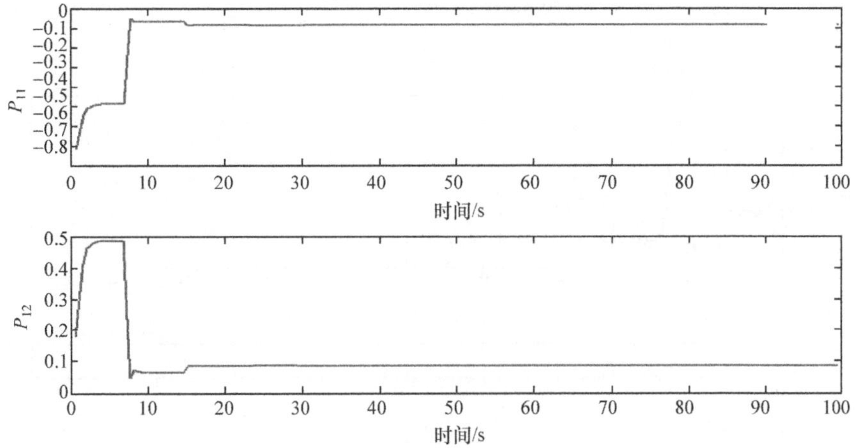

(d) 参数P_{11}、P_{12}修正曲线

图 4.23　机械臂关节角预测/修正实验 11 结果

最后，在复杂的不确定大时延和不确定大采样步长条件下，进行实验 12 和实验 13。遥操作系统中机械臂关节修正实验条件一览表 3 如表 4.4 所示。

表 4.4　遥操作系统中机械臂关节修正实验条件一览表 3

实验序号	时延/s	信息密度	修正策略
实验 12	不确定时延	不确定采样	最小二乘在线修正
实验 13	不确定时延	不确定采样	改进的 SBOMM

由分析实验结果可知，改进的基于邮签准则的遥操作模型参数在线修正方法拓展了原有最小二乘在线修正方法的使用范围，可以有效地克服不确定大时延和不确定大采样步长造成的实测信息滞后、信息稀疏、反馈修正过程与正向预测过程异步等问题，在线解决模型参数的失配问题，使预测模型参数逐渐收敛，提高虚拟对象的预测精度。

这里仅给出机械臂关节角预测/修正实验 13 结果，如图 4.24 所示。

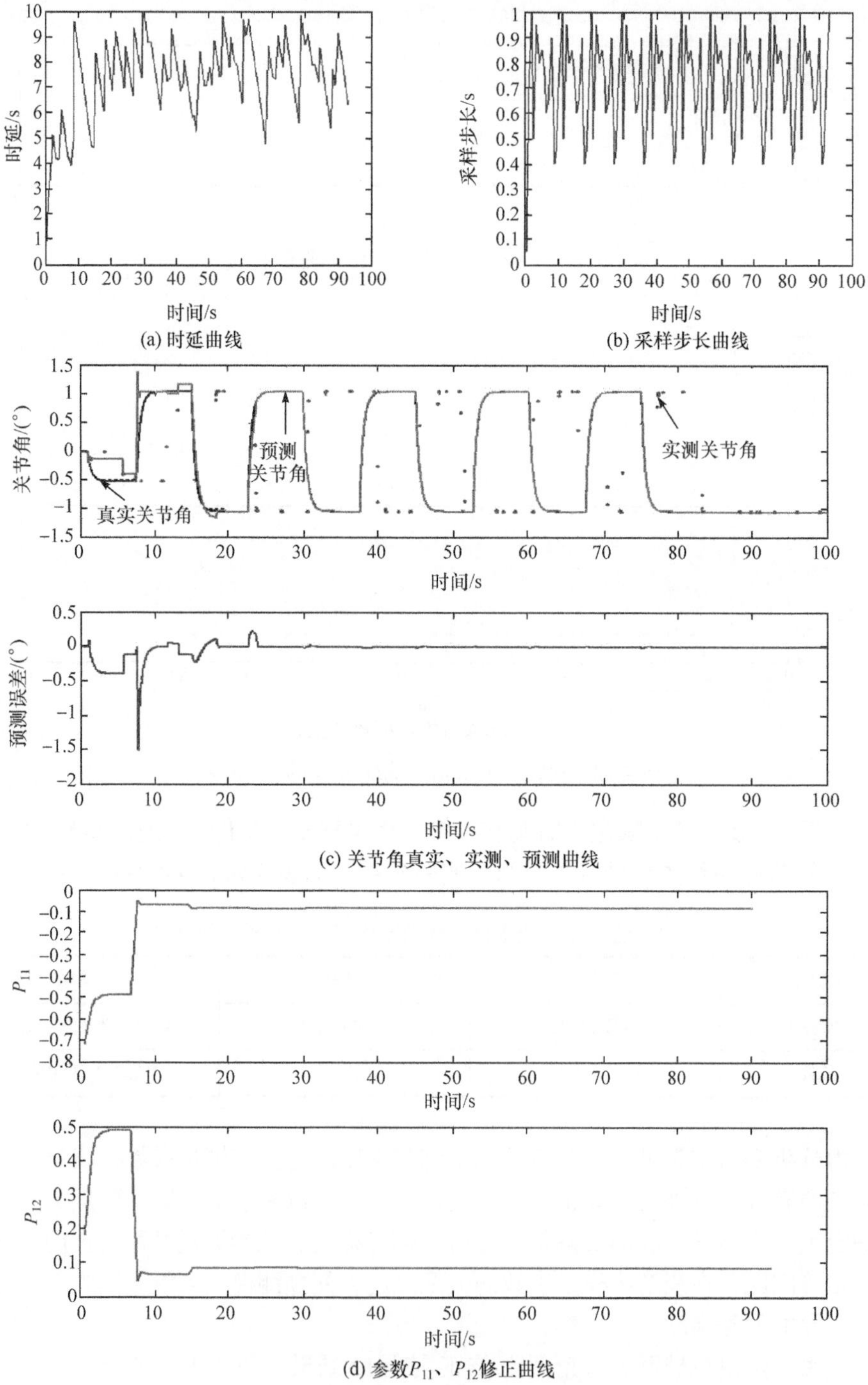

(a) 时延曲线　(b) 采样步长曲线

(c) 关节角真实、实测、预测曲线

(d) 参数P_{11}、P_{12}修正曲线

图 4.24　机械臂关节角预测/修正实验 13 结果

4.3.2 时标基准误差/基准时延偏差下的不确定时延影响消减方法

1. 时标基准误差/基准时延偏差的影响

时标基准即不确定时延影响消减的前提条件中提到的基准时标中的基准。遥操作系统和空间作业系统具有相同的时标基准，并以此基准在交互的遥现场/遥操作数据中添入相应的时标数据。在有时标信息的条件下，如果基准时标有偏差，将导致预报状态偏离现场的当前状态。空间作业系统按照遥操作端规定的时标顺序进行动作，但是由于时标基准误差的存在，各指令的执行时刻与遥操作端预计的起始执行时刻不一致。顶线为时标基准差下的实际状态，与没有时标基准误差的情况相比，其运动状态形状一致，但是时间不一致。遥操作端仍以自己的基准时标进行预报，其预报状态必然与当前状态对应的时刻不同。

基准时延值是时延波动围绕的基本值，代表遥操作回路的基本时延情况，是遥操作回路中正常工作的传输、转发、处理的时延总值的统计结果。对于专线回路，在没有突发的情况下，短时间内时延基准值一般不会发生变化。对于网络回路，基准时延值可能发生改变。在有时标的条件下，即使时延基准值发生了变化，但由于能够不断地通过比对时标，预测模型可以根据时延的变化情况调整前向预报的时长，从而匹配预报远端机构的现场状态。在无时标的条件下，由于预报模型前向预报的时长基于基准时延值，因此即使预报非常准确，但预报并非现场机械臂的当前状态，而是现场机械臂在时延基准偏差时刻的状态。这种影响与有时标信息条件下的时标基准误差影响效果一样。无时标的时延基准差和有时标下的时标基准差对预报误差的影响示意图如图 4.25 所示。

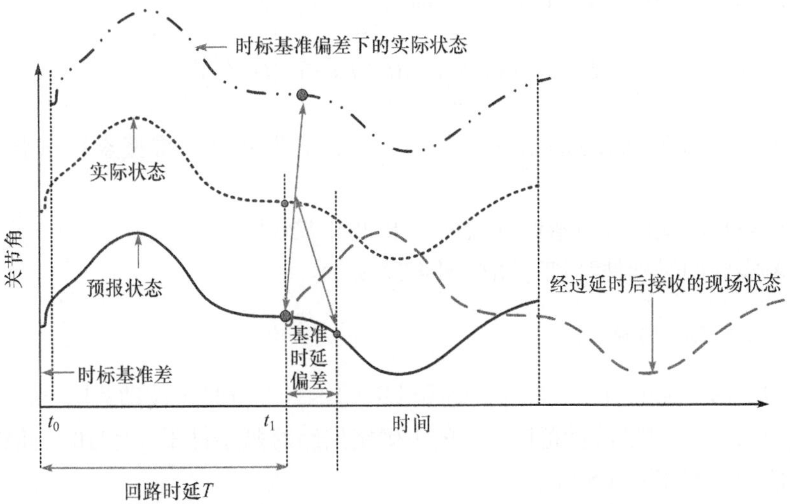

图 4.25　无时标的时延基准差和有时标下的时标基准差对预报误差的影响示意图

2. 时标基准误差/基准时延偏差下的不确定时延影响消减方法

对于时间基准误差，以及基准时延偏差影响问题，本节提出一种基于状态响应波形匹配的方法，既可以用于有时标条件下的时标基准差估计，也可以用于无时标条件下的回路时延基准值和上行时延偏差值(即单组指令的上行时延值与上行时延基准值之间的差)估计。

由于模型的误差，尽管预测数据与实测数据存在一定偏差，但波形匹配均是响应同一个指令序列的激励结果，通过大样本的延时接收数据，以时延为变量，与无时延下的预测数据匹配响应波形，当波形得到最佳匹配时，对应的平移时间值即时延值。该方法的主要优点在于不需要设计特定的检验任务，通过分析已有的运行数据即可完成基准值估计。

波形匹配估计的方法有以下的假设前提。

① 所有发出的操作指令均会被机械臂接收和执行，所有机械臂发出的状态数据均能被获取。

② 发出的指令能够按正确的顺序执行，即单次指令序列经过打包的方式发出，序列内部的指令上行时延相同，不同次的指令序列，上行时延则可能不同。

③ 下行数据的时延在某中心值的范围内波动，时延值的波动符合随机分布。

④ 上行指令和下行状态信息中既没有时标信息，也没有时序信息。

设 $y_S(1), y_S(2), \cdots, y_S(k)$ 为无时延仿真获取的关节角响应，离散值之间的时间间隔相等；$y_R(t_1), y_R(t_2), \cdots, y_R(t_j)$ 为地面接收到的远端现场的机械臂关节角响应，由于不确定的波动时延，其接收到数据的离散值时间间隔不等。波形匹配采用下式对该组波形得到的时延值估计 T，即

$$T = \arg\min_{T} \sum_{t=t_1}^{t_k} \left(y_R(t-T) - y_S(t-T) \right)^2 \tag{4.52}$$

其中，$y_S(t-T)$ 为 $y_S(k)$ 的二次项拟合结果；T 为通过一维搜索算法获取的优化值。

某次波形匹配前和波形匹配后的效果如图 4.26 所示。

匹配实验的时延估计流程图如图 4.27 所示。

3. 仿真实验验证

使用波形匹配的方法，在上行时延基准 10s，上行时延波动范围 5s，下行时延基准 20s，下行时延波动范围 10s 的不确定回路时延条件下，上行时延偏差对回路时延估计误差如表 4.5 所示。

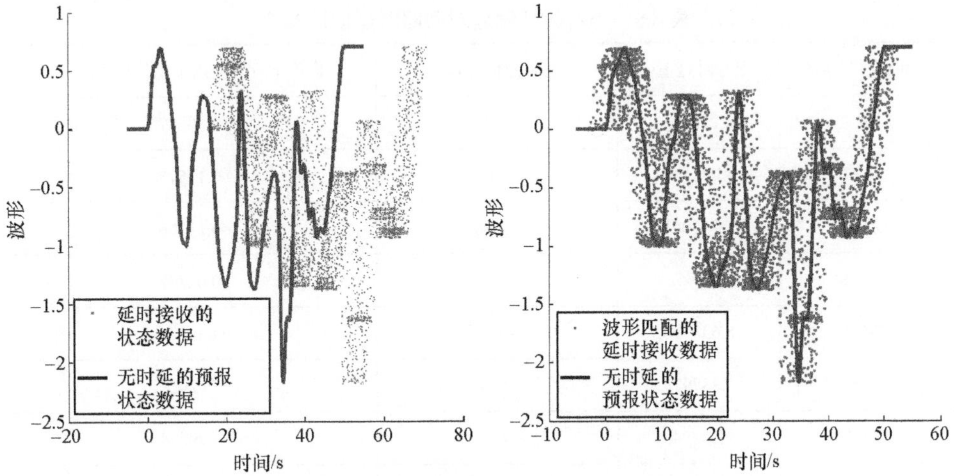

图 4.26　某次波形匹配前和波形匹配后的效果

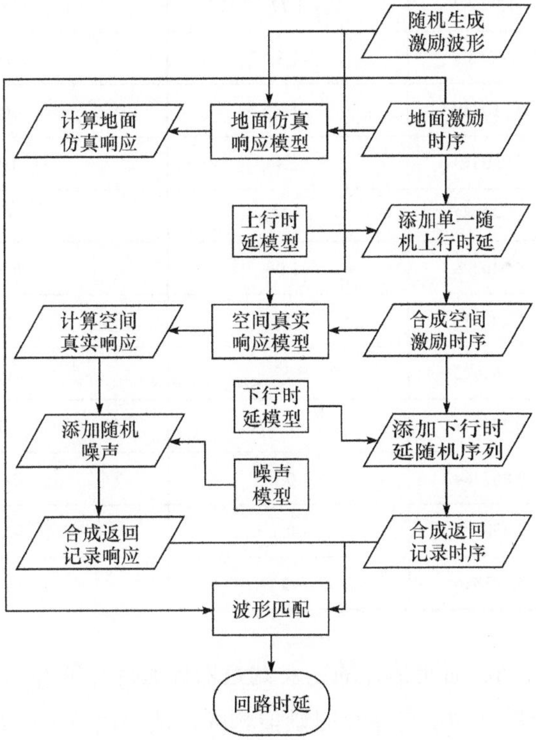

图 4.27　匹配实验的时延估计流程图

表 4.5　上行时延偏差对回路时延估计误差

回路时延值/s	上行时延值/s	回路时延估计误差/s	剔除上行偏差的平均估计误差/s
23.12	8.126895	−1.88	−0.00689
28.61	13.72518	3.61	−0.11518
22.54	7.751061	−2.46	−0.21106
21.78	6.80842	−3.22	−0.02842
23.7	8.633196	−1.3	0.066804
20.54	5.337979	−4.46	0.202021
26.1	11.02945	1.1	0.070554
24.68	9.695589	−0.32	−0.01559
26.77	11.75637	1.77	0.013631
23.67	8.60832	−1.33	0.06168
23.63	8.710338	−1.37	−0.08034
23.06	8.050553	−1.94	0.009447
28.35	13.40982	3.35	−0.05982
23.96	8.946328	−1.04	0.013672
27.98	13.02157	2.98	−0.04157
28.51	13.64022	3.51	−0.13022
23.7	8.754403	−1.3	−0.0544
24.9	9.867464	−0.1	0.032536
24.5	9.499321	−0.5	0.000679
23	8.101826	−2	−0.10183

由表 4.5 可知，回路时延估计的主要偏差来自上行时延 $T_{\mathrm{Up}}(i)$ 的偏差 $\Delta T_{\mathrm{Up}}(i)$ 。这是由于单次指令序列中的各指令时延值相同，使一次波形匹配中，仅含有上行时延影响的单点信息而无序列信息，不能形成统计结果，而从序列无法估计上行时延的基准值。

不同时延情况下回路时延基准值的估计误差如表 4.6 所示。

表 4.6　不同时延情况下回路时延基准值的估计误差

上行时延基准/s	上行时延波动/s	下行时延基准/s	下行时延波动/s	回路时延估计误差/s	剔除上行偏差的平均估计误差/s
2	2	5	3	–0.0022	0.003343
2	2	10	3	–0.028	0.00371
2	2	10	7	–0.061	0.005815
2	2	15	3	0.1224	0.002107
2	2	15	7	–0.0552	0.000199
5	2	5	3	0.0554	–0.00027
5	2	10	3	–0.002	0.006161
5	2	10	7	–0.108	0.019591
5	2	15	3	0.243	–0.00177
5	2	15	7	–0.004	0.004219
10	2	5	3	–0.0112	0.002901
10	2	10	3	0.2782	0.002746
10	2	10	7	–0.019	0.026732
10	2	15	3	0.0406	0.009095
10	2	15	7	–0.0508	0.006425
10	5	5	3	0.0558	0.002009
10	5	10	3	0.1236	0.002719
10	5	10	7	0.077	0.014149
10	5	15	3	–0.644	0.004126
10	5	15	7	–0.5876	–0.01918

由表 4.6 可知，如果排除上行时延的偏差影响，回路时延值的估计误差一般不超过 0.1s。要排除上行时延的偏差影响，获取准确的回路时延估计值，需要进行多次波形匹配，最终求期望值得到 T_{Lp}，即使用多组已有的运行数据进行处理。此外，对于每次波形匹配，其对应的上行时延偏差 $\Delta T_{\text{Up}}(i)$ 可由下式获得，即

$$\Delta T_{\text{Up}}(i) = T_{\text{Lp}} - T_{\text{Lp}}(i) + \Delta t_{\text{Lp}}(i) \tag{4.53}$$

其中，$\Delta t_{\mathrm{Lp}}(i)$ 为排除第 i 次上行时延的偏差影响后对回路时延值的估计误差，一般小于 0.1s。

1000 组波形匹配实验的时延估计情况如图 4.28 所示。

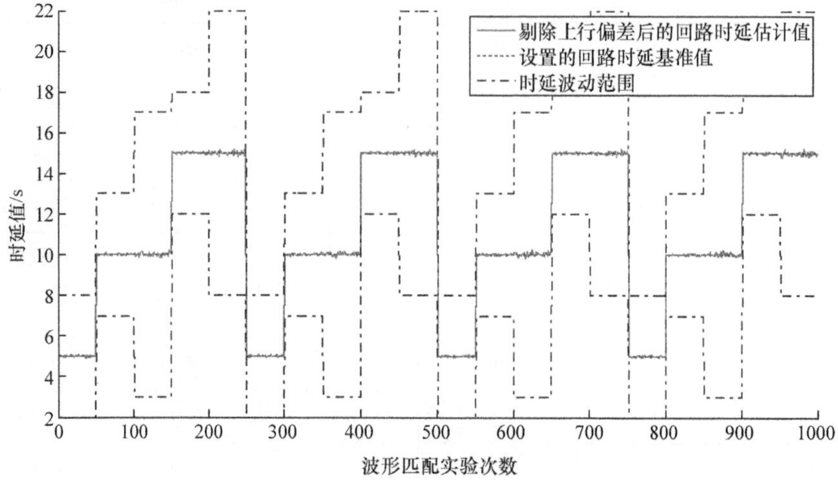

图 4.28　1000 组波形匹配实验的时延估计情况

1000 组波形匹配实验的时延估计误差情况如图 4.29 所示。

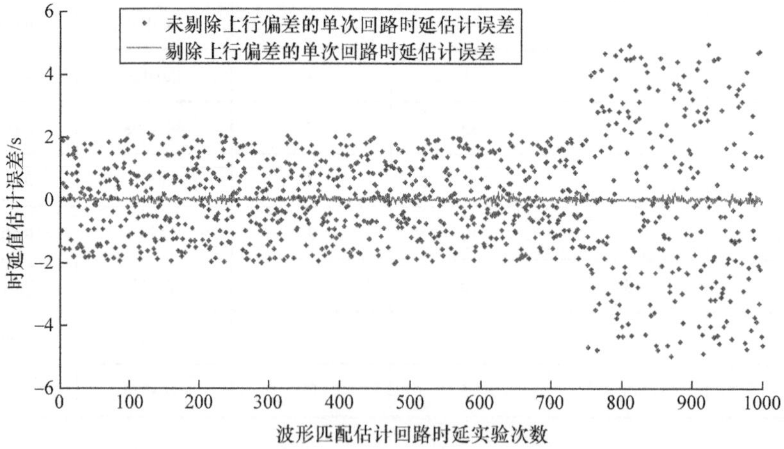

图 4.29　1000 组波形匹配实验的时延估计误差情况

图 4.28 中，实线为剔除上行时延偏差的 $\Delta T_{\mathrm{Up}}(i)$ 回路时延估计值，围绕设定基准(虚线)值小范围变化，点划线为时延波动范围。从图 4.28 可以看出，波动范围的增加对波形匹配的结果影响较小，说明该方法有较强的适应性。表 4.5 为不同时延情况下，利用 50 次波形匹配对回路时延基准值 T_{Lp} 进行估计的结果，以及

对应的剔除上行时延偏差 $\Delta T_{\mathrm{Up}}(i)$ 后对回路时延估计的平均误差。从表 4.6 可知，当时延波动范围增加时，对回路时延的估计精度下降，需要更多的样本补充获得更高的估计精度。综合表 4.5 和表 4.6，剔除上行时延偏差 $\Delta T_{\mathrm{Up}}(i)$ 后的估计误差 Δt_{L_p} 很小，也说明了式(4.53)的有效性。

不同时延情况下,不同样本数量对对回路时延基准值的估计误差影响如表 4.7 所示。

表 4.7　不同时延情况下不同样本数量对对回路时延基准值的估计误差影响

编号	50 次统计/s	100 次统计/s	150 次统计/s	300 次统计/s	500 次统计/s
1	–0.0022	0.1469	0.1268	0.0380	0.0659
2	–0.028	0.0633	0. 0576	–0.0262	–0.0576
3	–0.061	0.0685	0. 0149	0.0155	0.0158
4	0.1224	0.0946	0. 0090	–0.0648	–0.0113
5	–0.0552	–0.0173	–0. 1377	0.0027	0.0166
6	0.0554	–0.0520	–0. 0163	0.2158	0.1001
7	–0.002	–0.1709	0. 0005	0.0263	0.0264
8	–0.108	–0.0092	0. 0074	0.0136	0.0328
9	0.243	–0.0469	–0. 0011	–0.1065	–0.0485
10	–0.004	–0.0012	0. 0435	0.0110	0.0524
11	–0.0112	–0.0151	0.0776	0.0911	0.0338
12	0.2782	0.0303	0.0035	–0.0214	0.0164
13	–0.019	0.0021	–0.0503	–0.0676	–0.0605
14	0.0406	–0.0613	0. 0977	–0.0632	–0.0834
15	–0.0508	0.1193	0. 0549	0.0259	0.0374
16	0.0558	0.3295	0. 0187	–0.1007	–0.2162
17	0.1236	–0.0076	0. 0094	–0.0147	–0.0799
18	0.077	–0.0327	0. 1927	–0.0070	–0.0987
19	–0.644	0.0976	0. 6840	–0.1351	–0.0423
20	–0.5876	–0.6139	–0. 3675	0.3297	0.1478

由表 4.7 可知，当样本数量增大时，回路时延基准值的估计更准确。当样本数达到 500 后，基准时延值的估计误差收敛到 0.1s 以内。当估计时延基准值后，由于单次对回路基准值的估计主要来自上行时延相对于上行时延基准值的偏差，因此可以进一步获取上行时延的波动范围，然后根据回路总时延的波动范围，对下行时延的波动范围进行估计。

本节重点描述基准时延值的估计和对上行时延/下行时延波动范围的估计方法，对于有时标条件的时标基准对准问题，更为简单。时标基准差的估计值可以直接通过一次波形匹配较精确地估计，经过多次统计和平均，时标基准差的估计精度可以进一步提高，在此不再赘述。

4.3.3 无时标条件下的不确定时延影响消减方法

1. 无时标条件下的不确定时延影响消减方法

无时标信息的问题源于工程实践背景，时标信息对于新设计的遥操作任务、遥操作对象和遥操作系统而言，都是极容易实现的要素。由于认知或设计方面等原因，一些已经投入使用的设备或已经开展的遥操作任务中缺少这一条件，此时如何在这一类对象和任务中有效消减时延影响则成为一个问题。本节主要阐述无时标条件下，在不确定时延和大范围波动的时延环境下，如何消减时延影响。

所谓无下行时标信息的条件，即下行的遥现场状态数据中不包含相应的时间标示。此时，SBOMM 由于无法获取准确的对应时标，无法实现状态反馈与预测反馈之间的准确匹配。这是由于时标未匹配准，在最小二乘修正中，从数学上解算出的参数而建立的模型可以在小段的时间内取得与实测相近的输出响应。由于数学上的解算不能保证模型的物理特性与真实对象的物理特性一致，当使用此修正模型预测 20s 后的数据时，会导致预测结果与实际结果发生巨大的差异。这里仍以机械臂单关节(式(2.42))为研究对象。

对于关节 i，对应的预测模型为如下二阶模型，即

$$G(s)_i = \frac{1}{T_1^i s^2 + T_2^i s^2 + 1} \tag{4.54}$$

其中，T_1^i 为关节 i 的参数 T_1；T_2^i 为关节 i 的参数 T_2。

经过离散化，预测模型的递推式可表示为

$$y^i(k) = p_{11}^i(k) y^i(k-1) + p_{12}^i(k) y^i(k-2) + p_{13}^i(k) u^i(k-1) \tag{4.55}$$

其中，$p_{11}^i(k)$、$p_{12}^i(k)$ 和 $p_{13}^i(k)$ 为关节 i 离散化后预测模型的 3 个参数；$y^i(k)$ 为关节 i 预测值；$y^i(k-1)$ 为关节 i 前一个时刻的预测值；$y^i(k-2)$ 为关节 i 前两个时刻的预测值；$u^i(k-1)$ 为关节 i 前一个时刻的指令输入值。

根据离散化理论，瞬时 $p_{11}^i(k)$、$p_{12}^i(k)$ 和 $p_{13}^i(k)$ 与对应的修正模型 $G(s)_i = \dfrac{1}{T_1^i s^2 + T_2^i s^2 + 1}$ 中瞬时 $T_1^i(k)$ 和 $T_2^i(k)$ 之间的对应关系为

$$\begin{cases} p_{11}^i = 2 - \Delta t \dfrac{T_2^i}{T_1^i} \\ p_{12}^i = \Delta t \dfrac{T_2^i}{T_1^i} - 1 - \dfrac{\Delta t^2}{T_1^i} \end{cases} \Rightarrow \begin{cases} T_1^i = \dfrac{\Delta t^2}{1 - p_{11}^i + p_{12}^i} \\ T_2^i = \dfrac{\left(2 - p_{11}^i\right)\Delta t}{1 - p_{11}^i + p_{12}^i} \end{cases} \tag{4.56}$$

其中，Δt 为递推过程中的采样间隔。

由式(4.56)可知，由于时标错位，得到的测量值序列不能反映或错误反映遥现场的响应过程。最小二乘方法是从数学上保证接收数据前后小段值的相似性，有可能导致最小二乘方法拟合的瞬时 p_{11}^i、p_{12}^i 和 p_{13}^i 参数对应的瞬时预测模型参数 $T_1^i(k)$ 和 $T_2^i(k)$ 为反号或负值。在稳定性理论中，瞬时预测模型参数 $T_1^i(k)$ 和 $T_2^i(k)$ 出现这种情况时，对应的预测模型 $G(s)_i = \dfrac{1}{T_1^i s^2 + T_2^i s^2 + 1}$ 是一个不稳定的模型。以该瞬时模型预测 10～20s 以后的状态，其结果明显会与现实天差地别。除此之外，如果得出的瞬时 T_2^i/T_1^i 接近于零或很大，分别对应的是高震荡系统和高阻尼系统，这对预测的误差也会造成较大影响。

需要注意的是，上述 3 个情况对于一个受控良好的对象是不应当出现的，特别是对于航天任务，在控制器的设计和载荷大幅变化条件下的适应性会有相当完备的优化。因此，对于现实条件，瞬时的 $T_1^i(k)$ 和 $T_2^i(k)$ 的符号，以及 T_2^i/T_1^i 范围应当满足某些区域约束。该约束可以通过在地面的测试中获取。

显然，该方法由于限定了瞬时的 $T_1^i(k)$ 和 $T_2^i(k)$ 的符号，以及 T_2^i/T_1^i 范围，使修正结果具有更高的鲁棒性，对时延的波动影响更小。由此带来的限制是，可修正的范围被约束，当出现基准时延偏差时，修正效果无法适应该情况，即修正无法补偿基准时延偏差。因为该项在传递函数中为纯超前或者纯滞后环节，$T_1^i(k)$ 和 $T_2^i(k)$ 的修正无法反映该环节的效应。

2. 仿真实验验证

以 PID 控制的单关节(NASA JPL 机械手的第一个关节)数学模型为操作对象，在不同的不确定时延波动条件下验证。对象模型见式(2.42)。预测误差采用相对值，即

$$\text{error} = \frac{\theta_{\text{predict}} - \theta_{\text{real}}}{\theta_{\text{cmd}}} \times 100\% \tag{4.57}$$

其中，θ_{predict} 为某一瞬时的预测角度值；θ_{real} 为对应瞬时的实际角度值(非延迟后的接收角度值)；θ_{cmd} 为对应瞬时的指令角度值。

关节控制器采用 PID 控制。其 PID 参数采用粒子群算法优化得到。关节转动

惯量以周期为 25s，范围从 1.417～14.17 的三角波形模拟关节对象的时变效应。无时标条件下的不确定大时延消减的仿真验证框架如图 4.30 所示。

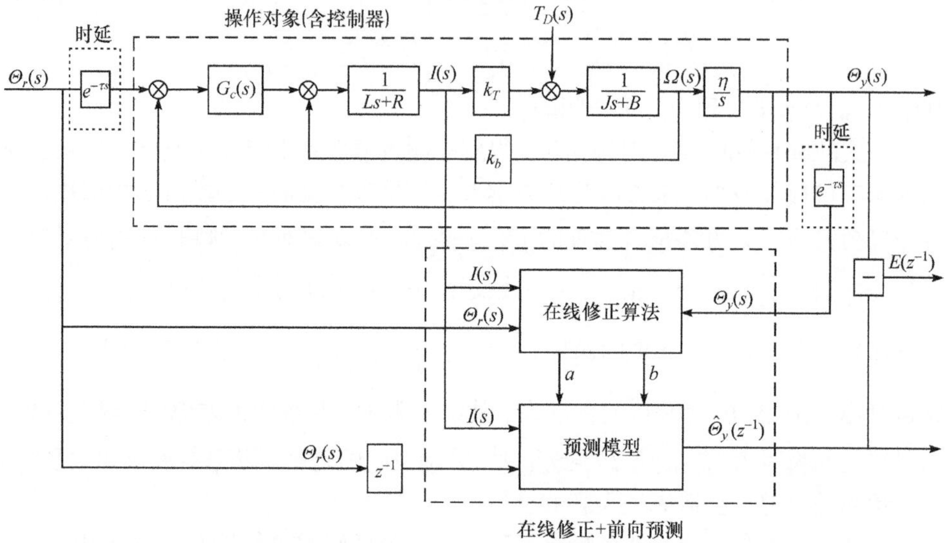

图 4.30 无时标条件下的不确定大时延消减的仿真验证框架

验证内容 1：基础时延为 10s 或 20s 时，时延波动服从均匀分布(−2s～+2s)。在正弦波指令下进行验证，当基准时延值有误差且不能得到有效估计时，基础时延为 10s，当基准时延值有误差且不能有效估计时的修正效果如图 4.31 所示。

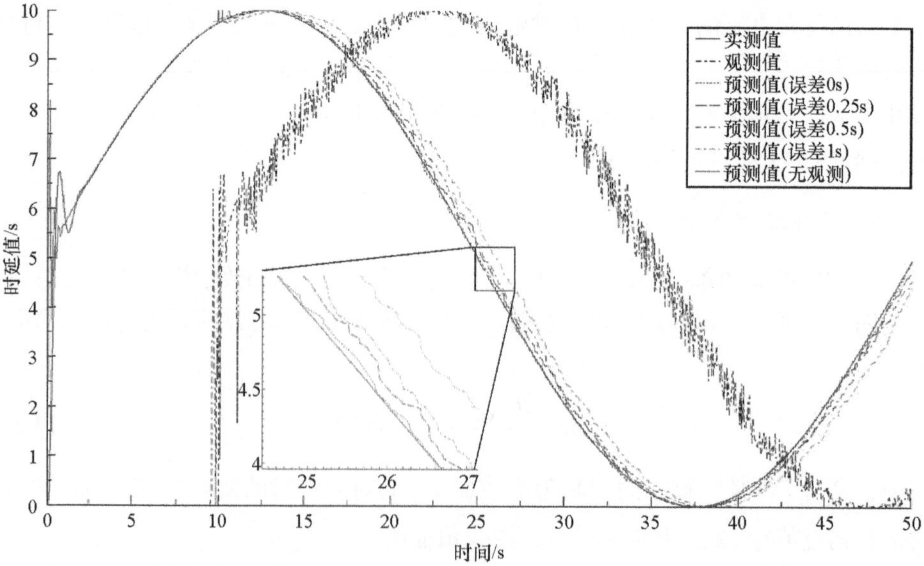

图 4.31 基础时延为 10s 当基准时延值有误差且不能有效估计时的修正效果

基础时延为 20s，当基准时延值有误差且不能有效估计时的修正效果如图 4.32 所示。

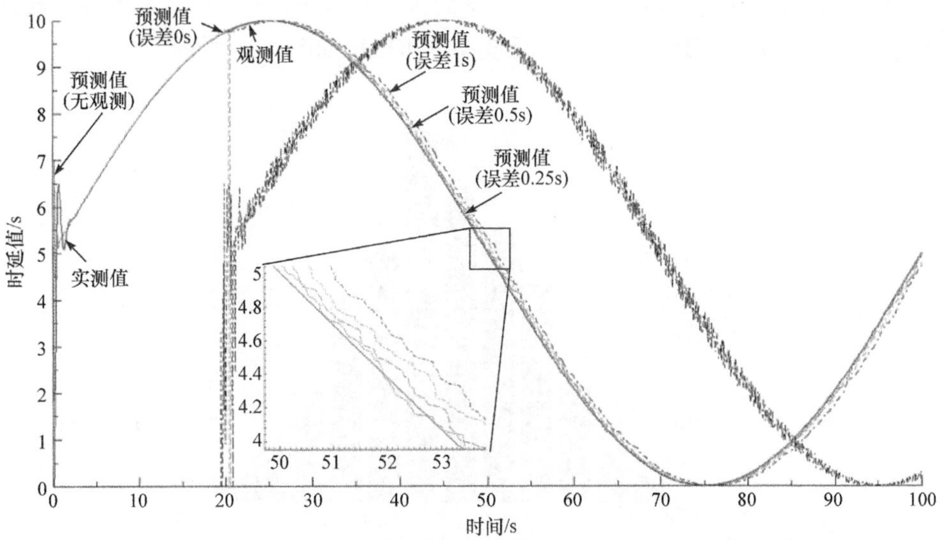

图 4.32　基础时延为 20s 当基准时延值有误差且不能有效估计时的修正效果

由图 4.31 和图 4.32 可知，该修正方法不能应对基准时延值偏差的情况，4.3.2 节提出的基准时延值偏差的估计方法可以弥补这一问题。

验证内容 2：基础时延值为 10s/20s 时，时延波动服从正态分布(期望为 0，标准差为 5，范围−5s～+5s)/均匀分布(范围−2s～+2s)。在三角波/正弦波指令下进行验证，无时标条件下的时延影响消减方法验证算例如表 4.8 所示。

表 4.8　无时标条件下的时延影响消减方法验证算例

基础时延值/s	时延波动分布/s	控制指令波形	算例序号
0	正态分布 $N(0, 5)$	三角波	1
		正弦波	2
	均匀分布[−2, 2]	三角波	3
		正弦波	4
20	正态分布 $N(0, 5)$	三角波	5
		正弦波	6
	均匀分布[−2, 2]	三角波	7
		正弦波	8

时延分布和波动情况如图 4.33～图 4.34 所示，其中实线为正态分布/均匀分布的概率标准线，柱子为单次验证中时延波动值的分布。

满足正态分布时，波动范围–5～5s 的时延波动分布概率如图 4.33 所示。满足均匀分布时，波动范围–2～2s 的时延波动分布概率如图 4.34 所示。

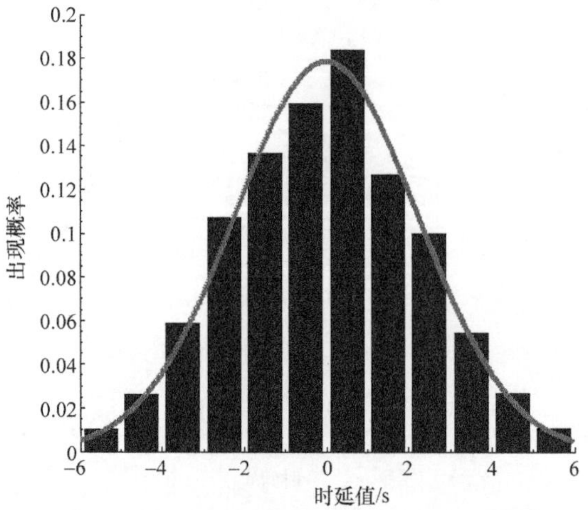

图 4.33　满足正态分布时波动范围–5～5s 的时延波动分布概率

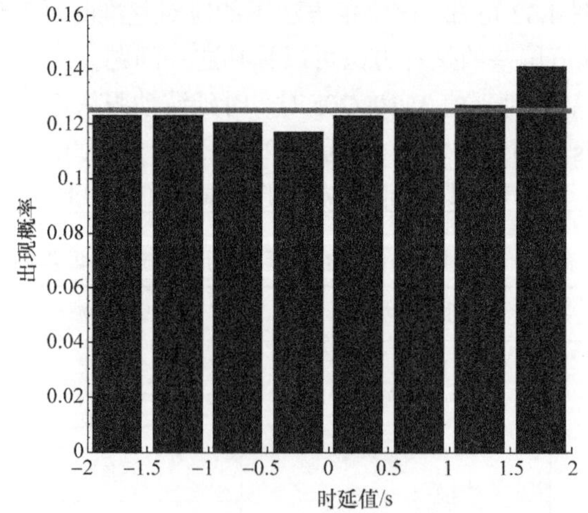

图 4.34　满足均匀分布时波动范围–2～2s 的时延波动分布概率

基础时延值为 10s 时，时延波动满足正态分布 $N(0, 5)$的时延变化，如图 4.35 所示。基础时延值为 10s 时，时延波动满足均匀分布[–2, 2]的时延变化如图 4.36 所示。

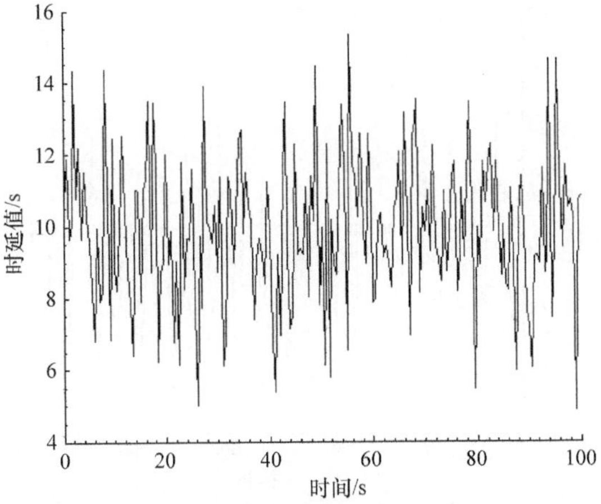

图 4.35 基础时延值 10s 时时延波动满足正态分布 $N(0,5)$的时延变化

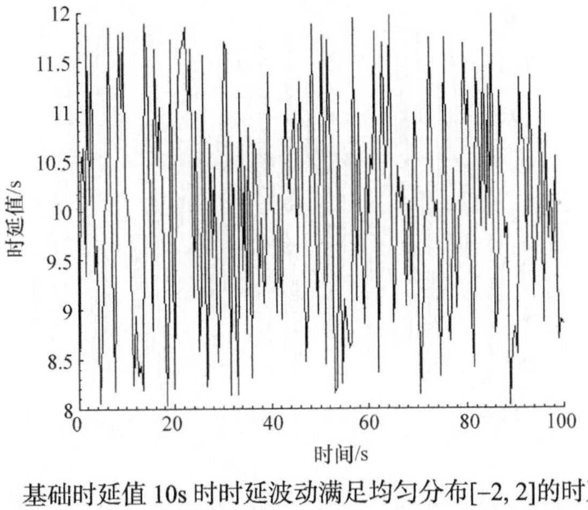

图 4.36 基础时延值 10s 时时延波动满足均匀分布[−2, 2]的时延变化

基础时延为 20s 时，时延波动满足正态分布 $N(0, 5)$的时延变化，如图 4.37 所示。基础时延值为 20s 时，时延波动满足均匀分布[−2,2]的时延变化，如图 4.38 所示。

这里仅将实验中的算例 5 和算例 8 的结果汇总如下。算例 5 的实测、预测、观测和预测相对误差如图 4.39 所示。

算例 8 的实测、预测、观测和预测相对误差如图 4.40 所示。

由仿真结果可知，在时标信息缺失时，对于回路时延为 10～20s，时延不确定≥2s(均匀分布)/5s(正态分布)，可有效进行状态预测和模型修正。

基础时延为 20s 时，不同正态分布 $N(0,1)$、$N(0,2)$、$N(0,5)$的预测相对误差图如图 4.41 所示。

基础时延为 20s 时，不同均匀分布[−0.5, 0.5]、[−1, 1]、[−2, 2]的预测相对误差图如图 4.42 所示。

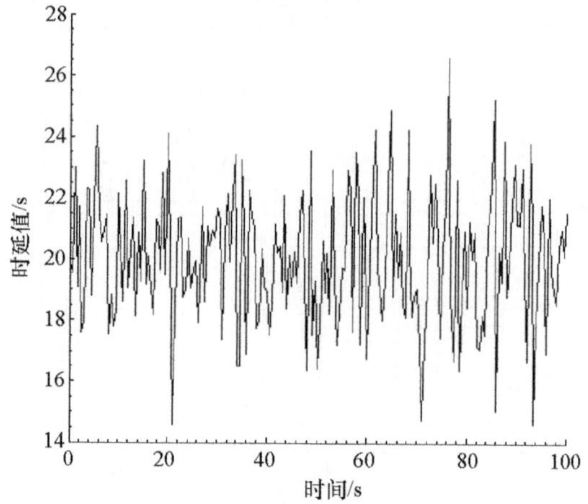

图 4.37　基础时延为 20 时时延波动满足正态分布 $N(0, 5)$的时延变化

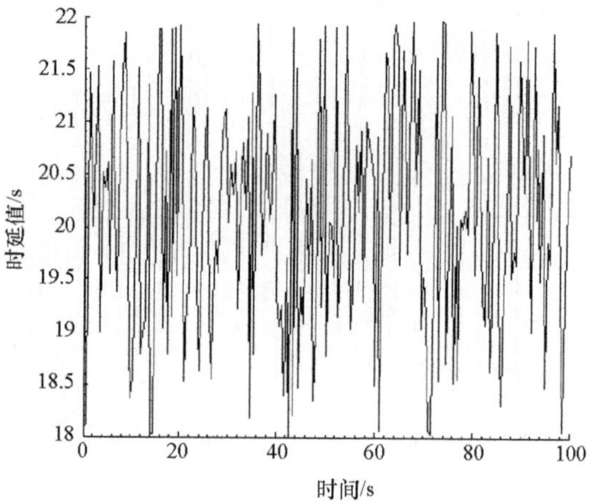

图 4.38　基础时延值为 20s 时时延波动满足均匀分布[−2, 2]的时延变化

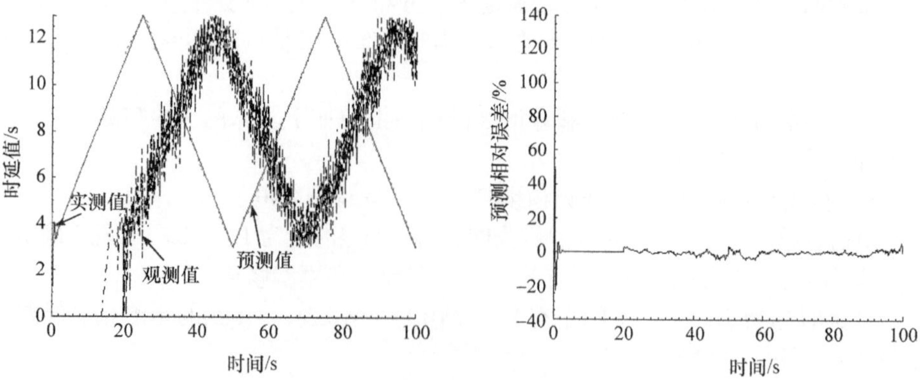

图 4.39　算例 5 的实测、预测、观测和预测相对误差

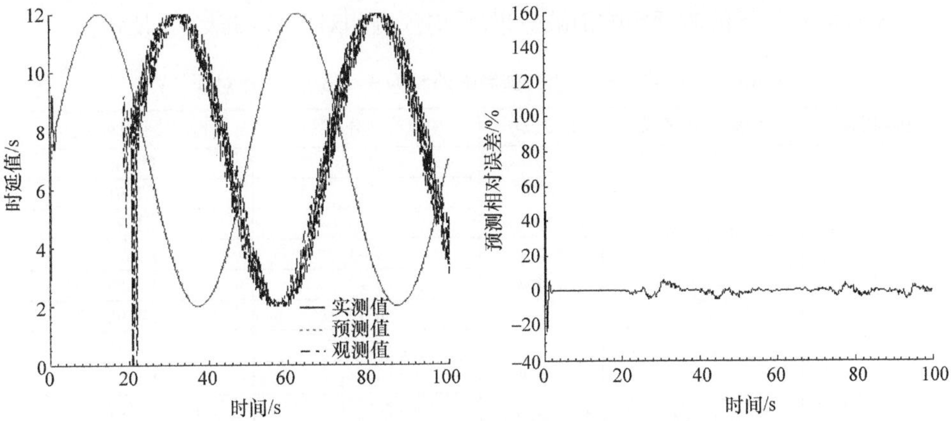

图 4.40　算例 8 的实测、预测、观测和预测相对误差

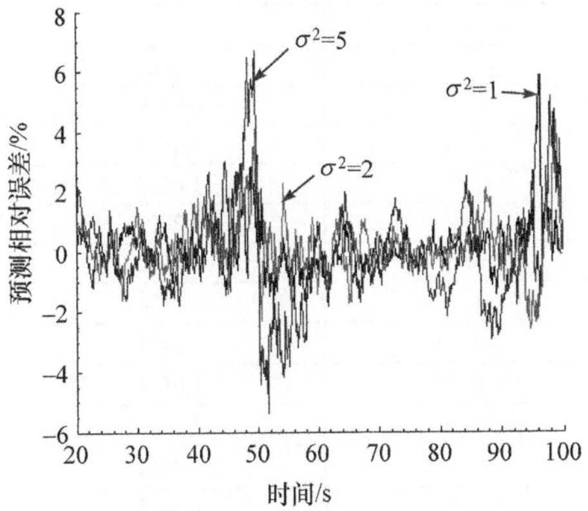

(a) 控制指令:三角波

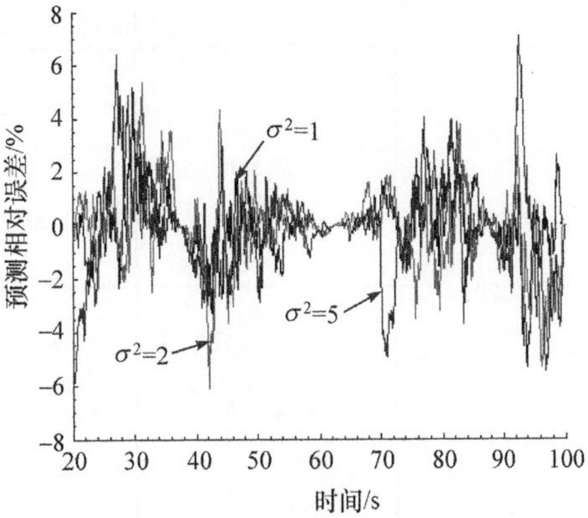

(b) 控制指令:正弦波

图 4.41　基础时延为 20s 时不同正态分布 $N(0, 1)$、$N(0, 2)$、$N(0, 5)$的预测相对误差图

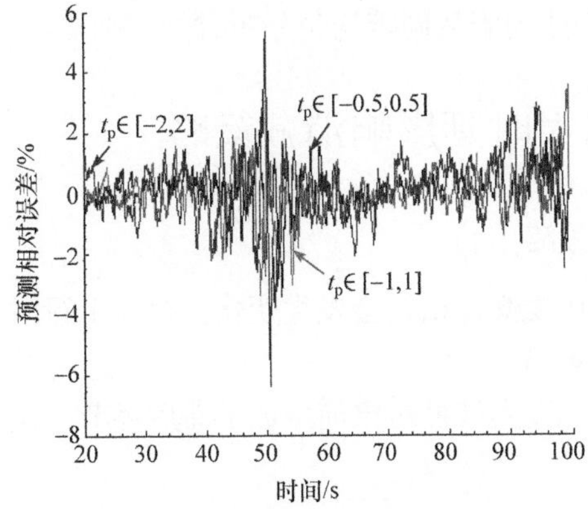

(a) 控制指令:三角波

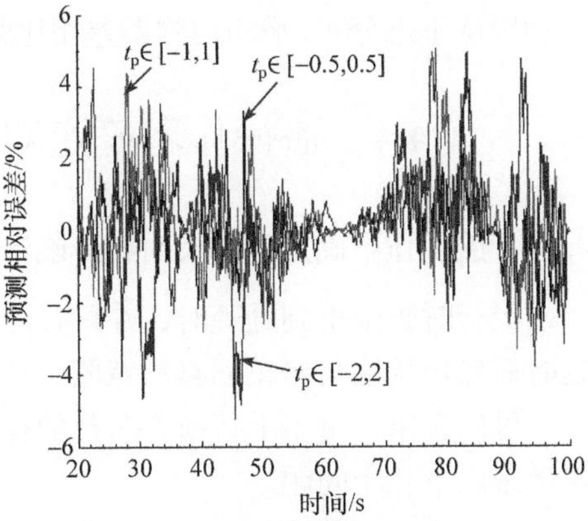

(b) 控制指令:正弦波

图 4.42　基础时延 20s 时不同均匀分布[−0.5, 0.5]、[−1, 1]、[−2, 2]的预测相对误差图

无时标条件下的时延影响消减效果(平均预测相对误差)如表 4.9 所示。

表 4.9　无时标条件下的时延影响消减效果(平均预测相对误差)

基础时延/s	不确定时延分布	指令波形	时延波动分布特征	平均预测相对误差/s
10	正态分布	三角波	$\sigma^2=1$	1.0580
			$\sigma^2=2$	1.1291
			$\sigma^2=5$	1.1733
		正弦波	$\sigma^2=1$	1.0622
			$\sigma^2=2$	1.2085
			$\sigma^2=5$	1.4900
	均匀分布	三角波	[−0.5, 0.5]	1.0741
			[−1, 1]	1.1138
			[−2, 2]	1.2541
		正弦波	[−0.5, 0.5]	0.9240
			[−1, 1]	1.0173
			[−2, 2]	1.2106
20	正态分布	三角波	$\sigma^2=1$	0.8564
			$\sigma^2=2$	0.9429
			$\sigma^2=5$	1.4147
		正弦波	$\sigma^2=1$	1.0408
			$\sigma^2=2$	1.2700
			$\sigma^2=5$	1.4662
	均匀分布	三角波	[−0.5, 0.5]	0.7354
			[−1, 1]	0.8465
			[−2, 2]	1.0562
		正弦波	[−0.5, 0.5]	0.9127
			[−1,1]	0.9940
			[−2, 2]	1.4014

由此可知，时延波动范围越大，平均预测相对误差也越大。总的来看，时延波动服从正态分布，平均预测误差相比时延波动服从同等均匀分布时的范围要小。

4.4　遥操作不确定双向大时延影响消减策略

4.4.1　遥操作不确定双向大时延影响消减策略

上行时延未得到处理时，在线预测和在线修正结构会发生变化。存在上行时延时遥操作预测与修正回路示意图，如图 4.43 所示。

可以看出，由于上行指令时延的存在，真实被控对象前增加了滞后环节，这将带来以下几个问题。

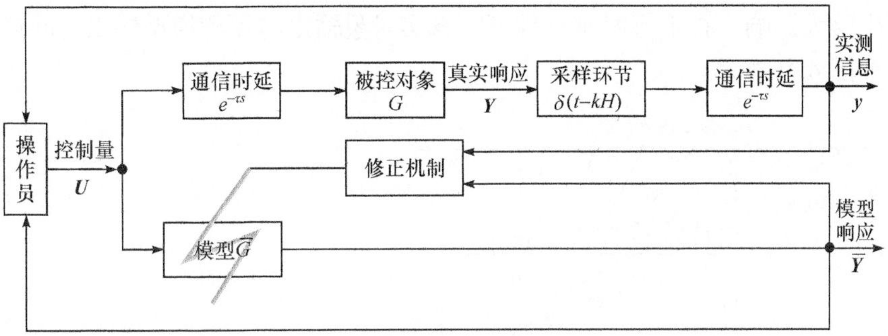

图 4.43　存在上行时延时遥操作预测与修正回路示意图

① 指令时间与次序错配。在被控对象处于静态或者稳态的情况下，当滞后环节的滞后效果恒定时(即上行时延值恒定)，被控对象可按控制顺序由静态到动态顺序执行；若滞后环节的滞后效果变化时，由操作员发出的指令序列到达的先后次序有可能被打乱。这将使空间机器人执行过程发生震颤、抖动、降低平滑效果，甚至损坏机器人。上行指令时延造成的指令时间与次序错配如图 4.44 所示。

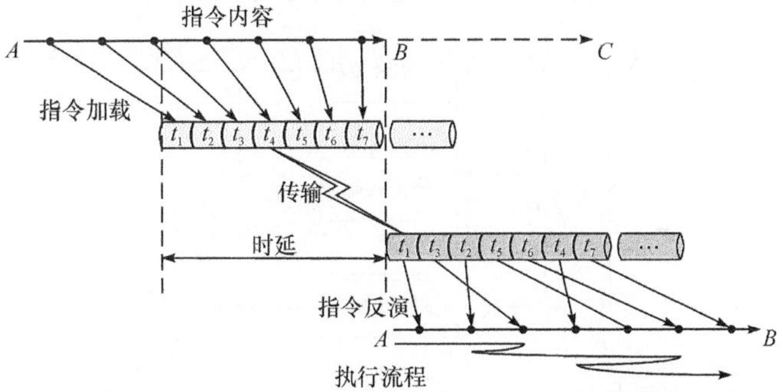

图 4.44　上行指令时延造成的指令时间与次序错配

② 指令内容与运动状态冲突。在被控对象处于动态或运动的情况下，滞后环节的滞后效果，可能使操作员发送的操作指令在到达现场空间机器人时刻变得不适应和不适用，成为过时型指令或者冲突型指令，降低操作员的操作效果，甚至造成机器人的往复运动、急停、急转等情况。上行指令时延造成的指令内容与运动冲突如图 4.45 所示。

③ 在线模型修正匹配失效。在线修正方法的前提是真实对象和预测模型的输入输出特性可知，通过对比和引入最小二乘评价指标，经过修正后使其输入输出匹配。在存在遥测数据下行时延和时延变化的条件下，真实对象的输出与预测模型输出存在时间错配，修正无法正确收敛，因此引入邮签原理解决实测信息空/时错配、反馈修正与实时预测过程异步问题。在存在遥操作指令上行时延和时延变化条件下，真实对象的输入与预测模型的输入存在时间错配，这同样会对修正效

果产生巨大影响。在下行时延条件下，真实对象输出与预测模型输出时间错配示意图如图 4.46 所示。

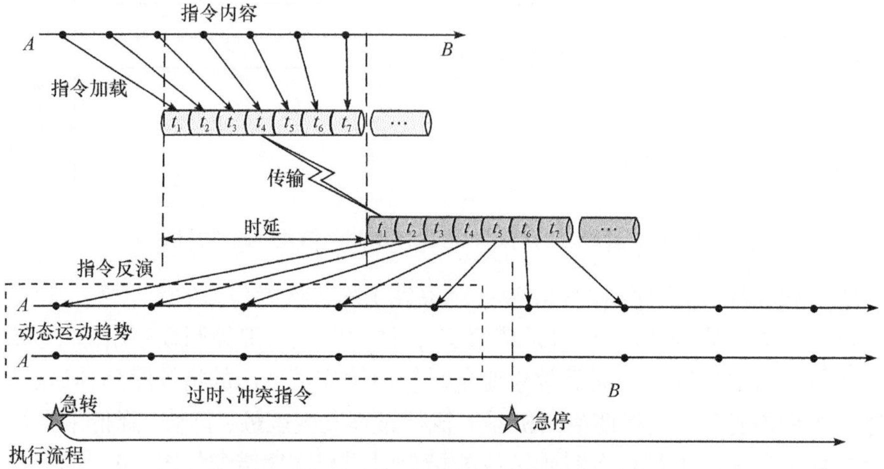

图 4.45　上行指令时延造成的指令内容与运动冲突

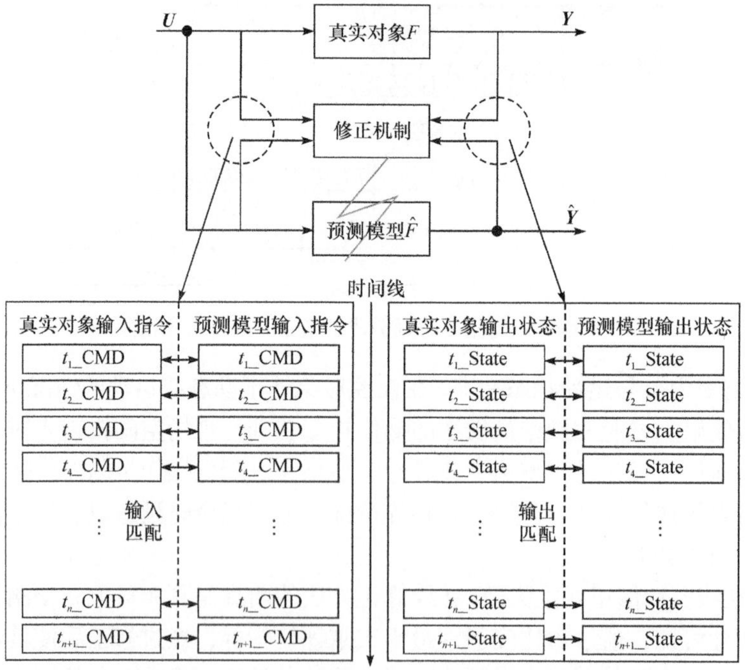

图 4.46　下行时延条件下，真实对象输出与预测模型输出时间错配示意图

利用邮签准则匹配消除时间错配影响示意图如图 4.47 所示。

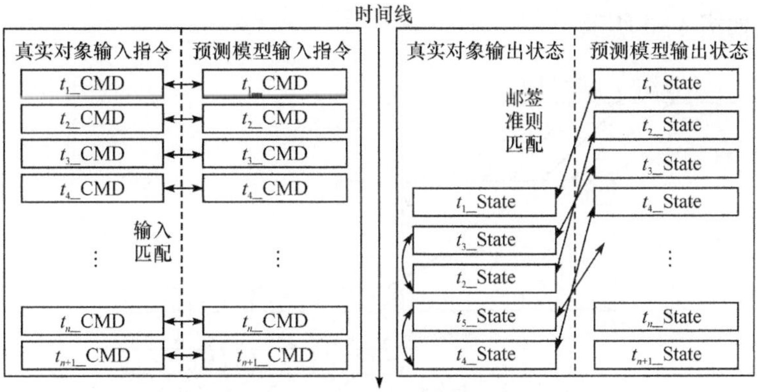

图 4.47 利用邮签准则匹配消除时间错配影响示意图

在上行时延条件下，真实对象输入与预测模型输入时间错配示意图如图 4.48 所示。

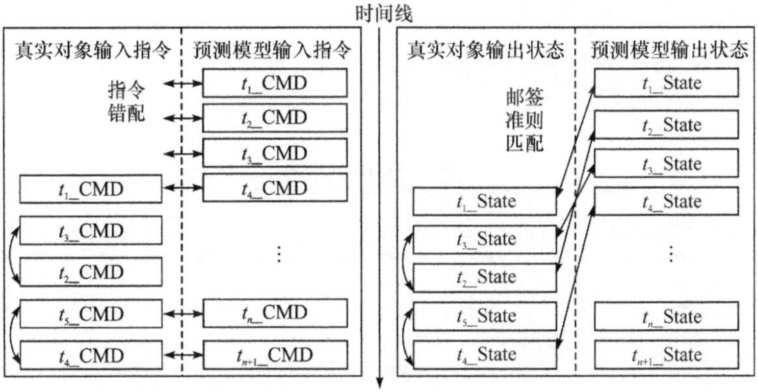

图 4.48 上行时延条件下真实对象输入与预测模型输入时间错配示意图

上行时延影响消减应对策略和下行时延面临同样的问题，即需要解决错配与异步问题。错配问题的解决单从遥操作系统上不能完全达到，空间机器人必须具有一定的智能识别能力。与下行时延一样，上行时延的错配问题解决方案也是采用邮签准则[70]。

① 遥操作系统在指令上行前打上邮戳，空间机器人在接收遥操作系统指令序列的同时，根据邮戳内的序列顺序整理并顺序执行，可避免上行时延的第一个影响，即错配造成的机器人运动抖动问题。指令邮戳防止指令序列错配示意图如图 4.49 所示。

② 邮戳包含该指令的期望执行时间。空间机器人接收指令后，与实际时标对比，删查因大时延环境引起的过时指令，避免急停、急转。指令邮戳消除过时指

令示意图如图 4.50 所示。

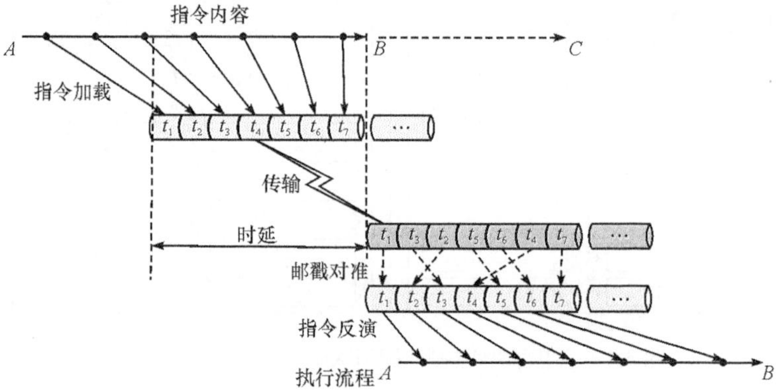

图 4.49　指令邮戳防止指令序列错配示意图

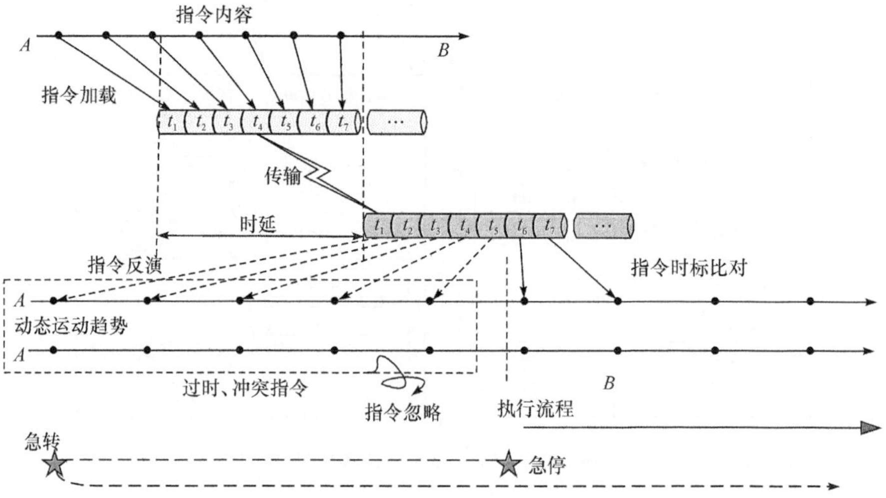

图 4.50　指令邮戳消除过时指令示意图

③ 对于修正中的输入指令异步问题，下行时延用邮签准则将数据整理后，可通过加速运算反演预测消除大时延影响。面对上行时延时，遥操作系统无从辨识上行时延值，除非空间机器人将遥操作系统指令发送时刻、接收时刻、执行时刻等信息再次返回，但如此将极大滞后修正信息的获取，降低修正效果和系统动态响应性能。在此，引入滞后时标的概念，即发出指令内期望执行时间与对应指令发出时刻的时间差大于上行时延值。这样可以掩盖上行时延造成的输入指令不同步问题，同时将不确定执行时延变为确定时延。滞后时标保证指令执行同步示意图如图 4.51 所示。

④ 对于运动状态下的空间机器人，遥操作系统在发出指令前，首先按滞后时标预测空间机器人在其指令期望执行时刻的状态，然后将发出的指令从滞后时标

对应的预测状态开始，以避免发出过多的无效指令，增强遥操作系统对空间机器人的操作效率。在线预测输出指令示意图如图 4.52 所示。

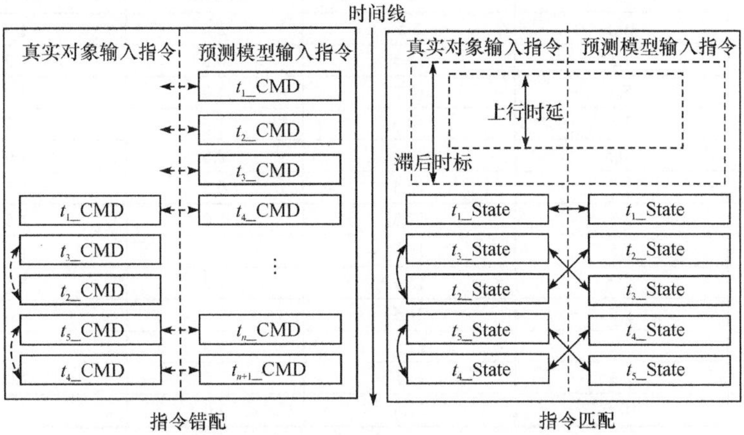

图 4.51　滞后时标保证指令执行同步示意图

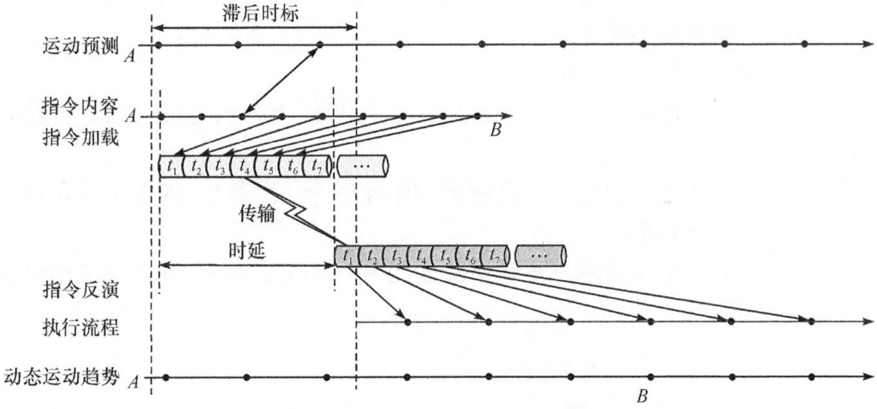

图 4.52　在线预测输出指令示意图

4.4.2　仿真实验验证

以某大型 6 关节空间机械臂的仿真实验模型为操作对象，不确定大时延消减方法验证算例如表 4.10 所示。

表 4.10　不确定大时延消减方法验证算例

遥操作算例序号	遥操作指令上行时延值中值/s	现场状态下行时延值中值/s	指令上行时延波动值/s	状态下行时延波动范围/s
1	2.5	5.5	0.5	1.0
2	5.5	5.5	1.0	1.0
3	7.5	5.5	1.5	1.0

续表

遥操作算例序号	遥操作指令上行时延值中值/s	现场状态下行时延值中值/s	指令上行时延波动值/s	状态下行时延波动范围/s
4	10.5	5.5	2.0	1.0
5	2.5	10.5	0.5	1.0
6	5.5	10.5	1.0	1.0
7	7.5	10.5	1.5	1.0
8	10.5	10.5	2.0	1.0
9	5.5	12.5	0.5	1.5
10	7.5	12.5	1.0	1.5
11	7.5	15.5	1.5	1.5
12	10.5	15.5	2.0	1.5
13	2.5	21.5	0.5	2.0
14	5.5	21.5	1.0	2.0
15	7.5	21.5	1.5	2.0
16	10.5	21.5	2.0	2.0

在算例中，对于每个关节 i，对应的预测模型为二阶模型，即式(4.54)，按式(4.55)可得预测模型的递推式。

这里仅给出算例 16 及其结果。

算例 16：上行时延 10.5 s，波动 2 s；下行时延 20.5 s，波动 2 s。实验时间为 495 s。

算例 16 关节 2 角度预测与实测情况如图 4.53 所示。算例 16 关节 3 角度预测与实测情况如图 4.54 所示。

算例 16 关节 4 角度预测与实测情况如图 4.55 所示。算例 16 各关节角度预测误差如图 4.56 所示。

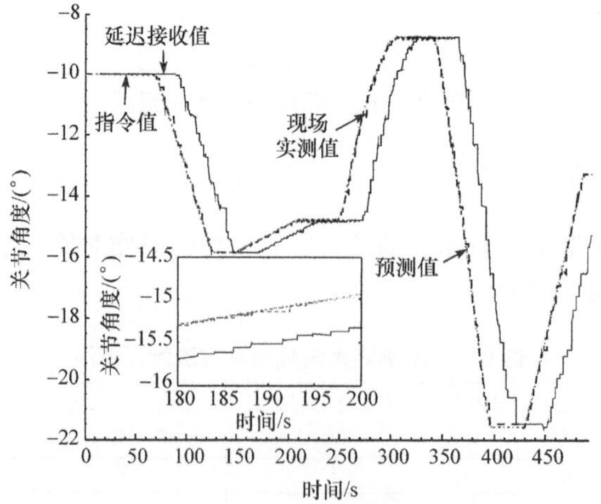

图 4.53　算例 16 关节 2 角度预测与实测情况

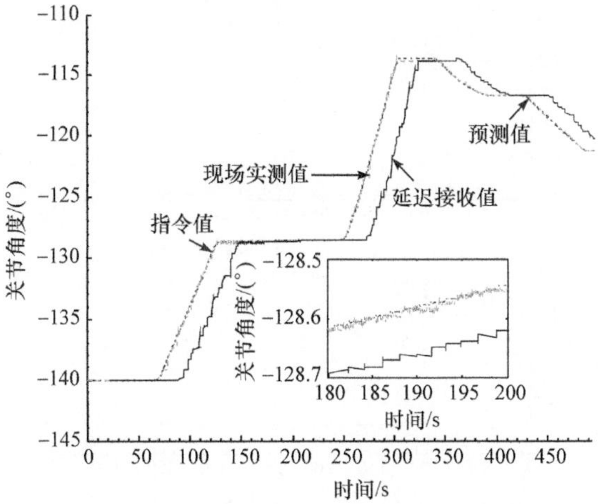

图 4.54　算例 16 关节 3 角度预测与实测情况

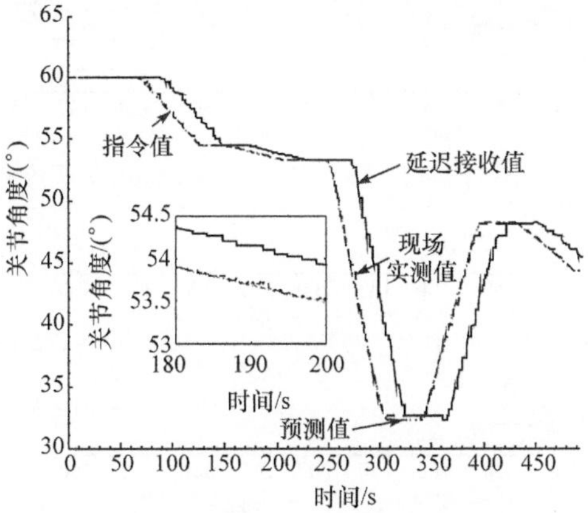

图 4.55　算例 16 关节 4 角度预测与实测情况

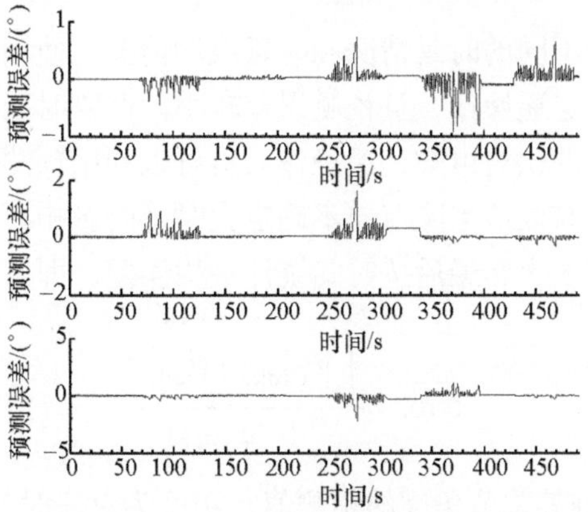

图 4.56　算例 16 各关节角度预测误差

算例 16 各关节预测模型的参数修正情况如图 4.57 所示。

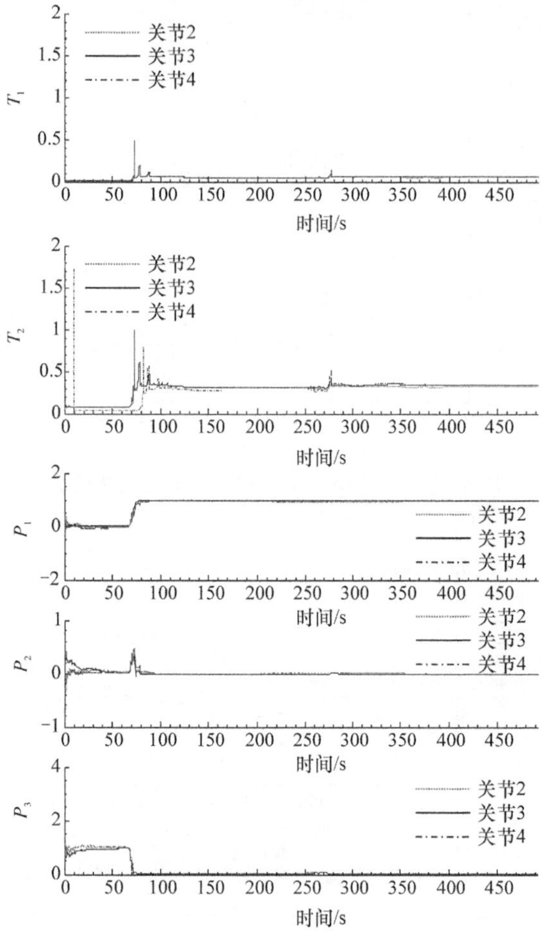

图 4.57 算例 16 各关节预测模型的参数修正情况

由此可知，对于不同的时延情况和时延波动情况，使用本节的方法在系统应用条件下均能实现稳定遥操作，且预测误差较小。回路时延值验证了该方法的有效性。由预测和实测的比对可知，遥操作人员可以利用预测值进行连续遥操作，在遥操作系统侧可以有效地消除双向不确定大时延的影响。

每一项实验重复 5 次，最后按时间统计平均误差，即

$$\overline{\text{error}} = \frac{\int_0^t \left|\theta_{\text{predict}} - \theta_{\text{real}}\right| \mathrm{d}t}{t} \tag{4.58}$$

其中，θ_{predict} 为 t 时刻某关节角度的预测值；θ_{real} 为对应时刻的现场实测值。

同样，这里仅给出算例 16(实验时间为 495 s)及其结果。算例 16 各关节角的

5 次平均误差如表 4.11 所示。

表 4.11　算例 16 各关节角的 5 次平均误差

编号	关节 2 平均误差/(°)	关节 3 平均误差/(°)	关节 4 平均误差/(°)
1	0.0374	0.0805	0.0560
2	0.0316	0.0698	0.0720
3	0.0597	0.0655	0.0740
4	0.0664	0.0771	0.1065
5	0.0983	0.0437	0.1037

每个算例的前 4 组使用点到点的路径规划器产生操作序列，第 5 组为使用手控器进行操作的结果。由算例平均误差可知，使用手控器的平均误差大于规划器操作的结果，原因有 3 个。首先，人手操作的输出平滑性不如规划器输出；其次，人手的抖动和非主观意识的误操作；最后，手控器并不直接输入关节角指令，而是通过末端的位置移动经过机械臂角度反解算得到各关节角指令。手控器小幅移动时，解算的关节角输出的运动范围可能小于机械臂的运动死区范围，因为这类非线性输入-输出关系会增加预测误差。

这里以算例 8 和算例 16 为例，对比使用手控器和规划器的预测结果。

算例 8：上行时延 10.5s，波动 2s；下行时延 10.5s，波动 1s。算例 8 关节 2 角度使用规划器和手控器的预测效果对比如图 4.58 所示。

算例 8 关节 3 角度使用规划器和手控器的预测效果对比如图 4.59 所示。

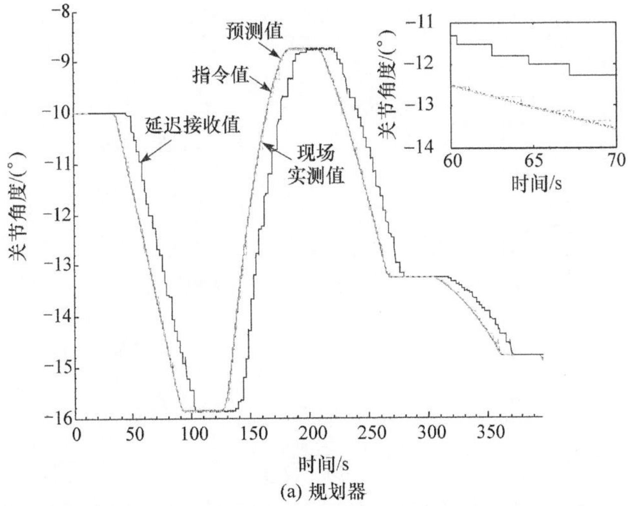

(a) 规划器

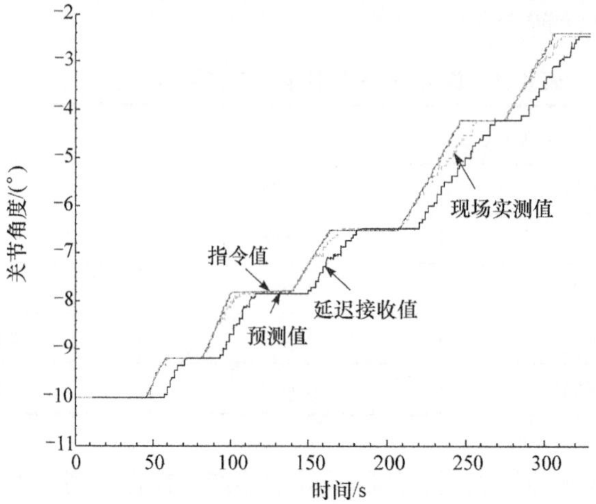

(b) 手控器

图 4.58　算例 8 关节 2 角度使用规划器和手控器的预测效果对比

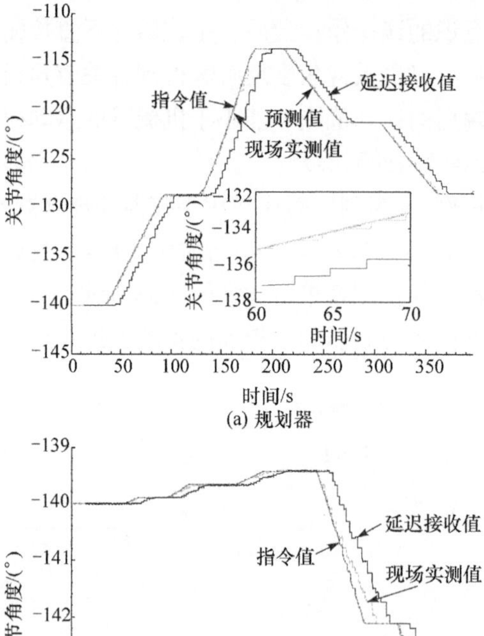

(a) 规划器

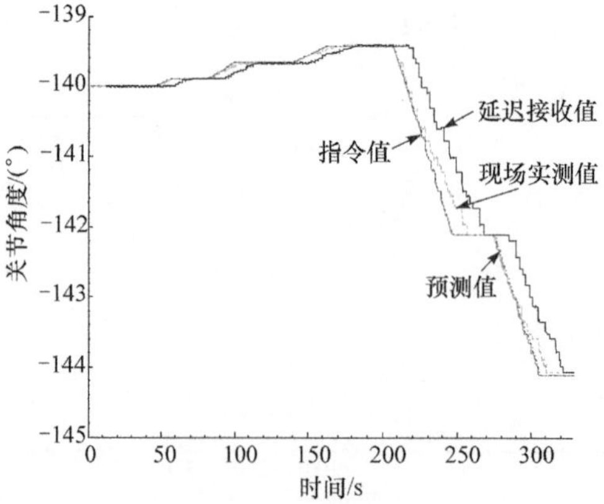

(b) 手控器

图 4.59　算例 8 关节 3 角度使用规划器和手控器的预测效果对比

算例 8 关节 4 角度使用规划器和手控器的预测效果对比如图 4.60 所示。

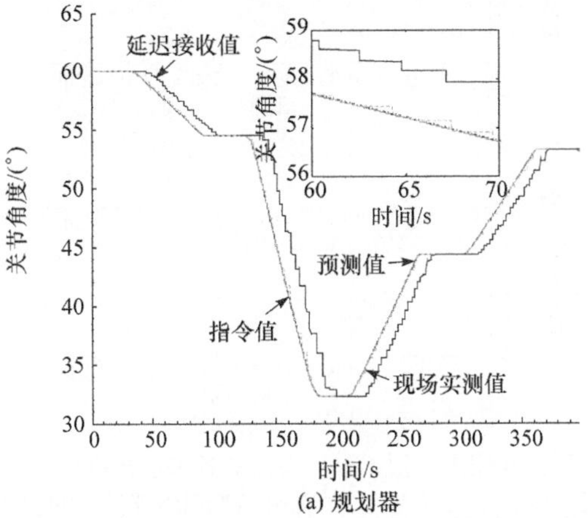

(a) 规划器

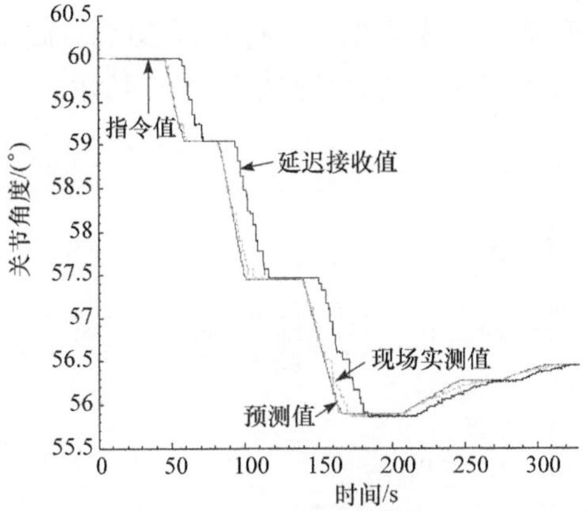

(b) 手控器

图 4.60　算例 8 关节 4 角度使用规划器和手控器的预测效果对比

算例 8 使用规划器和手控器的各关节角度预测误差对比如图 4.61 所示。

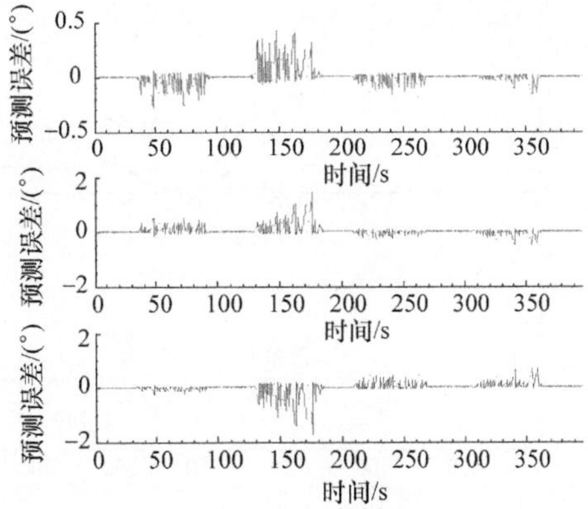

(a) 规划器

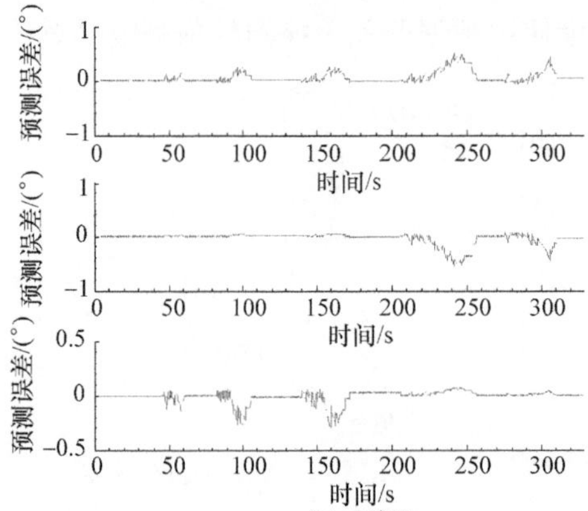

(b) 手控器

图 4.61　算例 8 使用规划器和手控器的各关节角度预测误差对比

算例 8 使用规划器和手控器的各关节预测模型的参数修正情况对比如图 4.62 所示。

算例 16：上行时延 10.5s，波动 2s；下行时延 20.5s，波动 2s。算例 16 关节 2 角度使用规划器和手控器的预测效果对比如图 4.63 所示。

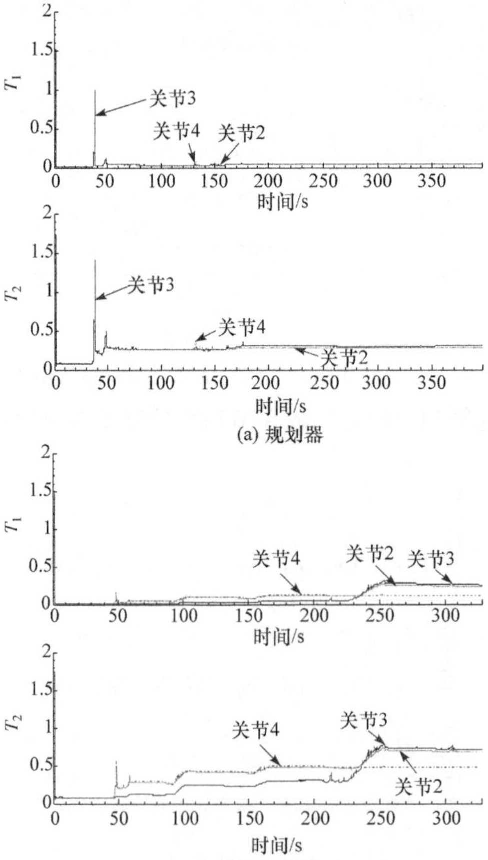

(a) 规划器

(b) 手控器

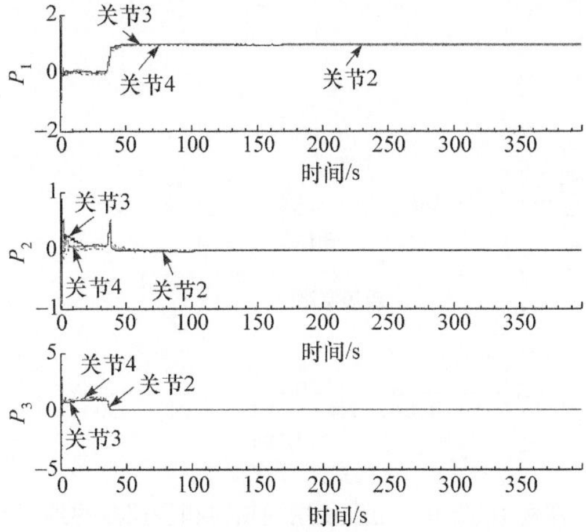

(c) 规划器

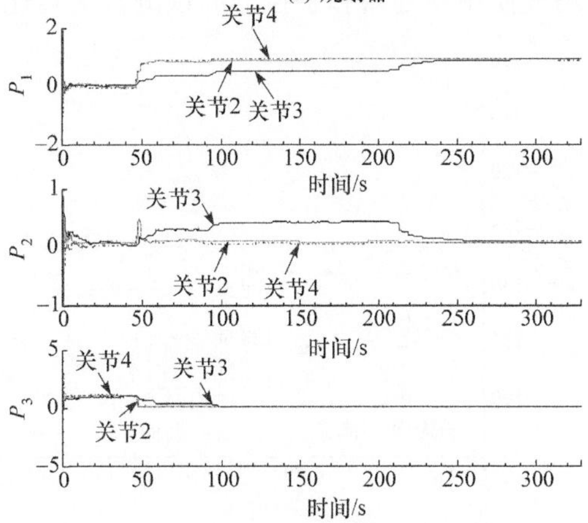

(d) 手控器

图 4.62　算例 8 使用规划器和手控器的各关节预测模型的参数修正情况对比

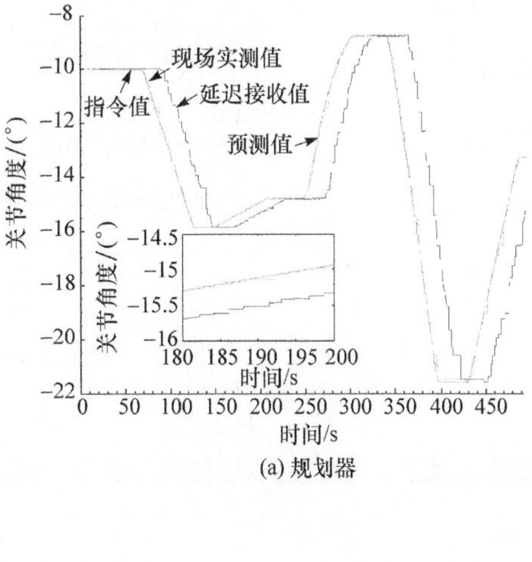

(a) 规划器

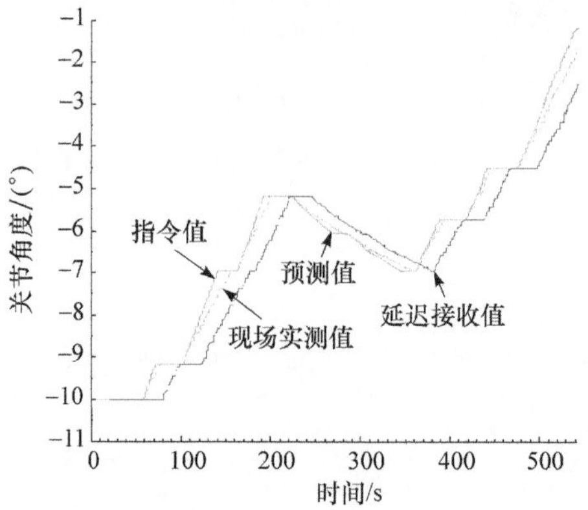

(b) 手控器

图 4.63　算例 16 关节 2 角度使用规划器和手控器的预测效果对比

算例 16 关节 3 角度使用规划器和手控器的预测效果对比如图 4.64 所示。

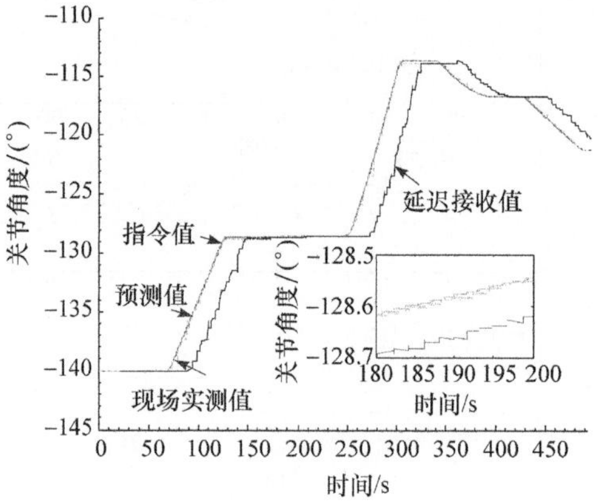

(a) 规划器

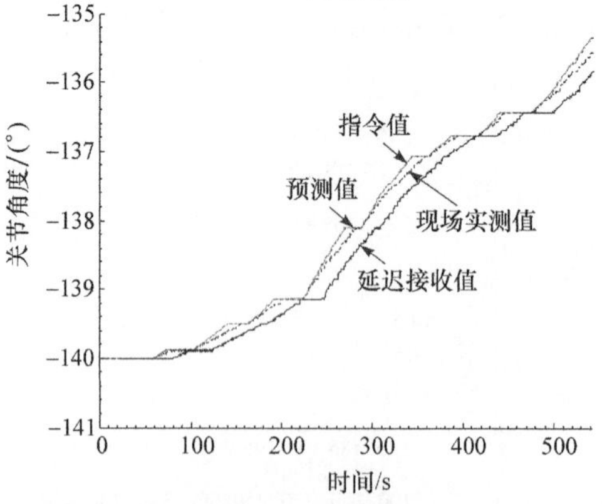

(b) 手控器

图 4.64　算例 16 关节 3 角度使用规划器和手控器的预测效果对比

算例 16 关节 4 角度使用规划器和手控器的预测效果对比如图 4.65 所示。

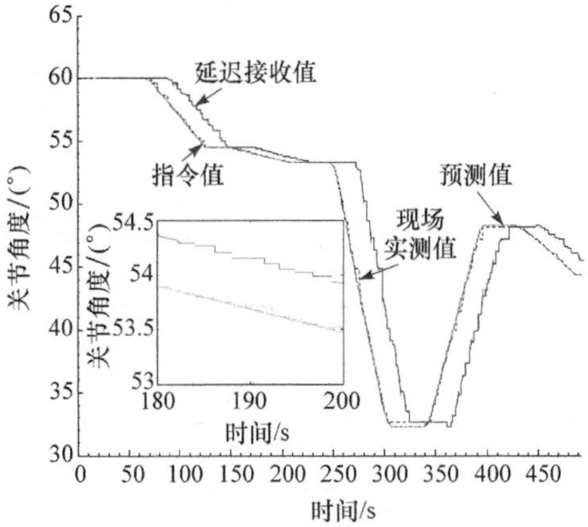

(a) 规划器

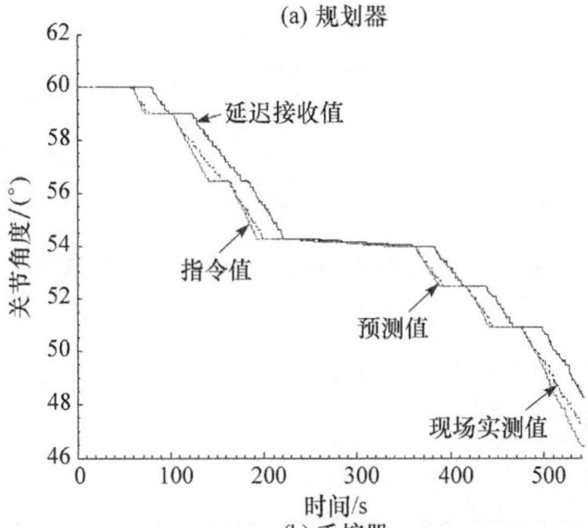

(b) 手控器

图 4.65　算例 16 关节 4 角度使用规划器和手控器的预测效果对比

算例 16 使用规划器和手控器的各关节角度预测误差对比如图 4.66 所示。

算例 16 使用规划器和手控器的各关节预测模型的参数修正情况对比如图 4.67 所示。

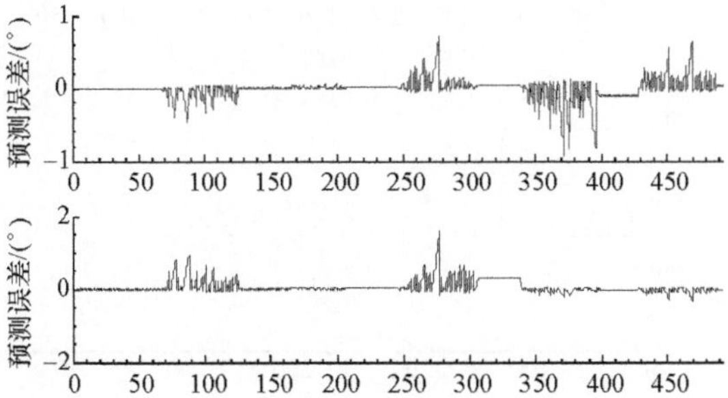

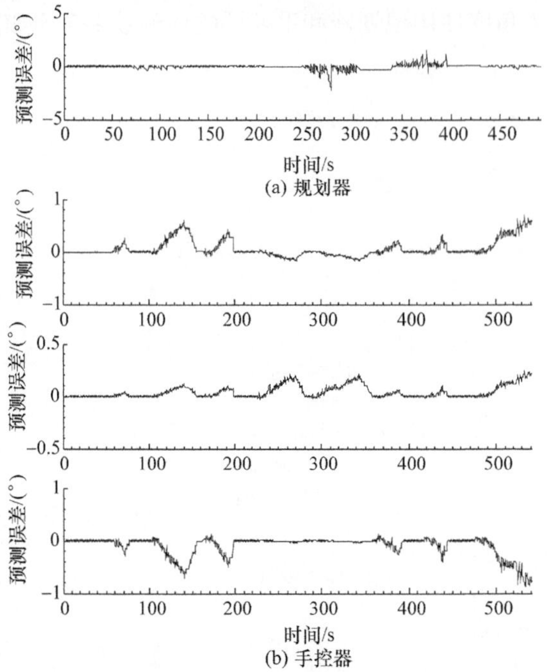

图 4.66　算例 16 使用规划器和手控器的各关节角度预测误差对比

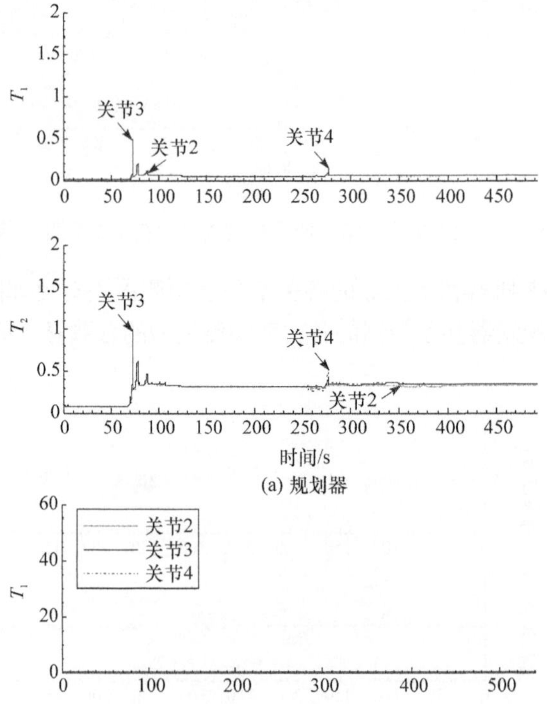

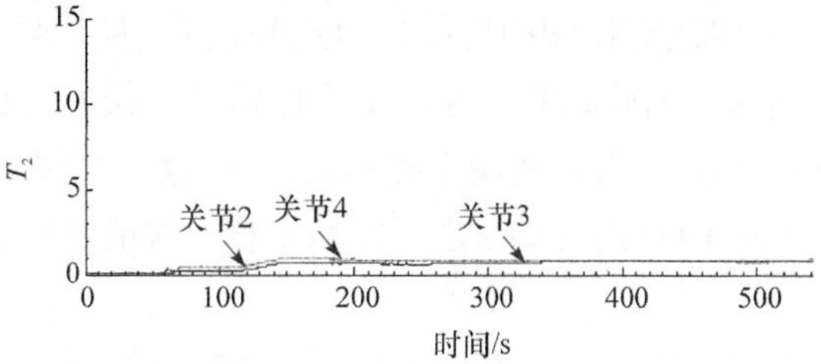

(b) 手控器

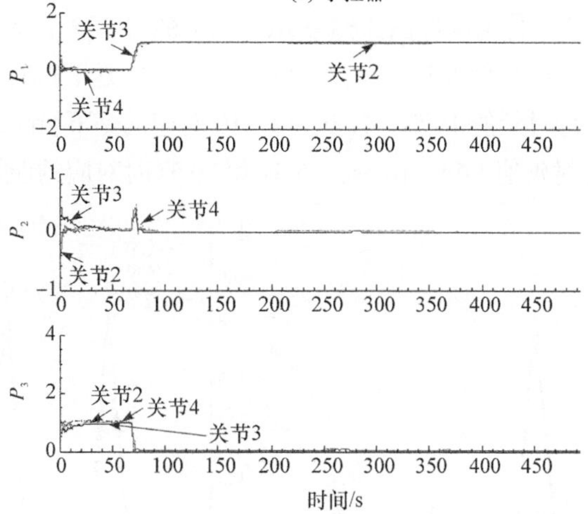

(c) 规划器

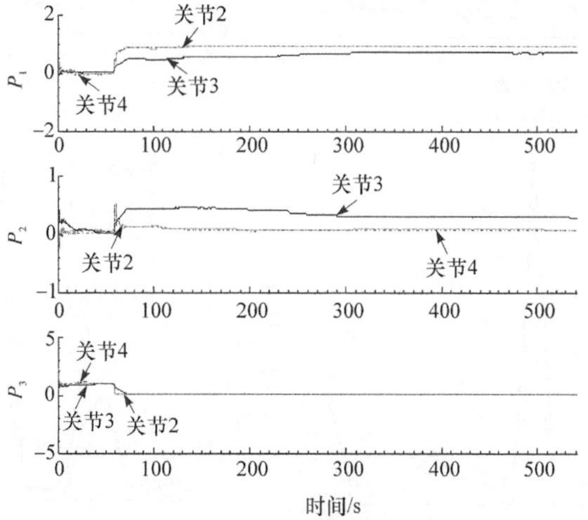

(d) 手控器

图 4.67 算例 16 使用规划器和手控器的各关节预测模型的参数修正情况对比

由图 4.58～图 4.60 和图 4.63～图 4.65 可知，使用手控器进行遥操作时，现场实际值与预测值相较于使用规划器，在局部点出现分离现象，而且使用手控器不间断操作的时间越长(超过 1min)，这种分离越明显，说明存在一定的累积因素。

由图 4.61 和图 4.66 的误差对比图中也能看出这种趋势，使用规划器时，误差一般是在一些点出现，然后立刻回归零，但使用手控器时，误差会在一些区域上连续存在。由图 4.62 和图 4.67 可知，使用手控器时，各参数一直在不停地变动，而使用规划器时，主要在前 100s 内变动，之后区域平稳，这也说明非线性的环境会增大预测误差。

将上述 80 次统计的平均误差，按不同的上行时延值进行分类分析。不同上行时延环境下的平均误差变化情况如图 4.68 所示。图 4.68 中横坐标为实验次数，1、6、11、16 对应的是下行时延值 5.5s；2、7、12、17 对应的是下行时延值 10.5s；3、8、13、18 对应的是下行时延值 15.5s；4、9、14、19 对应的是下行时延值 20.5s；5、10、15、20 分别为下行时延值 5.5s、10.5s、15.5s 和 20.5s 时对应的误差率。

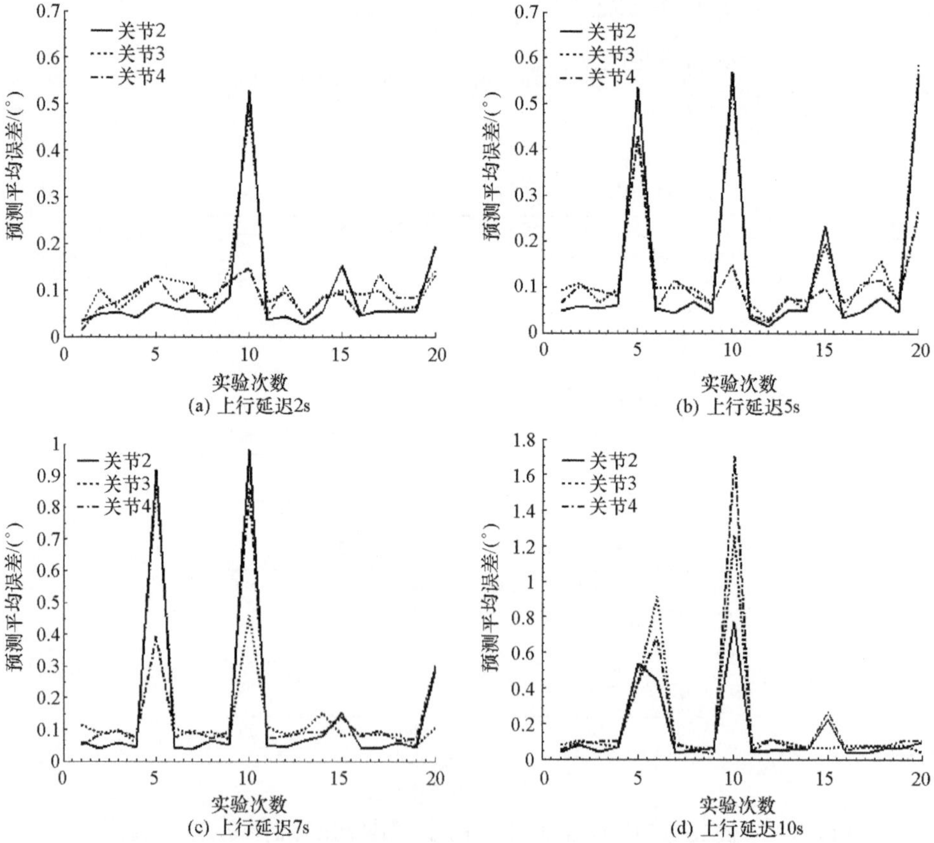

图 4.68　不同上行时延环境下的平均误差变化情况

由此可知，随着上行时延的增加，平均误差也在增加，且由时延不确定性引起的误差峰值的增加也很明显。从各图的折线起伏规律可以看出，下行时延的增加也使平均误差增大。使用手控器的平均误差要明显高于使用规划器的误差。

不同上行时延环境下的平均误差变化情况(除手控器情况)如图 4.69 所示。图 4.69 中横坐标为实验次数，1、5、9、13 对应的是下行时延值 5.5 s；2、6、10、14 对应的是下行时延值 10.5s；3、7、11、15 对应的是下行时延值 15.5s；4、8、12、16 对应的是下行时延值 20.5s。由图 4.69 中的折线起伏规律也可以得出与图 4.68 相同的结论。

不同上行时延环境下的平均误差变化情况(仅手控器情况)如图 4.70 所示。图 4.70 中横坐标为实验次数，1、5、9、13 对应的是下行时延值 5.5s；2、6、10、14 对应的是下行时延值 10.5s；3、7、11、15 对应的是下行时延值 15.5s；4、8、12、16 对应的是下行时延值 20.5s。由图 4.70 中的折线起伏规律也可以得出与图 4.68 相同的结论。

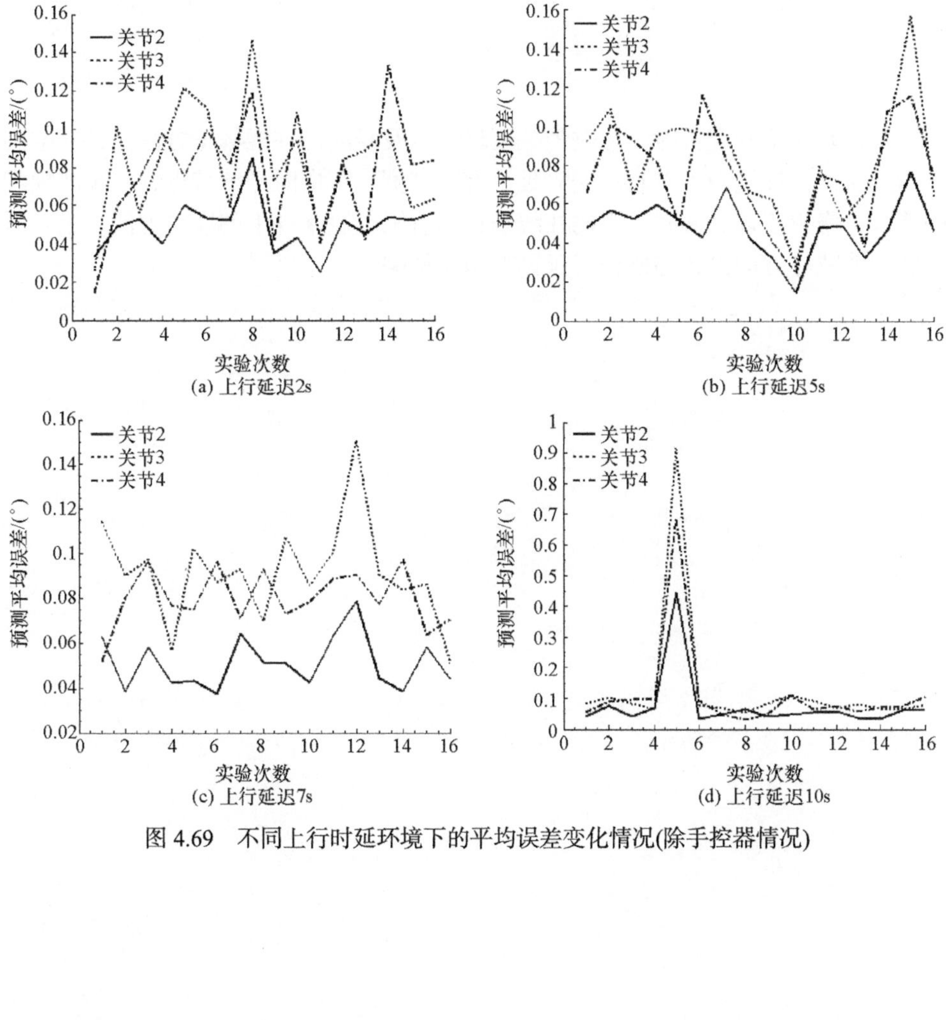

图 4.69　不同上行时延环境下的平均误差变化情况(除手控器情况)

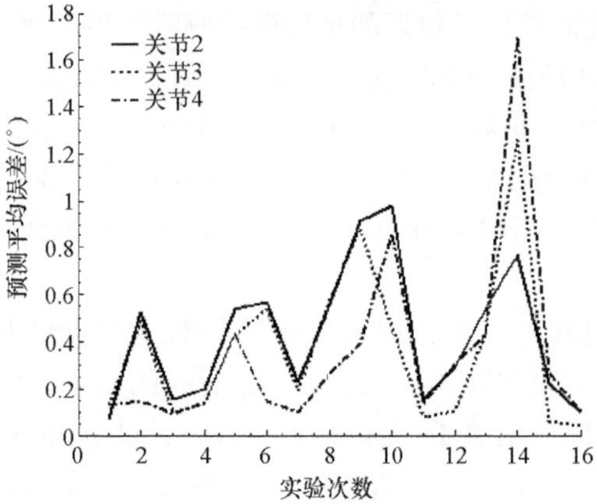

图 4.70　不同上行时延环境下的平均误差变化情况(仅手控器情况)

4.5　小　　结

本章研究不确定大时延影响消减策略，以及相应的在线修正方法。针对空间机器人遥操作环境中大时延、变时延、有限带宽、双向时延等特点，从预测模型的选取、修正原理、变时延下的在线修正、有限带宽条件下的应对方法、上行时延影响消减等方面设计遥操作时延影响消减策略。

第5章 空间目标惯性参数辨识技术

本章针对操作对象认知的不准确问题，研究其在耦合不确定大时延环境条件下的影响消减方法。首先，针对由主星基座和多关节机械臂构成的星-臂组合体，给出基座惯性参数(由于燃料消耗导致不确定的变化)辨识方法。然后，加入不确定的抓取目标，即星-臂-目标组合体，给出针对抓取目标的惯性参数在轨辨识方法。

5.1 主星/基座惯性参数辨识模型

主星惯性参数的在轨辨识具有明确的现实意义。对于执行空间任务的航天器，在轨飞行时的燃料消耗不可避免。燃料消耗前后，由于主星的质量、质心位置，以及转动惯量都会发生变化，地面建立的模型，以及标定的参数与机器人在轨实际状态之间会产生偏差，降低运动学/动力学模型仿真精度，导致仿真预报结果失真。因此，对空间机器人主星变化的惯性参数进行辨识，是保证模型仿真预报精度的必然要求，也是研究在轨任务规划、机械臂路径规划等问题的重要前提条件。

5.1.1 主星惯性参数辨识问题

一般情况下，若一个系统的响应模型满足下式，即

$$\boldsymbol{y}=\left[y_1,y_2,\cdots,y_m\right]^{\mathrm{T}}=f(x_1,x_2,\cdots,x_n;\theta_1,\theta_2,\cdots,\theta_k) \tag{5.1}$$

通过给系统输入激励 $\boldsymbol{x}=\left[x_1,x_2,\cdots,x_n\right]^{\mathrm{T}}$，并在该激励条件下测量输出响应 $\boldsymbol{y}=\left[y_1,y_2,\cdots,y_m\right]^{\mathrm{T}}$，可以推断系统响应模型中的未知参数 $\boldsymbol{\theta}=\left[\theta_1,\theta_2,\cdots,\theta_k\right]^{\mathrm{T}}$。这便是一般的参数辨识问题[71-72]。

在我们研究的主星惯性参数辨识问题中，待辨识的全部惯性参数为主星质量 m_0，主星质心位置 $\boldsymbol{b}_0=\left[b_{0x},b_{0y},b_{0z}\right]^{\mathrm{T}}$，以及主星惯量矩阵 $\boldsymbol{I}_0=\begin{bmatrix} I_{xx} & -I_{xy} & -I_{xz} \\ -I_{xy} & I_{yy} & -I_{yz} \\ -I_{xz} & -I_{yz} & I_{zz} \end{bmatrix}$。在实际辨识过程中，可以将这3个物理量中的10个独立标量统一组合为一个待辨识向量的形式。在星-臂耦合运动学模型(式(2.33))中，可

以将响应 $\dot{\boldsymbol{\phi}}_S$ 写为激励 $\dot{\boldsymbol{\phi}}_M$ 的函数，并显式地写出函数中的参数，即

$$\dot{\boldsymbol{\phi}}_S = \bar{\boldsymbol{I}}\dot{\boldsymbol{\phi}}_M = f(\dot{\boldsymbol{\phi}}_M; m_0, \boldsymbol{b}_0, \boldsymbol{I}_0, \boldsymbol{\phi}_S, \boldsymbol{\phi}_M) \tag{5.2}$$

其中，$\boldsymbol{\phi}_M$ 为可由系统自身传感器给出的已知量；$\boldsymbol{\phi}_S$ 为可以精确测量的主星姿态角；$\dot{\boldsymbol{\phi}}_M$ 为辨识任务的输入激励；m_0、$\boldsymbol{b}_0$ 和 $\boldsymbol{I}_0$ 为设计参数。

当整个空间机器人系统除了 m_0、$\boldsymbol{b}_0$ 和 $\boldsymbol{I}_0$ 之外的设计参数确定(如算例 2-1)，且在某确定时刻，机械臂具有确定构型时，则响应 $\dot{\boldsymbol{\phi}}_S$ 是激励 $\dot{\boldsymbol{\phi}}_M$ 的函数 f，且 f 仅与待辨识参数 m_0、$\boldsymbol{b}_0$ 和 $\boldsymbol{I}_0$ 相关。$\dot{\boldsymbol{\phi}}_S$ 需要在辨识过程中通过传感器测量进行确定，m_0、$\boldsymbol{b}_0$ 和 $\boldsymbol{I}_0$ 则是待辨识的未知量。在经历了前述辨识过程的给定激励和测量响应的前两步骤之后，需要将所有可知量代入式(5.2)，并从方程中求解得到全部待辨识的参量 m_0、$\boldsymbol{b}_0$ 和 $\boldsymbol{I}_0$。

结合前述参数辨识的一般方法与步骤，主星惯性参数的在轨辨识问题的具体操作流程(记作流程 5-1)如下。

① 给系统一系列明确的激励。在某一安全路径下，以一个确定的方式驱动机械臂运转，即给定系统激励 $\dot{\boldsymbol{\phi}}_M(t), t\in[t_0, t_1]$。

② 测量系统响应。测量整个激励期间主星姿态角速度数据 $\dot{\boldsymbol{\phi}}_S(t), t\in[t_0, t_1]$。

③ 分析测量数据，推断星-臂耦合运动学模型中待辨识的主星惯性参数 m_0、$\boldsymbol{b}_0$ 和 $\boldsymbol{I}_0$。

流程 5-1 中空间机器人惯性参数辨识原理如图 5.1 所示。

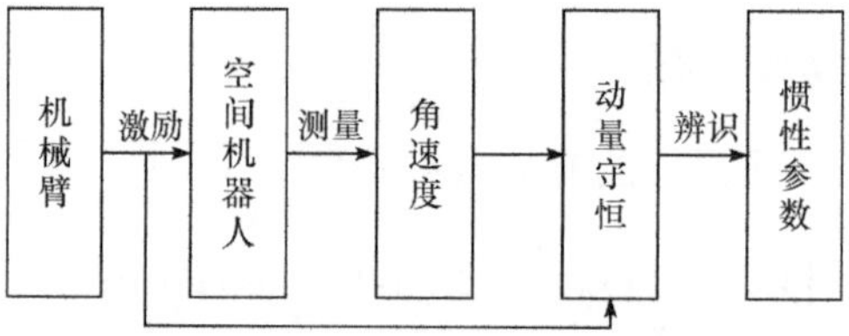

图 5.1　流程 5-1 中空间机器人惯性参数辨识原理

如前面所述，在当前的实际工程中，线速度的测量结果很难满足理论算法的精度要求，因此本章放弃了在前人研究中普遍使用的将线动量方程与角动量方程联立求解，并通过测量角速度和线速度响应来辨识惯性参数的方法，而考虑将原辨识问题转化为一个等价的优化问题[73-74]。

视 m_0、$\boldsymbol{b}_0$ 和 $\boldsymbol{I}_0$ 为系统输入，$\dot{\boldsymbol{\phi}}_S$ 为输出，将 $\dot{\boldsymbol{\phi}}_M$、$\boldsymbol{\phi}_S$ 和 $\boldsymbol{\phi}_M$ 作为参数，则式(5.2)可写为如下形式，即

$$\dot{\boldsymbol{\phi}}_S = f(m_0, \boldsymbol{b}_0, \boldsymbol{I}_0; \dot{\boldsymbol{\phi}}_M, \boldsymbol{\phi}_S, \boldsymbol{\phi}_M) \tag{5.3}$$

式(5.3)表示，在确定的初始状态和给定的激励条件下，将不同的主星惯性假

设参数代入耦合运动学系统进行计算，可以得到不同的主星姿态角速度假设响应。

显然，当惯性参数候选值等于实验使用的真实值时，可以由式(5.3)求得主星角速度的真实响应。候选值越接近真实值，两者之间的差距越小，主星角速度仿真响应 $\dot{\boldsymbol{\phi}}_S$ 与实测响应 $\hat{\dot{\boldsymbol{\phi}}}_S$ 之间的误差也越小。由此可以从仿真响应与实测响应之间的误差，反推惯性参数的候选值与真值之间的误差。不断对候选值进行迭代，即可逼近惯性参数的真实值。

为了量化仿真响应与实测响应之间的误差，取这两个向量之间的欧氏距离作为待求解的目标函数，将辨识问题转化为如下形式的最小化目标函数的优化问题，即

$$\underset{m_0,\boldsymbol{b}_0,\boldsymbol{I}_0}{\arg\min}\left\|\dot{\boldsymbol{\phi}}_S(m_0,\boldsymbol{b}_0,\boldsymbol{I}_0)-\hat{\dot{\boldsymbol{\phi}}}_S\right\|_2 \tag{5.4}$$

其中，$\hat{\dot{\boldsymbol{\phi}}}_S$ 为主星姿态角速度实测值(或观测值)；$(m_0,\boldsymbol{b}_0,\boldsymbol{I}_0)$ 为优化算法中的一组惯性参数候选值。

由此，原辨识问题的求解方法就是在一个已知的关节构型和主星初始姿态角条件下，给一系列关节姿态角速度(激励)，通过星敏感器等高精度姿态测量装置测量随后一段时间的主星姿态角速度/姿态角响应情况，将这一段时间的系统已知参量、激励，以及响应代入式(5.4)，反复代入不同的惯性参数候选值，并以某种优化算法对其进行求解，从而得到一组最接近真实值的 $(m_0,\boldsymbol{b}_0,\boldsymbol{I}_0)$。

与一些典型的优化问题相比，如上所述的主星惯性参数辨识的优化问题显得尤为复杂。该问题的目标函数有 10 个待优化的参量，不同参量在目标函数中的耦合关系复杂，地位高度不对称，取值区间也大相径庭，而且对于一般情况而言，很难在任意点上获取关于目标函数的梯度信息，因此适宜采用具有高度自适应性，且不需要目标函数梯度信息的智能优化方法进行求解。初步测试表明，即使使用智能优化方法，进行一定程度的调优，也很难从一次优化过程中直接辨识所有未知参数。由于问题本身的复杂性和现有优化方法的固有缺陷，优化问题的求解经常误入多变的局部极小值中，无法找到接近真实参数值的全局最优区间。

因此，需要从两个方面对问题和算法进行改进[75]。

① 对目标函数进行化简，缩减待辨识参量的数量，以提高优化的效率与精度。

② 对现有优化方法进行特定改进，使其适用于优化问题。

5.1.2　辨识问题的模型简化

在本章建立的单臂六自由度机器人系统中，$\boldsymbol{\phi}_M$ 和 $\dot{\boldsymbol{\phi}}_M$ 是 6 维向量，$\boldsymbol{\phi}_S$ 和 $\dot{\boldsymbol{\phi}}_S$ 是 3 维向量，因此包含 18 个可知的独立参量(包括已知量和可测量)；m_0 为标量，

$\boldsymbol{b}_0$ 包含 3 个独立标量，$\boldsymbol{I}_0$ 中包含 6 个独立标量，因此系统中总共有 10 个独立的待辨识参量。这 10 个待优化变量构成的目标函数非常复杂，且变量与变量之间的关系不对称，以通常的优化算法很难求解，因此需要对原辨识问题的物理模型进行化简，缩减待辨识参数的数量，简化目标函数，提高优化效率。

在实际空间工程任务中，受测量方式和传感器精度限制，航天器的燃料消耗很难精确测定。因此，空间机器人在轨工作一段时间之后，整个主星结构中惯性参数不确定性最高的是燃料箱。这也成为辨识的核心问题。对主星整体体积而言，燃料箱的体积往往较小，且燃料在整个燃料箱中分布均匀。由此可将待辨识量转化为燃料消耗量 m_f 和燃料箱质心位置 $\boldsymbol{b}_f$ 的函数(优化参量缩减到 4 个标量)，即

$$m_0 = m_I - m_f \tag{5.5}$$

$$\boldsymbol{b}_0 = \boldsymbol{b}_I + \frac{m_f}{m_0}\boldsymbol{b}_f \tag{5.6}$$

$$\boldsymbol{I}_0 = \boldsymbol{I}_I + \frac{{m_f}^2}{m_0}\left[b_{fx}^2, b_{fy}^2, b_{fz}^2\right]^{\mathrm{T}} - m_f\begin{bmatrix} b_{fy}^2 + b_{fz}^2 & -b_{fx}b_{fx} & -b_{fx}b_{fz} \\ -b_{fx}b_{fx} & b_{fx}^2 + b_{fz}^2 & -b_{fy}b_{fz} \\ -b_{fx}b_{fz} & -b_{fy}b_{fz} & b_{fy}^2 + b_{fx}^2 \end{bmatrix} \tag{5.7}$$

其中，m_I 、$\boldsymbol{b}_I$ 和 $\boldsymbol{I}_I$ 为无燃料消耗时的值，是空间机器人的设计参数；b_{fx} 、b_{fy} 和 b_{fz} 为 $\boldsymbol{b}_f$ 的三轴分量。

化简式(5.3)如下，即

$$\dot{\boldsymbol{\phi}}_S = f(m_f, \boldsymbol{b}_f; \dot{\boldsymbol{\phi}}_M, \boldsymbol{\phi}_M, \boldsymbol{\phi}_S) \tag{5.8}$$

相应的优化问题可化为如下形式，即

$$\underset{m_f, \boldsymbol{b}_f}{\arg\min}\left\|\dot{\boldsymbol{\phi}}_S(m_f, \boldsymbol{b}_f) - \hat{\dot{\boldsymbol{\phi}}}_S\right\|_2 \tag{5.9}$$

优化目标函数为

$$g(m_f, \boldsymbol{b}_f) = \left\|\dot{\boldsymbol{\phi}}_S(m_f, \boldsymbol{b}_f) - \hat{\dot{\boldsymbol{\phi}}}_S\right\|_2 \tag{5.10}$$

将自变量写作标量形式，有

$$g(m_f, b_{fx}, b_{fy}, b_{fz}) = \left\|\dot{\boldsymbol{\phi}}_S(m_f, b_{fx}, b_{fy}, b_{fz}) - \hat{\dot{\boldsymbol{\phi}}}_S\right\|_2 \tag{5.11}$$

5.1.3 目标函数的形貌与优化方法的选择

为了选择合适的方法求解上述优化问题，首先设置一个合理的自变量；然

后驱动运动学模型运转，获取一组状态-激励-响应数据，并将其代入目标函数式(5.11)；最后在目标函数的自变量空间(待辨识参数的取值空间)均匀随机地取一定数量的点$(m_f,b_{fx},b_{fy},b_{fz})$，计算目标函数$g(m_f,b_{fx},b_{fy},b_{fz})$在这些点上的值，并将函数值及其对应的自变量绘制成图形，观察目标函数的大致特点。

目标函数共有 4 个自变量，其中质量m_f与质心位置(b_{fx},b_{fy},b_{fz})中 3 个变量的性质具有较大的不同。为了在三维图中同时展示输入的自变量和目标函数的值，这里取 z 轴为目标函数值的对数值，即$\lg\left[g(m_f,b_{fx},b_{fy},b_{fz})\right]$，取 x 轴为自变量m_f，取 y 轴为$\left\|\boldsymbol{b}_f-\hat{\boldsymbol{b}}_f\right\|_2$，即自变量$\boldsymbol{b}_f$到仿真实验设定的实际质心位置$\hat{\boldsymbol{b}}_f$之间的距离。优化问题目标函数的整体形貌如图 5.2 所示。

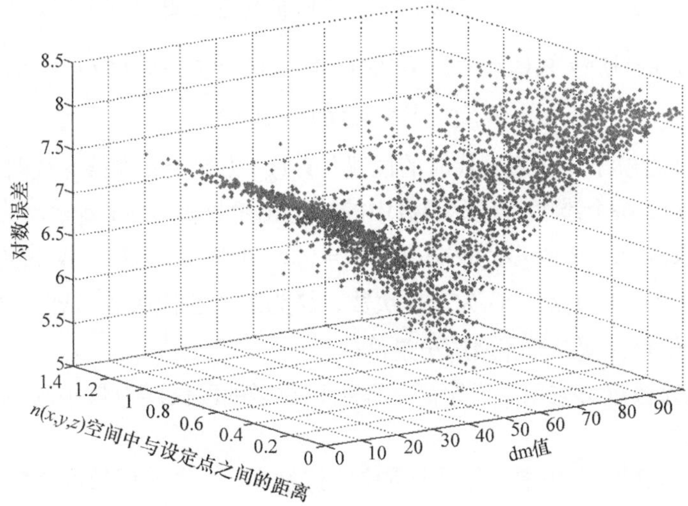

图 5.2　优化问题目标函数的整体形貌

总的来说，有多种智能优化方法可以用于求解这一优化问题，如遗传算法(genetic algorithm，GA)、粒子群优化(particle swarm optimization，PSO)方法、差分演化算法(differential evolution algorithm，DEA)等。下面使用基于改进的 PSO 方法来求解这一问题，并将其与上述方法进行比较。

5.1.4　基于改进的 PSO 方法的主星惯性参数辨识

1. 基本 PSO 方法

典型的 PSO 方法是在一定的搜索空间中随机置入若干粒子，每个粒子状态不但包括自身位置，还包括运动速度。同时，每个粒子可以记忆其自身历史搜索过的最优值点，还可以感知所有粒子或周围一定范围内的粒子搜索到过的最优值点，并以此为依据更新其自身速度，再由速度更新位置在整个空间内不断搜索[76-77]。

在主星参数辨识问题中，PSO 方法具有如下几个方面的优势[77-79]。

① PSO 方法适合解决无导数信息可供利用的复杂函数优化问题，且具有不易陷入局部最优值、收敛速度相对较快、便于深入优化等优点。

② PSO 方法的每代不同粒子的适应度计算互相独立，因此在工程实践中可以进行大规模并行计算。

③ 各粒子的运动模式受个体历史和群体的双重影响，因此有可能为不同粒子植入不同构型的参数，实现对多输入数据的处理。

在 PSO 方法中，每一代对粒子的位置和速度进行更新的迭代式如下[80]，即

$$\begin{gathered}\boldsymbol{v}_n(g+1)=\omega\boldsymbol{v}_n(g)+c_1\xi\left(\boldsymbol{x}_n^{(i)}(g)-\boldsymbol{x}_n(g)\right)+c_2\eta\left(\boldsymbol{x}_n^{(g)}(g)-\boldsymbol{x}_n(g)\right)\\ \boldsymbol{x}_n(g+1)=\boldsymbol{x}_n(g)+\boldsymbol{v}_n(g+1)\end{gathered}\tag{5.12}$$

其中，$\boldsymbol{x}_n(g)$ 为粒子 n 在第 g 代时的位置；$\boldsymbol{v}_n(g)$ 为粒子 n 在第 g 代时的速度；$\boldsymbol{x}$ 和 $\boldsymbol{v}$ 都为向量，每个维度与目标函数中的待优化参数相对应；c_1、c_2 为学习因子，一般情况设 $c_1=c_2=2$；ω 为惯性权重，$\omega=0.2\sim0.9$；$n=1,2,\cdots,N$ 为各粒子标号，N 为种群数量；$g=1,2,\cdots,G$ 为迭代次数，G 为最大迭代次数；$\boldsymbol{x}_n^{(i)}$ 为粒子 n 的个体历史最优位置；$\boldsymbol{x}_n^{(g)}$ 为邻域历史最优位置。

粒子的邻域定义采用欧氏距离，即到该粒子的欧氏距离最小的 N_{nb} 个粒子构成该粒子的邻域。

在一般的 PSO 方法中，有两个重要的记录表，一个表记录每个粒子在历史上搜索到的最优结果 $\boldsymbol{x}_n^{(i)}$ (称为认知)，另一个则记录该粒子的所有邻域粒子在历史上搜索到的最优值 $\boldsymbol{x}_n^{(g)}$ (称为社会)。在 PSO 方法的更新算式中，更新粒子个体速度的同时会考虑认知和社会，并在一定程度上考虑上一代的速度(即粒子本身有随代数逐渐减弱的惯性)。在全局 PSO 方法中，每个粒子的邻域为所有粒子，即令 $N_{nb}=N$。一般的全局 PSO 方法流程图如图 5.3 所示。

在本章优化问题中，取待辨识量燃料质量 m_f 及其质心位置矢量 $\boldsymbol{b}_f$ 的候选值对应的粒子位置 $\boldsymbol{x}_n$，即

$$\boldsymbol{x}_n=\left[m_f,b_{fx},b_{fy},b_{fz}\right]\tag{5.13}$$

优化的最终目标是惯性参数辨识问题中的真实值 $\hat{\boldsymbol{x}}_n=\left[\hat{m}_f,\hat{b}_{fx},\hat{b}_{fy},\hat{b}_{fz}\right]$。

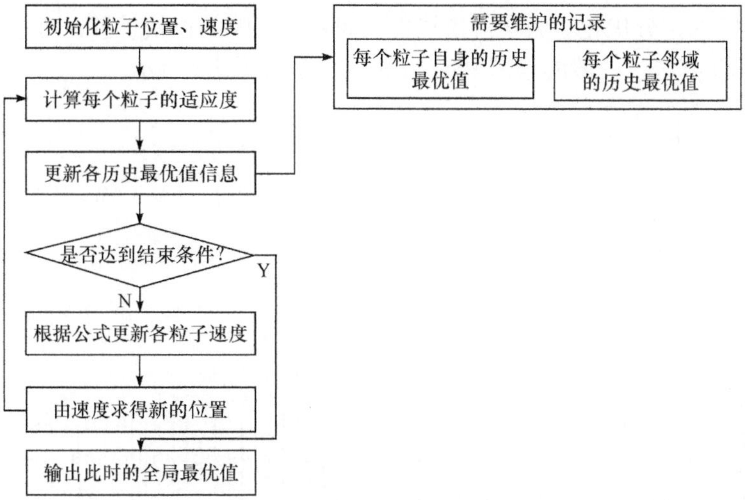

图 5.3　一般的全局 PSO 方法流程图

仿真实验可以测试这一辨识方法的性能。首先，随机设定一组参数 $\hat{\boldsymbol{x}}_n$ 的值，代入式(5.5)～式(5.7)，求主星 10 个惯性参数的设定值，并以该设定值替代算例 2-1 模型中对应的原始值。然后，给一组激励，驱使该模型进行正向的动力学仿真，并记录仿真输出；将输出的响应代入式(5.9)，以基本 PSO 方法对该式进行优化求解，得到使式(5.9)最小的参数 $\boldsymbol{x}_n$；比较辨识得到的参数 $\boldsymbol{x}_n$ 与原设定参数 $\hat{\boldsymbol{x}}_n$，以观察该辨识方法的准确性。

算例 5-1：取自变量的设定值 $\hat{\boldsymbol{x}}_n = [37.5, -0.345, 0.25, 0.01]$，求主星的惯性参数值，替换算例 2-1 中的原始值进行动力学仿真，在一定激励下记录响应，用基本 PSO 方法对问题中的 $\hat{\boldsymbol{x}}_n$ 进行辨识。

PSO 方法中的种群规模(粒子个数)设为 500，迭代次数固定为 50 代，4 个自变量的搜索区间限定为[0, 100]、[−0.4, 0.4]、[−0.4, 0.4]、[−0.4, 0.4]。辨识程序的本地运行时间为 43min，辨识结果为 $\boldsymbol{x}_n = [47.8925, -0.4000, -0.1154, 0.2465]$。为了展示详细的优化过程，在每一次迭代后，将最主要的惯性参数——质量在整个搜索空间中的分布情况绘制成图。经典全局 PSO 方法中的质量迭代过程如图 5.4 所示。

图 5.4 中每个散点为一个粒子，星标点标识了每一次迭代后所有粒子中最优点的位置，星标点后的数字标明该点处目标函数的取值量级。可以看到，考虑优化时的取值区间设定，在逐次迭代后，优化结果变得越来越差，最终稳定在明显错误的值附近。事实上，通过取不同的初值可以发现，大多数辨识结果都向搜索区间的中点靠拢，与待辨识的设定值并不相关。究其原因，在优化不充分的早期世代，某些局部最优值点的误差与目标点误差在同一数量级，甚至比目标点表现更好，因此当某一次迭代中将其取作最优点后，后续会迅速但错误地影响其他局

部最优区间的充分优化。为了规避局部区间错误影响的过快扩散，考虑采用局部形式的 PSO 方法。一般的局部 PSO 方法流程图如图 5.5 所示。

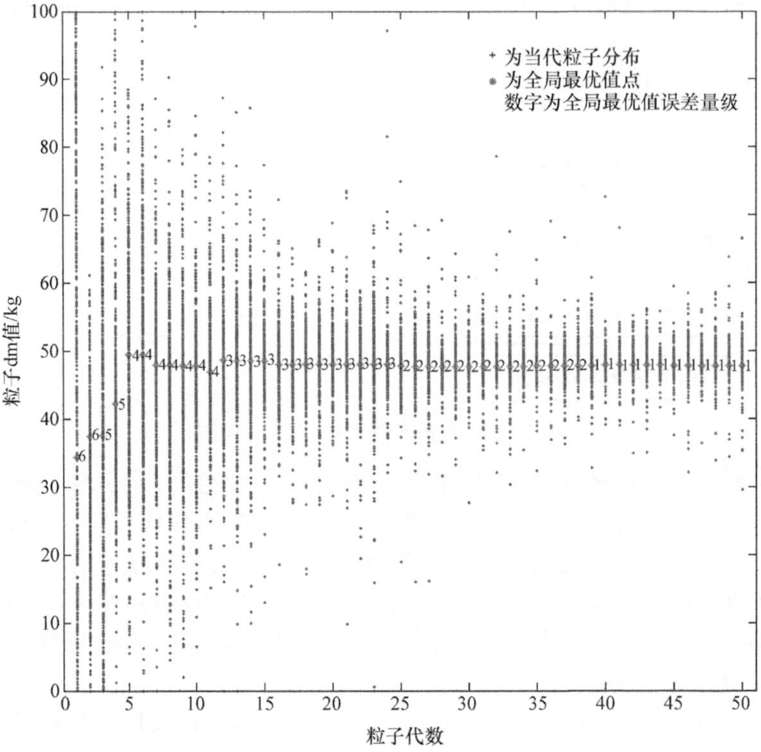

图 5.4　经典全局 PSO 方法中的质量迭代过程

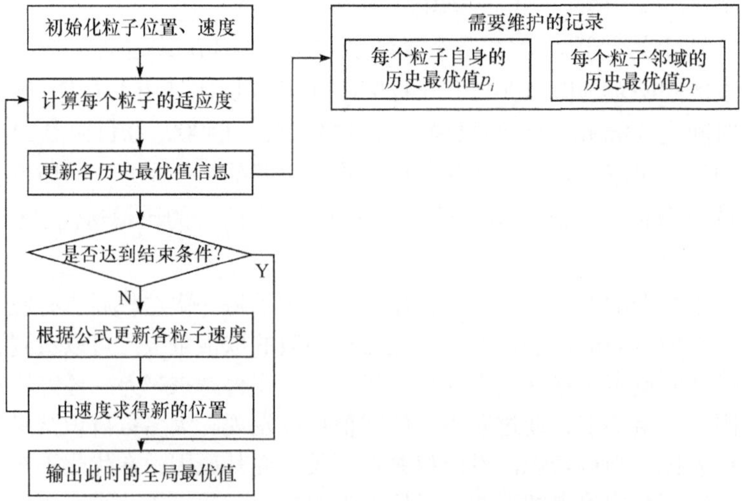

图 5.5　一般的局部 PSO 方法流程图

在局部 PSO 方法中，其中一个需要维护的记录会发生变化，由记录所有粒子的历史最优值变为记录每个粒子的邻域中的历史最优值。对邻域使用图 5.5 所示的流程。在一般的问题中，较普遍的邻域定义一般是按照粒子编号虚拟定义，并由初代中的紧邻编号逐代扩张，直到末代变为所有粒子。需要注意的是，在一般的局部 PSO 方法中，为了使结果向真正的全局最优集中，需要以一定的方式将邻域由小范围逐渐扩张到包含全局粒子。

沿用与上一个算例中同样的设定值，改以局部 PSO 方法进行辨识。

算例 5-2：取自变量的设定值 $\hat{\boldsymbol{x}}_n = [37.5, -0.345, 0.25, 0.01]$，求主星的 10 个惯性参数值。替换算例 2-1 中的原始值进行动力学仿真，在一定激励下记录响应，用局部 PSO 方法对问题中的 $\hat{\boldsymbol{x}}_n$ 进行辨识。种群规模仍为 500，迭代次数 50，自变量搜索区间分别为[0, 100]、[−0.4, 0.4]、[−0.4, 0.4]、[−0.4, 0.4]，辨识结果为 $\boldsymbol{x}_n = [41.5913, -0.3918, 0.0499, 0.0497]$。经典局部 PSO 方法中的质量迭代过程如图 5.6 所示。

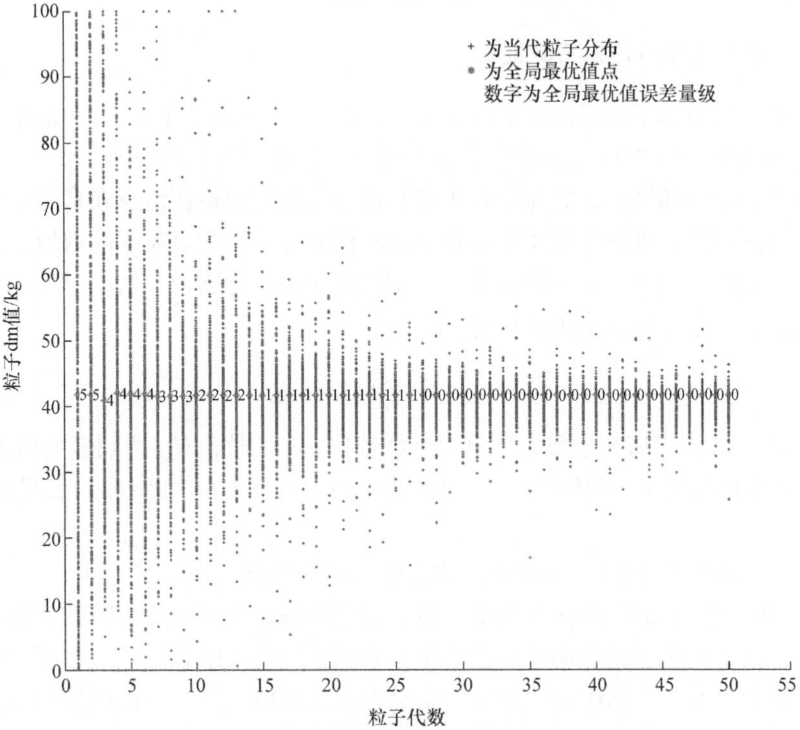

图 5.6　经典局部 PSO 方法中的质量迭代过程

由辨识结果可知，局部 PSO 方法与全局 PSO 方法相比，其结果有一定改善。观察图 5.6 可以发现，从早期世代继承了错误的全局最优值后，依然很难得到纠正。邻域的定义是从很小范围以线性方式扩张到全局，受代数和粒子数限制，在邻域扩张之前，各个局部最优区间实际上仍然没有获得充分发育。为此，需要以更好的手段保证局部最优区间的充分优化。

总的来说，经典 PSO 方法有其内在局限性，因此针对上述参数辨识问题，需要作适应性改进。改进的两个基本方向如下。

① 让更多粒子聚集到目标点附近，使目标点获得更充分的优化。

② 使更多局部较优区间获得充分优化，避免来自其他局部最优点的错误影响。

在整体取值趋势为向着全局极小值处坡度下降的搜索空间中，深藏着难以计数的局部极小值点的裂隙。一般情况下，虽然很难直接找到真实的全局极值点，但若多个局部最优区间都能得到充分优化，则算法找到的局部极值点会与实际的全局极值点充分接近。作为一种概率性方法，PSO 方法实际上是依赖更多的粒子、以更大的概率去发掘真实目标点，因此前述的两条改进主线本质上是矛盾的。前者希望特定较优区间吸纳更多粒子，后者希望粒子可以分散到更多的局部较优区间。因此，改进的目的在于更好地平衡这两点。

2. 完全局部与定期筛选策略

由此，提出以下改进的 PSO 方法，首先引入完全局部 PSO 方法的概念，此概念既不同于全局 PSO 方法概念，也不同于一般的局部 PSO 方法。

定义如下的邻域：计算每个粒子与其他粒子的历史最优值点在自变量取值空间中的欧氏距离，到每个粒子欧氏距离最小的前 n 个点为该粒子的邻域，并且在优化过程的每一代中，n 的取值从一个初值线性地变化到一个远小于种群数的终值。也就是，令邻域 N_{nb} 满足下式，即

$$N_{nb}(g)=\frac{g}{G}K_{nb}N \tag{5.14}$$

其中，$K_{nb}<1$ 为邻域粒子最大比例，在最末代 $g=G$ 时，N_{nb} 达到最大值 $K_{nb}N$ 。

在这里的算例中，最终邻域粒子比例 K_{nb} 为 10%。完全局部策略示意图如图 5.7 中所示。

与一般的局部 PSO 方法相比，该方法有两个特点。

① 在一般的局部 PSO 方法中，较普遍的邻域定义一般是按照粒子编号虚拟定义的，由初代中的紧邻编号逐代扩张，直到末代变为所有粒子。之所以使用较为不常见的自变量空间中的“真实”距离来定义邻域，是因为计算粒子适应度的时间花费远远高于数据处理的时间(500 个粒子的情况下约为 10000:4)。因此，花费相对较少的时间计算较准确的真实距离，可以对合理更新下一代粒子的速度和位置产生极大的帮助。

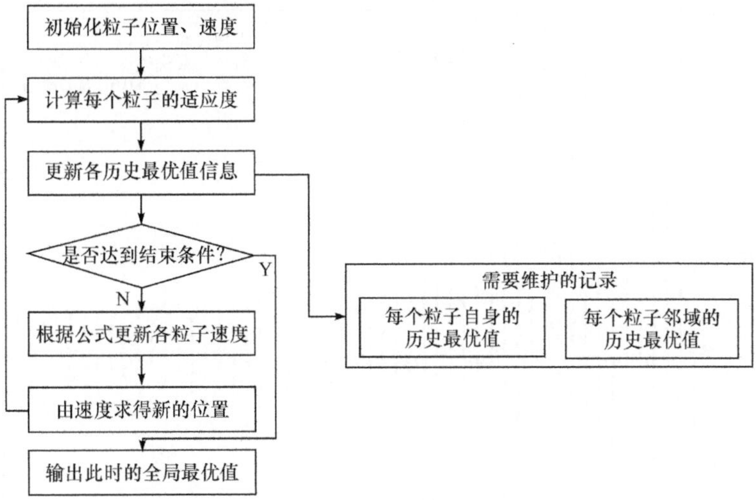

图 5.7　完全局部策略示意图

② 在一般的局部 PSO 方法中，为了使结果向真正的全局最优集中，需要以一定的方式将邻域的定义由小范围逐渐扩张到全局粒子。但在本问题中，如果将邻域的定义从很小范围以线性方式扩张到全局，受代数和粒子数的限制，在邻域扩张之前，各个局部最优区间实际上仍然没有获得充分发育。为了使每一个局部最优区间获得更充分发育，不再将邻域扩展到全局，而仅进行缓慢有限的扩张。在算例 5-3 中，邻域的定义即从总粒子数的 1%扩张到 10%。这称为完全局部 PSO 方法。

算例 5-3：自变量的设定值仍为 $\hat{\boldsymbol{x}}_n=\left[37.5,-0.345,0.25,0.01\right]$，可得主星的 10 个惯性参数值，替换算例 2-1 中的原始值进行动力学仿真，在一定激励下记录响应，用完全局部 PSO 方法对问题中的 $\hat{\boldsymbol{x}}_n$ 进行辨识。设种群规模仍为 500，迭代次数为 50，自变量搜索区间分别为[0，100]、[−0.4，0.4]、[−0.4，0.4]、[−0.4，0.4]。最终辨识结果为 $\boldsymbol{x}_n=\left[37.5,-0.345,0.25,0.01\right]$。采用“完全局部”全局部方法中的质量迭代过程如图 5.8 所示。

由图 5.8 可知，辨识结果有了极大的改善，已经非常趋近设定值，且观察每代趋势，可以看到每一代的全局最优值点会在不同的局部最优值点上振荡，但又终会回到较正确的结果上。每个局部的优化信息没有受到其他局部最优值的干扰，都能独立自主获得较充分的发育。从图中观察粒子的散布趋势可以发现，该方法较一般局部方法收敛变慢，早期世代在明显错误的局部优化区间浪费了许多粒子。

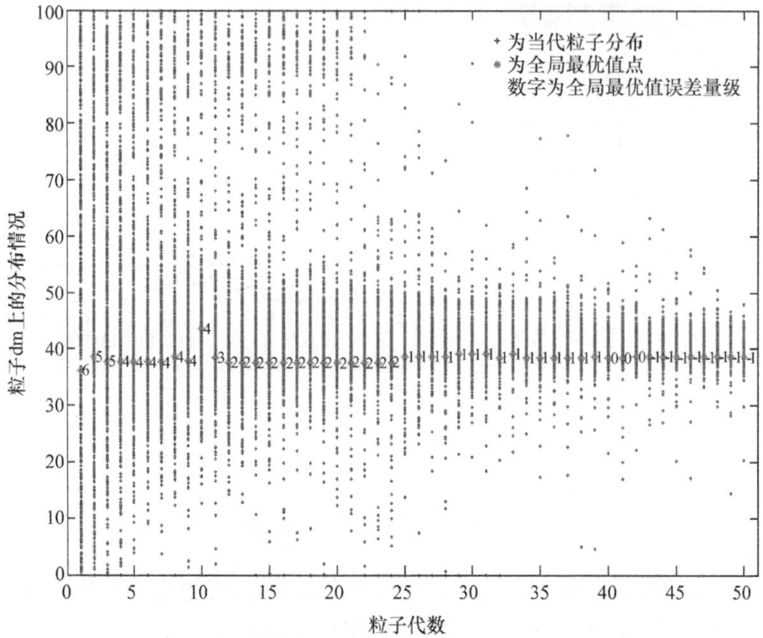

图 5.8　采用“完全局部”全局部方法中的质量迭代过程

从理论和简单的仿真实验容易发现，由于单个粒子的信息被限定在有限的空间范围内，因此即使到了优化的后期世代，也只有一小部分粒子会聚集到全局最优区间附近，即只有这一小部分粒子参与了有效的优化。因此，完全局部 PSO 方法的收敛速度逊于一般局部 PSO 方法，而且其对种群规模的要求高于一般 PSO 方法。

如上所述，完全局部 PSO 方法已经得到了较好的结果，但也引入了新的问题，即局部最优值的传播范围是有限的，因此即使在优化结果表现极不好的局部，也会有相当数量的粒子错误地抱团到一起，无法向较远处的正确区间靠拢。这使算法的整体效率还有进一步的优化空间。

为此，采用定期筛选的方法补足其短板：每隔一段时间将所有粒子进行一次筛选，取其中表现最差的若干个粒子，让这些陷入局部陷阱跳不出来的“死粒子”强制重启到正确的区间附近，并刷新其个体最优值和局部最优值记录，以加速收敛。设 $f({}^{i}\boldsymbol{x}_n(g))(n=1,2,\cdots,N)$ 为将粒子按个体历史最优值从优到劣排序的序列，则有下式，即

$$\boldsymbol{x}_n(g)=\boldsymbol{x}_R^{(g)}(g)+\xi,\quad G_{re}\big|g;n>K_{re}N \tag{5.15}$$

其中，G_{re} 为筛选间隔代数；$G_{re}\big|g$ 为 g 被 G_{re} 整除；K_{re} 为每次重启粒子比例；

f 为优化目标函数；$\boldsymbol{x}_k^{(g)}(g)$ 为随机选取的某个表现较好的粒子 k 的邻域历史最优位置；$\boldsymbol{\xi}$ 为一个小区间内的随机向量，其上界可以根据周围粒子的密度自适应地调整。

定期筛选策略示意图如图 5.9 所示。

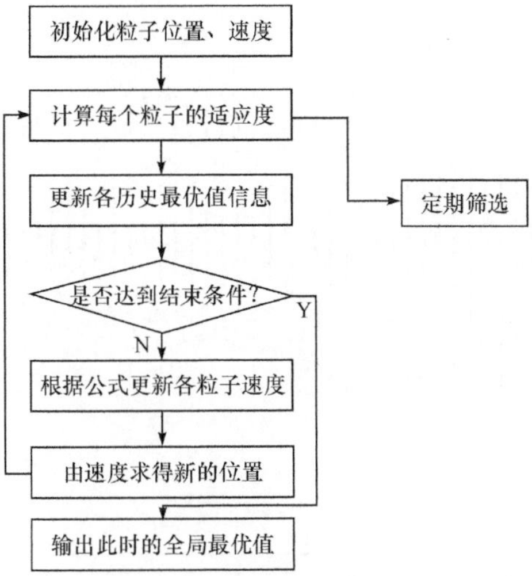

图 5.9　定期筛选策略示意图

在本章的算例中，一般取筛选间隔代数 G_{re} 为 10，每次筛选中重启的粒子比例 K_{re} 为 20%。

算例 5-4：取自变量的设定值 $\hat{\boldsymbol{x}}_n = [37.5, -0.345, 0.25, 0.01]$，可得主星的 10 个惯性参数值，替换算例 2-1 中的原始值进行动力学仿真，在一定激励下记录响应，用增加了定期筛选策略的完全局部 PSO 方法对问题中的 $\hat{\boldsymbol{x}}_n$ 进行辨识。种群规模仍为 500，迭代次数 50，自变量搜索区间分别为[0，100]、[−0.4，0.4]、[−0.4，0.4]、[−0.4，0.4]。辨识结果为 $\boldsymbol{x}_n = [37.5, -0.345, 0.25, 0.01]$。带定期筛选策略的完全局部 PSO 方法中的质量迭代过程如图 5.10 所示。

该方法的收敛速度比不使用重启的方法要快，且由于将一些无效粒子向包括目标点在内的位置集中，其优化更充分，辨识结果也有相当地改善。之所以每十代才大规模重启一次，是为了让重启过的粒子在下次重启之前有时间获得充分优化，而全局最优值点在不同的局部优化区间的振荡趋势更为明显。这说明，在获得了足够多的粒子后，多个局部区间都获得了同等机会的发育。这对于避免优化陷入局部最优值是很有帮助的。

采用定期筛选策略的完全局部 PSO 方法算法流程如图 5.11 所示。

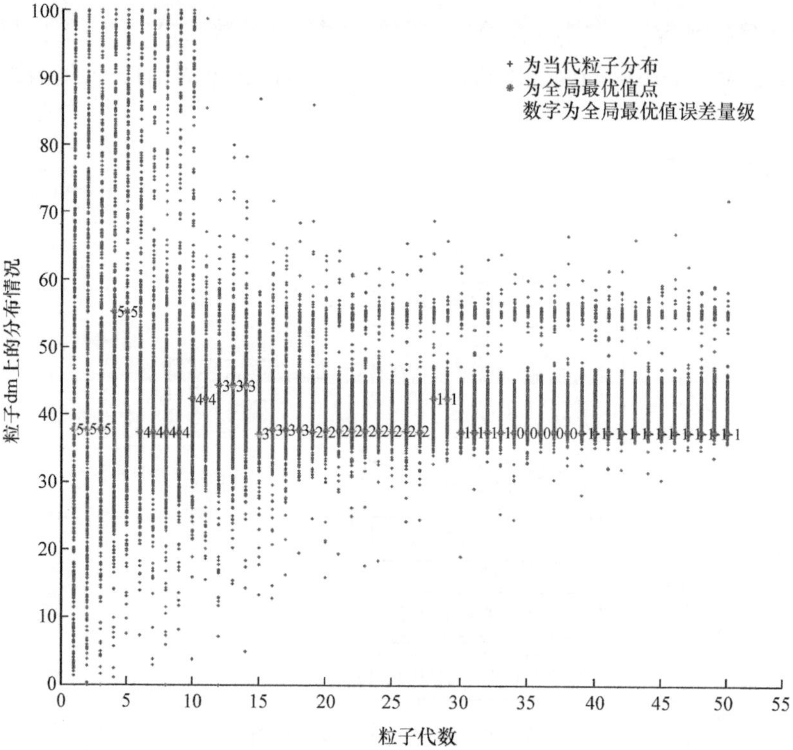

图 5.10　带定期筛选策略的完全局部 PSO 方法中的质量迭代过程

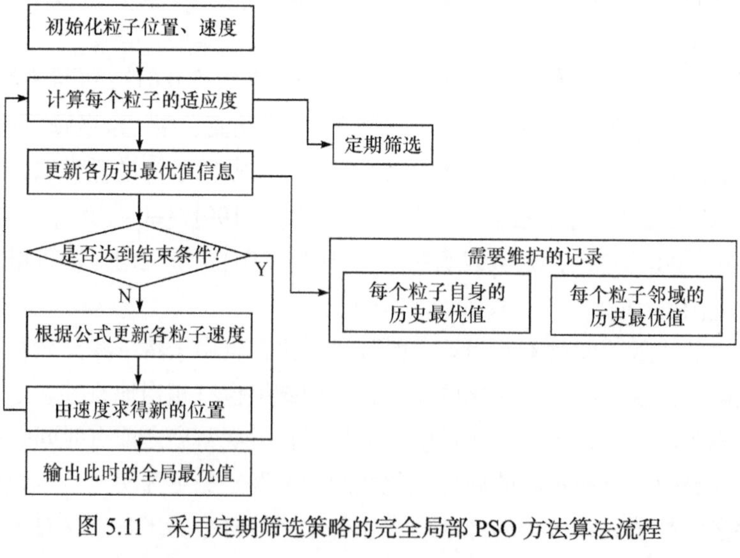

图 5.11　采用定期筛选策略的完全局部 PSO 方法算法流程

3. 测量误差平抑策略

前面提到的完全局部与定期筛选方法都是对 PSO 方法流程本身的改良，而在使用 PSO 方法求解实际的辨识问题时，面对实际问题中的噪声和误差等情况，还可以使用更多的策略进行优化。

在理想情况下，使用 PSO 方法求解上述优化问题时，只需要从整段时序数据中选取任何一个时刻的数据，代入优化问题求解待辨识的参数，而且不论我们选取的是哪个时刻的数据，都不会使全局最优值发生改变。

在实际问题中，输入(机械臂关节角速度)和输出(主星姿态角速度)都是采样得到的时序数据，其中必然包含随机噪声和测量误差，因此只截取单一时刻数据进行优化辨识，具有相当的不确定性，而且这样也没有充分利用整个时序数据。为了充分利用输入/输出数据，降低测量误差干扰，可以从整段时序数据中人为抽取一个子序列作为已知参量计算不同粒子的目标函数值。也就是说，为每个粒子 n 的目标函数 f_n 设定不同的参数，即

$$f_n = \left\| \dot{\boldsymbol{\phi}}_S \left[\boldsymbol{x}_n ; \dot{\boldsymbol{\phi}}_M(t_n), \boldsymbol{\phi}_M(t_n), \boldsymbol{\phi}_S(t_n) \right] - \hat{\dot{\boldsymbol{\phi}}}_S(t_n) \right\|_2 \tag{5.16}$$

其中，$\boldsymbol{x}_n = \left[m_f, b_{f,x}, b_{f,y}, b_{f,z} \right]$ 为粒子位置，即待优化参数的候选值。

显然，经过如此处理，不同的粒子误差计算将使用参量不同的方程，但它们最终都将收敛到相同的优化目标点，即辨识问题中的真实值。此外，为了平抑单一时刻数据包含的噪声波动，改取一段时间 Δt 内主星姿态角速度响应的积分值作为优化目标函数。理论上讲，这实际就是一段时间内主星姿态角的变化量，即取优化目标函数为

$$f_n = \left\| \int_{t_n}^{t_n+\Delta t} \dot{\boldsymbol{\phi}}_S \left[\boldsymbol{x}_n ; \dot{\boldsymbol{\phi}}_M(t), \boldsymbol{\phi}_M(t), \boldsymbol{\phi}_S(t) \right] \mathrm{d}t - \int_{t_n}^{t_n+\Delta t} \hat{\dot{\boldsymbol{\phi}}}_S(t) \mathrm{d}t \right\|_2 \tag{5.17}$$

其中，选取的 $\left[t_n, t_n + \Delta t \right]$ 时刻中的数据应当是有效数据，即机械臂处于运动中且测量状态获取完整的数据段。

显而易见，采用式(5.17)中积分形式的目标函数，将极大地增加计算量。具体地，计算量以 $\Delta t / D$ 倍增长，其中 D 为数值积分的时间步长。为此，需要谨慎选取 Δt ，在计算效率和结果精度之间取得平衡。

算例 5-5：在[0, 100]、[−0.4, 0.4]、[−0.4, 0.4]、[−0.4, 0.4]的取值区间内，随机选取自变量设定值 $\hat{\boldsymbol{x}}_n$ ，然后求得主星的 10 个惯性参数值，替换算例 2-1 模型中的原始值，进行动力学仿真，在一组持续的充分激励下记录响应，并在角速度响应的结果中添加 2%的白噪声，以模拟环境中的测量误差。种群规模仍为 500，迭代次数 50，搜索区间与自变量取值区间相同，使用算例 5-4 中的改进 PSO 方法，以及加入误差平抑策略的方法对设定值 $\hat{\boldsymbol{x}}_n$ 进行辨识。

重复多次实验，每次随机取不同的自变量设定值，并对结果进行统计和对比。使用积分目标函数的新方法与原方法辨识结果对比如表 5.1 所示。

表 5.1　使用积分目标函数的新方法与原方法辨识结果对比

待辨识参数	原方法相对误差/%	误差平抑后相对误差/%
燃料消耗质量 m_f/kg	0.4021	0.2261
燃料箱质心位置 b_{fx}/mm	3.8533	3.8949
燃料箱质心位置 b_{fy}/mm	8.2677	6.6977
燃料箱质心位置 b_{fz}/mm	37.6156	7.1989

两种改进型 PSO 方法对主星质量参数辨识的结果如图 5.12 所示。

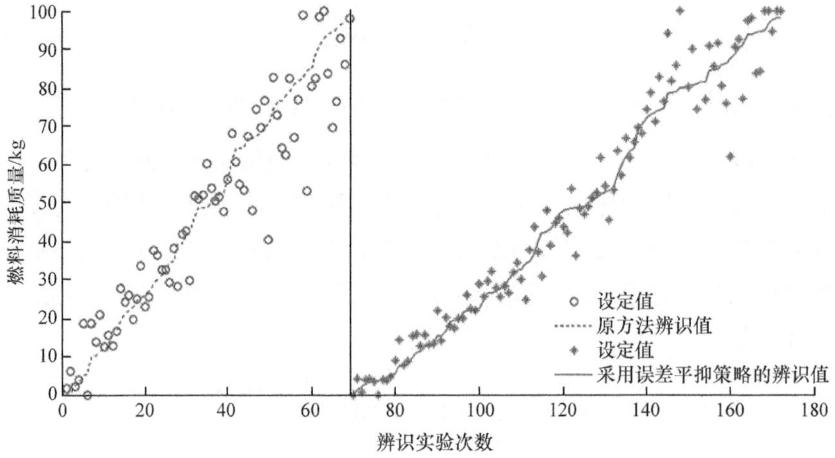

图 5.12　两种改进型 PSO 方法对主星质量参数辨识的结果

图 5.12 中为对燃料消耗质量这一最主要惯性参数的辨识结果统计。其中左侧虚线为设定值，空心圆点为原方法辨识的辨识结果，共计 68 组；右侧实线为设定值，星标为采用误差平抑策略后的辨识值，共计 110 组。为便于呈现，将两种辨识实验中随机生成的设定值按大小进行排序。从图中可以直观看出，采用平抑策略后的辨识结果整体上更加收敛于设定值附近，远离设定值实线的发散结果则更加稀疏。

从表 5.1 中可以做进一步比较，原改进方法中对质量的辨识结果相对误差仅为 0.4%左右，已经很理想，但在添加了测量误差平抑策略之后，仍可将辨识精度提高近一倍，达到近 0.2%的误差。这充分体现了该策略的有效性。在 3 个位置参数的辨识结果中，原方法中表现已经很好的 b_{fx} 和 b_{fy} 在新方法中变化不大，但在添加了噪声而使原方法辨识相对误差超过 37%的 b_{fz} 一项上，使用误差平抑策略的新方法仍能保持 7%左右的相对误差，与其他两轴的结果水平相当。这说明，对于那些在存在测量误差的实际环境中表现不够稳定的部分参数，引入误差平抑策略可以很好地抑制辨识误差，保持结果的稳定性和一致性。

4. 复合评价筛选策略

在误差平抑策略中，虽然引入不同通道的激励有助于充分利用时序数据信息平抑噪声影响，但也使每个粒子更易陷入各自的局部最优值。由于邻域的定义有限，这些局部最优点的影响不会扩散，但每个粒子各自的局部最优值更为多变，会严重影响对最终所要求的全局最优值的选取。

注意到，局部最优区间的最优点始终保存在每个粒子的种群历史最优位置中，因此在完成 PSO 方法之后，只需再做一次最终筛选，将那个真实的全局最优值点筛选出来即可。为了综合考虑误差情况，筛选可以通过计算多个粒子在每个局部最优点的平均表现进行。尤其需要注意，每个局部最优点都要囊括不同通道激励的粒子的情况。综上，在 PSO 方法过程结束后，要对末代的局部最优点做以下混合筛选。

在 PSO 方法的最后一次迭代结束之后，首先将每个不同的局部最优值点按其目标函数值从优至劣排序，取其中的前 N_f 个点 $\boldsymbol{x}_n^{(g)}(n=1,2,\cdots,N_f)$；然后从全体粒子中随机抽取 N_r 个粒子(尽量保证这些粒子以等概率抽取自不同通道的激励)，分别计算它们在每个局部最优点的目标函数值，并取所有这 N_r 个粒子在某点目标函数值的均值作为该点的最终评价函数值，即取 $\boldsymbol{x}_n^{(g)}$ 处的最终评价函数值 f_n' 为

$$f_n'=\frac{1}{N_r}\sum_{m=1}^{N_r}\left\|\dot{\boldsymbol{\phi}}_S\left[\boldsymbol{x}_n^{(g)};\dot{\boldsymbol{\phi}}_i(t_m),\boldsymbol{\phi}_M(t_m),\boldsymbol{\phi}_S(t_m)\right]-\hat{\dot{\boldsymbol{\phi}}}_S(t_m)\right\|_2,\quad n=1,2,\cdots,N_f \tag{5.18}$$

最后，取 f_n' 最小的点 $\boldsymbol{x}_n^{(g)}$ 作为最终的全局最优值点输出。筛选使用不同时刻的 $\left\|\dot{\boldsymbol{\phi}}_S\left[\boldsymbol{x}_n^{(g)}(G);\dot{\boldsymbol{\phi}}_i(t_m),\boldsymbol{\phi}_M(t_m),\boldsymbol{\phi}_S(t_m)\right]-\hat{\dot{\boldsymbol{\phi}}}_S(t_m)\right\|_2$ 结果进行统计，其物理内涵非常朴素，即“真的假不了”。由于使用多个不同的局部最优点位置对各个待选的例子进行误差统计，如果粒子是陷入局部极小值的粒子而非全局极小值的粒子，总会在部分局部最优点位置表现出较大的误差。据此特点就可以将真值筛选出来。实际流程中可以不拘泥于 N_f，不断选取多组 $\boldsymbol{x}_n^{(g)}$，计算 f_n'，直到找到一个符合精度要求的最优值。复合评价筛选策略流程如图 5.13 所示。

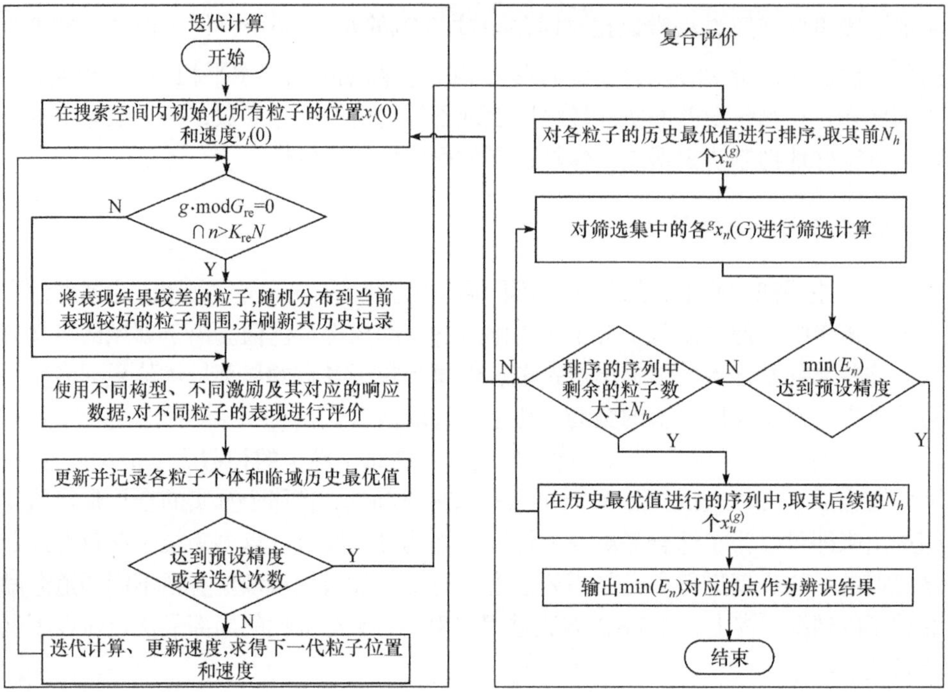

图 5.13　复合评价筛选策略流程

一般而言，除了对迭代算法的改进外，解决优化中的局部极小值问题的一种有效方式，即增加目标函数中选用的激励-响应数据组数，使评价函数能够广泛地涵盖对象的各种情况。显然，该方法是以牺牲计算效率为前提的。在本节提出的复合评价筛选策略中，由于不完全依赖迭代过程来获取优化结果，因此没有必要对每个候选点都使用多组激励-响应数据进行评价。这可以有效降低迭代中的计算消耗。由于迭代过程中幸存的极小值点的数量有限，因此在最后一轮复合筛选步骤中，可以使用大量的激励-响应数据进行筛选计算，在控制计算开销的前提下，保证评价结果的稳定性。

为了充分验证复合评价筛选策略的效果，采用一个比局部极小值问题更复杂的辨识问题进行测试。假设空间机器人的末端关节抓取了一个几何形状为规则长方体、质量分布均匀的目标物体，且机械手刚好抓取在长方体的底面一角处，并与其底面垂直固连。此时，这一目标物体的全部惯性参数仍可以用 4 个变量来表征，即目标的质量及质心位置(长方体的三边边长的一半)。仍采用与之前主星惯性参数辨识类似的方法来辨识这 4 个未知的参数，并比较在采用复合评价筛选策略与否的情况下，辨识结果的精度。

算例 5-6：在指定的取值区间随机生成自变量设定值，然后将其代入算例 2-1

中的原始模型，生成新的抓取目标物体模型，进行动力学仿真。在一组持续、充分的激励下记录对应的响应，并在角速度响应中加入 2%的白噪声作为测量误差。使用算例 5-5 中带误差平抑的改进 PSO 方法，以及本节带复合评价筛选策略的方法进行辨识实验，种群规模仍为 500，迭代次数为 50，搜索区间与自变量取值区间相同。进行 115 次随机设定值的实验，并统计辨识结果。实验通过多组不同的 N_r 值找到一个比较理想的设定参数。算例 5-6 中的待辨识参数随机设定范围如表 5.2 所示。

表 5.2　算例 5-6 中的待辨识参数随机设定范围

参数	自变量取值区间
质量/kg	[0,220]
质心位置 *X*/m	[−0.3,0.3]
质心位置 *Y*/m	[−0.3,0.3]
质心位置 *Z*/m	[0,0.8]

复合评价筛选策略辨识结果相对误差对比如表 5.3 所示。

表 5.3　复合评价筛选策略辨识结果相对误差对比

参数	原方法/%	复合评价筛选策略/%
质量/kg	21.46	5.33
质心位置 *X*/m	29.88	7.09
质心位置 *Y*/m	15.47	5.32
质心位置 *Z*/m	21.12	8.12

不同 N_r 取值下的复合评价筛选相对误差如表 5.4 所示。

表 5.4　不同 N_r 取值下的复合评价筛选相对误差

参数	N_r				
	5/%	10/%	15/%	30/%	50/%
质量/kg	9.36	6.60	8.48	5.33	4.68
质心位置 *X*/m	17.97	14.72	13.21	7.09	8.42
质心位置 *Y*/m	8.18	6.92	6.29	5.32	4.94
质心位置 *Z*/m	10.00	9.91	9.15	8.12	8.25

由表 5.3 可见，仅使用一轮复合评价筛选即可达到较好的辨识效果，最主要惯性参数——质量的辨识误差，由原方法的 20%以上大幅下降为 5.33%，质心位置三轴分量误差下降幅度均在 2/3 左右。与计算精度的大幅提升相比，使用复合评价筛选策略后，计算开销只增加了不到 2.5%。显然，这一计算耗费的增加是值得的。

表 5.4 表明，随着复合评价筛选使用的激励-响应数据组数 N_r 的增加，辨识精度一般都会得到提高，但增高的幅度趋缓。这一结果非常符合逻辑。在实际实验中，综合考虑计算效率与结果精度之间的平衡后，我们取 N_r=30 。

5.1.5 主星惯性参数辨识实验结果及分析

算例 5-7：在[0,100]、[−0.4,0.4]、[−0.4,0.4]、[−0.4,0.4]的取值区间内，随机生成自变量设定值，然后将其代入算例 2-1 中的原始模型，生成新的抓取目标物体模型，进行动力学仿真。在一组持续、充分的激励下记录对应的响应，并在角速度响应中加入 2%的白噪声作为测量误差。使用算例 5-6 中添加了全部改进的 PSO 方法对主星惯性参数进行辨识，通过简化模型求得惯性参数，并与原始设定值进行比较。种群规模仍为 500，迭代次数为 50，搜索区间与自变量取值区间相同。

重复进行 100 次随机设定值的实验，并统计辨识结果的平均相对误差。使用改进 PSO 方法进行 100 次实验辨识结果的平均相对误差如表 5.5 所示。

表 5.5 使用改进 PSO 方法进行 100 次实验辨识结果的平均相对误差

参数	平均相对误差/%
主星质量 m_0/kg	0.6
主星质心位置 X/mm	1.08
主星质心位置 Y/mm	289.55
主星质心位置 Z/mm	10.18
主星质心位置 R/mm	2.79
主星转动惯量 I_{xx}/(kg · m^2)	0.61
主星转动惯量 I_{yy}/(kg · m^2)	0.63
主星转动惯量 I_{zz}/(kg · m^2)	0.93
主星转动交叉惯性积 I_{xy}/(kg · m^2)	298.24
主星转动交叉惯性积 I_{xz}/(kg · m^2)	41.25
主星转动交叉惯性积 I_{yz} (kg · m^2)	25.73

基于改进 PSO 方法的惯性参数辨识结果——质量 m_0 如图 5.14 所示。

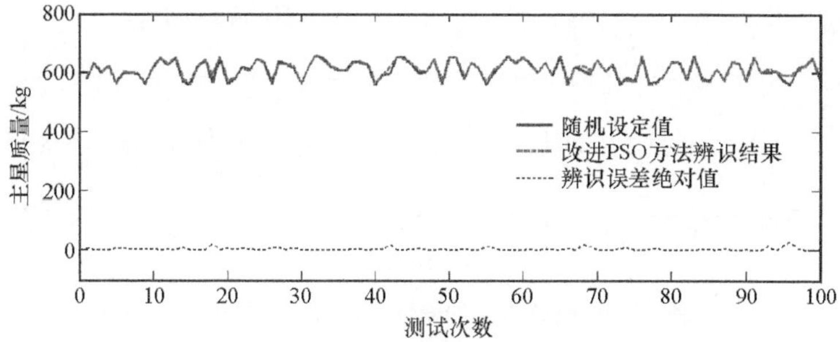

图 5.14　基于改进 PSO 方法的惯性参数辨识结果——质量 m_0

基于改进 PSO 方法的惯性参数辨识结果——质心位置 X 如图 5.15 所示。

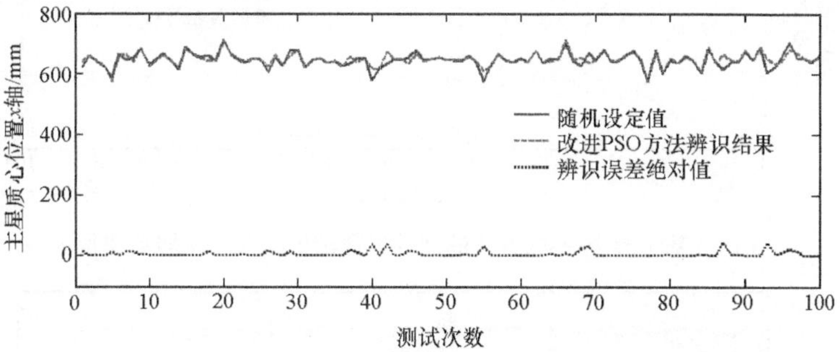

图 5.15　基于改进 PSO 方法的惯性参数辨识结果——质心位置 X

基于改进 PSO 方法的惯性参数辨识结果——质心位置 Y 如图 5.16 所示。

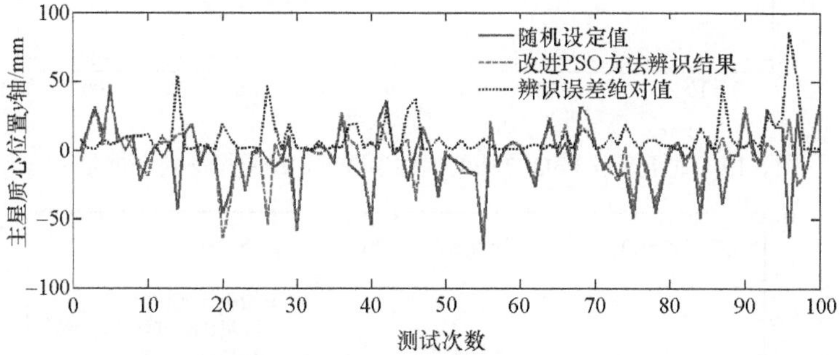

图 5.16　基于改进 PSO 方法的惯性参数辨识结果——质心位置 Y

基于改进 PSO 方法的惯性参数辨识结果——质心位置 Z 如图 5.17 所示。

基于改进 PSO 方法的惯性参数辨识结果——转动惯量 I_{xx} 如图 5.18 所示。

基于改进 PSO 方法的惯性参数辨识结果——转动惯量 I_{yy} 如图 5.19 所示。

基于改进 PSO 方法的惯性参数辨识结果——转动惯量 I_{zz} 如图 5.20 所示。

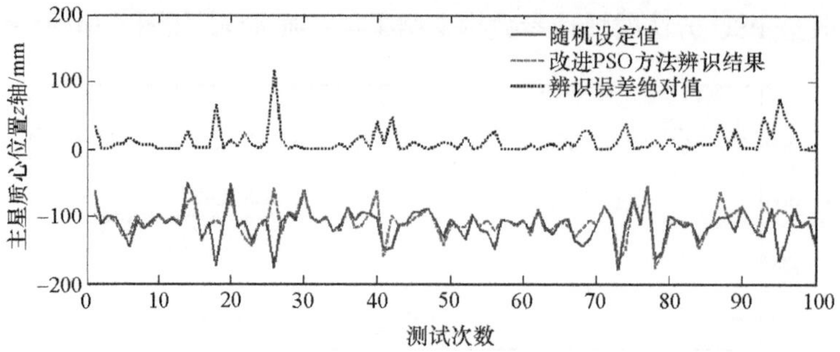

图 5.17　基于改进 PSO 方法的惯性参数辨识结果——质心位置 Z

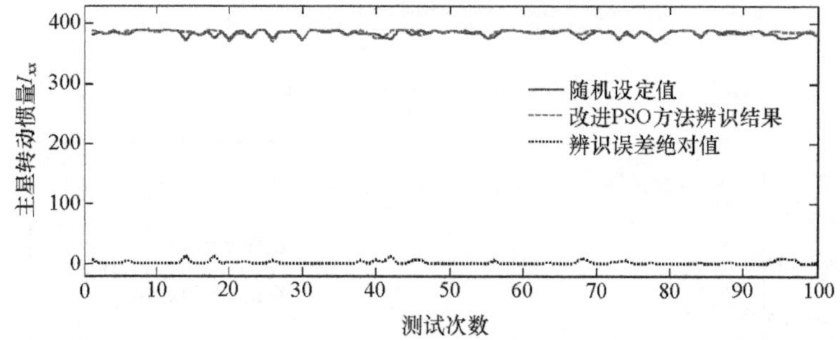

图 5.18　基于改进 PSO 方法的惯性参数辨识结果——转动惯量 I_{xx}

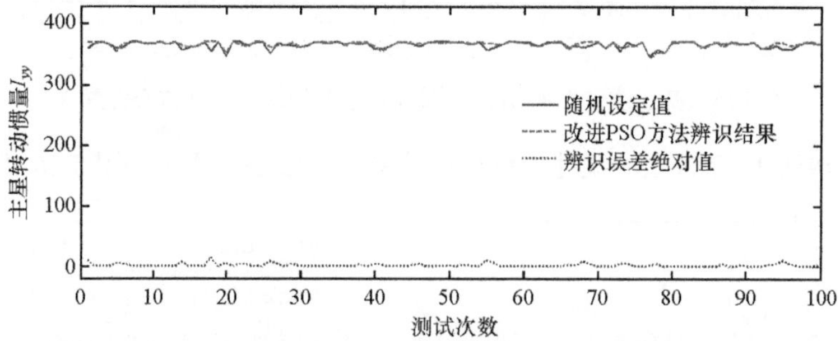

图 5.19　基于改进 PSO 方法的惯性参数辨识结果——转动惯量 I_{yy}

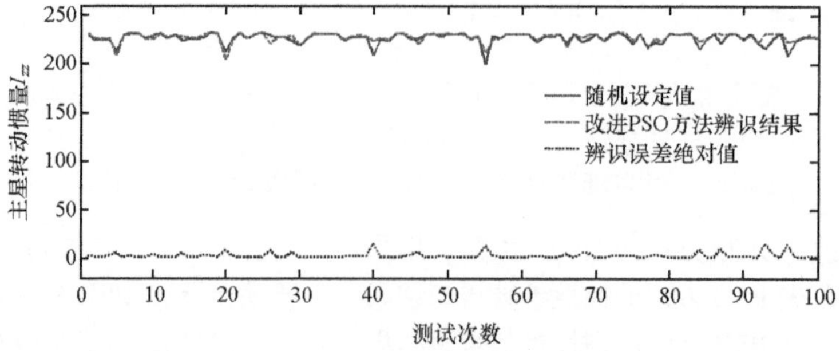

图 5.20　基于改进 PSO 方法的惯性参数辨识结果——转动惯量 I_{zz}

由表 5.5 可见，除了质心位置和 3 个交叉惯性积的辨识结果误差较大之外，其他主星参数的辨识精度都比较高。尤其是主星质量，其平均相对误差仅为 0.6%。质心位置的三轴误差差距较大，最低的 X 轴仅为 1.08%，最高的 Y 轴高达 289.55%。求出仿真结果中的质心位置与实际设定的质心位置之间的绝对距离，再除以实际质心位置的绝对值，可以得到质心位置三轴的总相对误差，即令 $e_R = \frac{|\boldsymbol{r}_s - \boldsymbol{r}_r|}{|\boldsymbol{r}_r|}$，其中 $\boldsymbol{r}_s$ 为仿真结果的质心位置，$\boldsymbol{r}_r$ 为实际设定值的质心位置。由此求得质心位置的三轴总相对误差的平均结果为 2.79%。这说明，质心位置的实际误差其实很小，单轴结果中的甚高误差只是特定坐标系中的个别现象。

在惯性张量中，3 个主轴转动惯量的误差均没有超过 1%，充分显示了该辨识方法辨识结果的准确性，而交叉惯性积的辨识结果相对误差之所以很大，是因为其本身绝对值较小，取值的微小变化很难对仿真模型中的系统响应产生什么影响。由此可见，通过求解优化问题的方法很难做到对交叉惯性积的高精度辨识。

5.2　被抓取目标物体的惯性参数辨识

空间机器人在轨服务的对象是空间中的某个目标物体。一般而言，要对其执行服务任务，首先要使用机械臂抓取该物体，然后执行后续操作。在机械臂稳固地抓取目标物体之后，该物体即与空间机器人自身共同构成主星-机械臂-目标物体多刚体耦合系统。

为了预报和规划抓取后的任务路径，在已知空间机器人自身参数的情况下，还需要了解该目标物体的惯性参数。这可以分为两种情况。一种情况是，当进行己方空间目标的在轨维修维护、在轨操作、在轨服务等作业的情况下，我们对目标物体拥有一定的先验知识。另一种情况是，在空间碎片清理等情况下，我们往往对目标物体没有任何相关的先验知识。在前一种有先验知识的情况下，我们对目标物体的物理模型和运动学参数有一个大致估计，只是估计中包含一定的误差。此时，我们可以通过对主星-机械臂-目标物体多刚体耦合系统的模型直接仿真，并在仿真过程中不断根据实测数据，实时修正由估计误差导致的仿真误差，得到整个系统的良好预报结果。我们将在后续小节中探讨这一方法。在更一般的情况下，对那些完全没有先验认知的目标物体，则需要对其惯性参数进行辨识[81]。本章基于将未知目标的惯性矩阵表示为质量和质心位置的函数，提出一个新的优化目标函数，并以一种新的智能优化算法来求解该优化问题，从而实现对被抓取目标物体全部惯性参数的辨识[82]。

5.2.1 目标物体惯性参数辨识模型

当机械臂末端执行机构牢固抓取目标物体之后，研究的对象是主星-机械臂-目标物体多刚体耦合系统。这里对 2.1.2 节中的符号定义做一点调整，令机械臂关节数/连杆数为 $n-1$，A_n 为被捕获物体的随体系，其与机械臂最后一个连杆 $n-1$ 末端的手爪固连。在被抓取的目标物体惯性参数完全未知的情况下，不失一般性，可令 A_n 与 A_{n-1} 这两个刚体的随体系的三轴朝向保持一致。星-臂-目标物体耦合运动学建模对象示意图如图 5.21 所示。

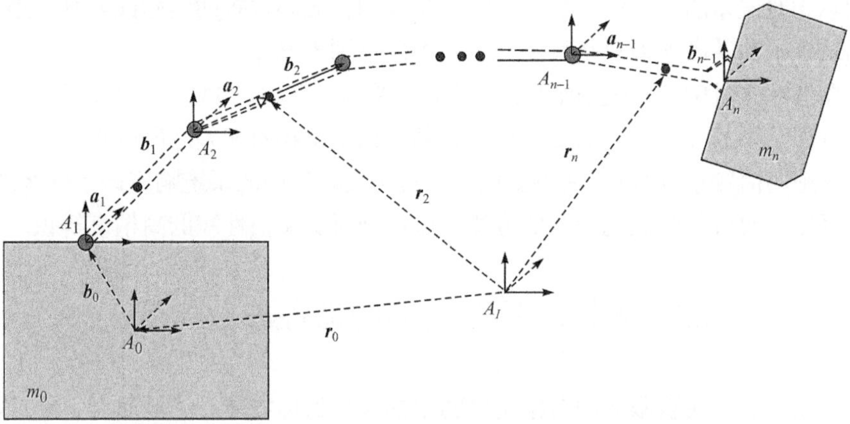

图 5.21　星-臂-目标物体耦合运动学建模对象示意图

在这一问题中，对目标物体的惯性参数进行辨识的方法步骤(记为流程 5-2)与流程 5-1 基本一致，描述如下。

① 在某一安全路径下，以一确定的方式驱动机械臂运转，即给定系统激励 $\dot{\boldsymbol{\phi}}_M(t), t\in[t_0,t_1]$。

② 在该激励下测量系统响应，即测量整个激励期间主星姿态角速度数据 $\dot{\boldsymbol{\phi}}_S(t), t\in[t_0,t_1]$。

③ 分析测量数据，推断星-臂-目标物体耦合运动学模型中待辨识的目标物体惯性参数 m_n、$\boldsymbol{b}_n$、$\boldsymbol{I}_n$。

与主星惯性参数辨识的流程相比，施加的激励和所要测量的响应都没有区别，只是对数据进行分析求解的过程和目标发生了变化。为了对空间机器人抓取的非合作目标物体的惯性参数进行辨识，首先应建立辨识问题的数学模型，然后考虑用适当的算法求解该问题。

5.2.2 求解目标物体全部惯性参数

针对非合作目标的惯性参数辨识问题，许多文献都提出通过联立角动量、线动量守恒方程，以及多个不同时刻的激励和响应数据，一次性求出质量、质心位置和惯量矩阵等 10 个待辨识参数的最小二乘解，由此直接得到完整的辨识结果[83]。下面介绍这种联立求解的方法。

为了通过联立不同时刻的角动量与线动量方程，同时求解全部 10 个惯性参数，首先罗列系统线动量。在惯性系下，将系统中各部分刚体的线动量表示为统一的形式，即

$$\boldsymbol{p}_i = m_i\boldsymbol{V}_i + \boldsymbol{A}_{Ii}\boldsymbol{\Omega}_i^{\times}\boldsymbol{S}_i,\quad i = 0,1,2,\cdots,n \tag{5.19}$$

其中，× 为向量的反对称矩阵形式；$\boldsymbol{S}_i$ 为第 i 关节静矩在其体坐标 A_i 下的分量组成的向量，其与质心位置 $\boldsymbol{a}_i$ 满足如下关系，即

$$\boldsymbol{S}_i = \int_{m_i}\boldsymbol{a}_i\mathrm{d}m \tag{5.20}$$

通常情况下，我们将主星的体坐标系建立在其质心位置，此时有 $\boldsymbol{p}_0 = m_0\boldsymbol{V}_0$。对于任意三维向量 $\boldsymbol{v}$，满足如下关系，即

$$\boldsymbol{v}^{\times}=\begin{bmatrix} 0 & -v_3 & v_2 \\ v_3 & 0 & -v_1 \\ -v_2 & v_1 & 0 \end{bmatrix} \tag{5.21}$$

则可将系统中所有刚体的线动量相加，由整个系统的线动量守恒，有

$$\boldsymbol{p} = \sum_{i=0}^{n}\boldsymbol{p}_i = \text{const} \tag{5.22}$$

与线动量同理，可将系统中各部分刚体的角动量写为如下统一的形式，即

$$\boldsymbol{h}_i = m_i\boldsymbol{R}_i^{\times}\boldsymbol{V}_i + \boldsymbol{R}_i^{\times}\boldsymbol{A}_{Ii}\boldsymbol{\Omega}_i^{\times}\boldsymbol{S}_i - \boldsymbol{V}_i^{\times}\boldsymbol{A}_{Ii}\boldsymbol{S}_i + \boldsymbol{A}_{Ii}\boldsymbol{I}_i\boldsymbol{\Omega}_i,\quad i = 0,1,\cdots,n \tag{5.23}$$

将这些刚体的角动量相加，可以得到整个系统的角动量守恒式，即

$$\boldsymbol{h} = \sum_{i=0}^{n}\boldsymbol{h}_i = \text{const} \tag{5.24}$$

若系统初始线动量和角动量都为 $\boldsymbol{0}$，将式(5.19)和式(5.20)分别代入式(5.22)和式(5.24)，并将下标为 n 的物理量单独拆分出来，可得下式，即

$$\sum_{i=0}^{n-1}\boldsymbol{p}_i + m_n\boldsymbol{V}_n + \boldsymbol{A}_{In}\boldsymbol{\Omega}_n^{\times}\boldsymbol{S}_n = \boldsymbol{0} \tag{5.25}$$

$$\sum_{i=0}^{n-1}\boldsymbol{h}_i + m_n\boldsymbol{R}_n^{\times}\boldsymbol{V}_n + \boldsymbol{R}_n^{\times}\boldsymbol{A}_{In}\boldsymbol{\Omega}_n^{\times}\boldsymbol{S}_n - \boldsymbol{V}_n^{\times}\boldsymbol{A}_{In}\boldsymbol{S}_n + \boldsymbol{A}_{In}\boldsymbol{I}_n\boldsymbol{\Omega}_n = \boldsymbol{0} \tag{5.26}$$

在式(5.25)和式(5.26)中，求和符号包含的项都是与主星及机械臂所有臂杆相

关的物理量。此外，还包含被抓取目标相关的物理量，即全部待辨识的惯性参数都在求和符号之外，求和符号之内的全部物理量都是已知量或可测量。

矩阵 $\boldsymbol{I}_n$ 中包含 6 个待求解量，为了便于在方程中对其统一求解，可以将其参数化为向量形式。定义 $\boldsymbol{\Omega}_n^*$ 与 $\boldsymbol{I}_n^*$ 为如下形式，即

$$\boldsymbol{\Omega}_n^* = \begin{bmatrix} \Omega_{nx} & \Omega_{ny} & \Omega_{nz} & 0 & 0 & 0 \\ 0 & \Omega_{nx} & 0 & \Omega_{ny} & \Omega_{nz} & 0 \\ 0 & 0 & \Omega_{nx} & 0 & \Omega_{ny} & \Omega_{nz} \end{bmatrix} \tag{5.27}$$

$$\boldsymbol{I}_n^* = \left[I_{xx}, I_{xy}, I_{xz}, I_{yy}, I_{yz}, I_{zz} \right]^{\mathrm{T}} \tag{5.28}$$

满足

$$\boldsymbol{\Omega}_n^* \boldsymbol{I}_n^* = \boldsymbol{I}_n \boldsymbol{\Omega}_n \tag{5.29}$$

将其代入式(5.26)，可得下式，即

$$\sum_{i=0}^{n-1} \boldsymbol{h}_i + m_n \boldsymbol{R}_n^{\times} \boldsymbol{V}_n + \boldsymbol{R}_n^{\times} \boldsymbol{A}_{In} \boldsymbol{\Omega}_n^{\times} \boldsymbol{S}_n - \boldsymbol{V}_n^{\times} \boldsymbol{A}_{In} \boldsymbol{S}_n + \boldsymbol{A}_{In} \boldsymbol{\Omega}_n^* \boldsymbol{I}_n^* = \boldsymbol{0} \tag{5.30}$$

其中，m_n、$\boldsymbol{S}_n$ 和 $\boldsymbol{I}_n^*$ 为待求解的未知数，将其中统一合并参数化后，可得 10 个标量；$\boldsymbol{R}_0$、$\boldsymbol{V}_0$ 和 $\boldsymbol{\omega}_0$ 为可以由传感器测量的主星位置、线速度和角速度；其余量为已知参数和激励。

将式(5.25)与式(5.30)联立，提取待求解的未知数，将已知量写作系数矩阵形式，可得下式，即

$$\begin{bmatrix} \boldsymbol{V}_n & \boldsymbol{A}_{In} \boldsymbol{\Omega}_n^{\times} & \boldsymbol{0} \\ \boldsymbol{R}_n^{\times} \boldsymbol{V}_n & \boldsymbol{R}_n^{\times} \boldsymbol{A}_{In} \boldsymbol{\Omega}_n^{\times} - \boldsymbol{V}_n^{\times} \boldsymbol{A}_{In} & \boldsymbol{A}_{In} \boldsymbol{\Omega}_n^* \end{bmatrix} \begin{bmatrix} m_n \\ \boldsymbol{S}_n \\ \boldsymbol{I}_n^* \end{bmatrix} = \begin{bmatrix} -\sum_{i=0}^{n-1} \boldsymbol{p}_i \\ -\sum_{i=0}^{n-1} \boldsymbol{h}_i \end{bmatrix} \tag{5.31}$$

或将其简写为 $\boldsymbol{Ax} = \boldsymbol{b}$ 的形式，$\boldsymbol{A}$、$\boldsymbol{x}$ 和 $\boldsymbol{b}$ 定义如下，即

$$\boldsymbol{A} = \begin{bmatrix} \boldsymbol{V}_n & \boldsymbol{A}_{In} \boldsymbol{\Omega}_n^{\times} & \boldsymbol{0} \\ \boldsymbol{R}_n^{\times} \boldsymbol{V}_n & \boldsymbol{R}_n^{\times} \boldsymbol{A}_{In} \boldsymbol{\Omega}_n^{\times} - \boldsymbol{V}_n^{\times} \boldsymbol{A}_{In} & \boldsymbol{A}_{In} \boldsymbol{\Omega}_n^* \end{bmatrix} \tag{5.32}$$

$$\boldsymbol{b} = \begin{bmatrix} -\sum_{i=0}^{n-1} \boldsymbol{p}_i \\ -\sum_{i=0}^{n-1} \boldsymbol{h}_i \end{bmatrix} \tag{5.33}$$

$$\boldsymbol{x}=\begin{bmatrix} m_n \\ \boldsymbol{S}_n \\ \boldsymbol{I}_n^* \end{bmatrix} \tag{5.34}$$

注意系数矩阵 $\boldsymbol{A}$ 为 6×10 的矩阵，而未知数 $\boldsymbol{x}$ 有 10 个量，方程个数少于未知数个数，因此方程不封闭。

因此，在实际求解过程中，需要再次转动关节，以得到另一个时刻的 $\boldsymbol{R}_0$、$\boldsymbol{V}_0$ 和 $\boldsymbol{\omega}_0$ 测量数据，并将这两组时刻的线动量和角动量守恒方程联立，可以得到 12 个方程。在理想情况下，由该方程组即可求出唯一一组解。考虑实际测量存在误差，可以继续转动关节，引入更多方程，并将它们全部联立起来。此时方程组中的系数矩阵 $\boldsymbol{A}$ 为 $6n\times10(n=3,4,\cdots)$ 的矩阵，相应的 $\boldsymbol{b}$ 也为 $6n$ 维向量。由代数理论，容易求出该方程组的最小二乘解，即

$$\boldsymbol{x}=(\boldsymbol{A}^{\mathrm{T}}\boldsymbol{A})^{-1}\boldsymbol{A}^{\mathrm{T}}\boldsymbol{b} \tag{5.35}$$

综上，在可以多次转动关节角，并精确测量任意时刻主星线速度 $\boldsymbol{V}_0$ 和角速度 $\boldsymbol{\omega}_0$ 的情况下，可以反解以上方程组得到被抓取目标的 10 个未知的惯性参数。显然，该方法使用的前提是获得精确的角动量信息和线动量信息，即高精度的主星线速度和角速度。在实际工程应用中，实时测量航天器的角速度是比较容易实现的，而且其测量精度相当高，但要实时准确地测量航天器主体的线速度却很难。

现阶段，在一般的实际空间任务环境中，飞行器的线速度测量精度只能达到分米级[84-85]。我们使用机械臂运转引起的主星动量变化来推测系统中的相关惯性参数，而在空间环境中，一般的机械操作速度都比较缓慢，因此其引起的主星线速度变化非常微小，基本上与测量精度在同一个量级，难以直接用于参数辨识。

在式(5.25)中，对未知物体的质量 m_n 和静矩 $\boldsymbol{S}_n$ 的反解主要通过线速度的测量信息，而对 $\boldsymbol{I}_n$ 的反解由角速度信息和 m_n、$\boldsymbol{S}_n$ 的反解信息联立求出。在线动量精度达不到反解要求的情况下，该方法只有理论上的可解性，在实际应用时，通过该方法反解出来的结果往往离真实值很远。若将 $\boldsymbol{R}_0$、$\boldsymbol{V}_0$ 视为未知数，则每次转动关节并引入 6 个新的方程，同时也将引入 6 个新的未知数。因此，在缺失满足精度要求的 $\boldsymbol{R}_0$、$\boldsymbol{V}_0$ 数据的条件下，无论进行多少次测量，该方程都无法求解。

尽管线动量测量信息不可用，无法通过既有测量数据，一次性求解出全部的未知惯性参数，但可以考虑使用角动量测量信息对转动惯量进行求解，并将其表达为质量 m_n 和质心位置 $\boldsymbol{a}_n$ 的函数。此时，在有效降低待辨识参数数量的基础上，仍可将原辨识问题转化为一个优化问题。

5.2.3 惯量矩阵与其他惯性参数的函数关系

放弃难以准确测量其中线速度信息的线动量守恒方程，而仅考虑角动量守恒，则有下式，即

$$\sum_{i}\boldsymbol{h}_i=\boldsymbol{h}^{(0)}=\text{const} \tag{5.36}$$

其中，$\boldsymbol{h}^{(0)}$ 为初始 0 时刻的系统角动量。仍单独考虑系统中的每个刚体(主星，关节，捕获物体)，并将其角动量重新写为如下统一形式，即

$$\boldsymbol{h}_i=m_i\boldsymbol{r}_i^{\times}\boldsymbol{v}_i+\boldsymbol{A}_{Ii}\boldsymbol{I}_i\boldsymbol{\Omega}_i=m_i\boldsymbol{r}_i^{\times}\boldsymbol{v}_i+\boldsymbol{A}_{Ii}\boldsymbol{I}_i\sum_{k=0}^{i}\boldsymbol{A}_{ik}\dot{\boldsymbol{\Phi}}_k \tag{5.37}$$

其中，每个刚体质心的绝对位置和绝对速度分别满足如下关系式，即

$$\boldsymbol{r}_i=\boldsymbol{r}_0+\sum_{k=0}^{i-1}\boldsymbol{A}_{Ik}\boldsymbol{l}_k+\boldsymbol{A}_{Ii}\boldsymbol{a}_i \tag{5.38}$$

$$\begin{aligned}v_i&=\dot{\boldsymbol{r}}_i\\&=\dot{\boldsymbol{r}}_0+\sum_{k=0}^{i-1}\boldsymbol{A}_{Ik}\boldsymbol{\Omega}_k^{\times}\boldsymbol{l}_k+\boldsymbol{A}_{Ii}\boldsymbol{\Omega}_i^{\times}\boldsymbol{a}_i\\&=\dot{\boldsymbol{r}}_0-\sum_{k=0}^{i-1}\boldsymbol{A}_{Ik}\boldsymbol{l}_k^{\times}\left(\sum_{j=0}^{k}\boldsymbol{A}_{kj}\dot{\boldsymbol{\Phi}}_j\right)-\boldsymbol{A}_{Ii}\boldsymbol{a}_i^{\times}\left(\sum_{j=0}^{i}\boldsymbol{A}_{ij}\dot{\boldsymbol{\Phi}}_j\right)\end{aligned} \tag{5.39}$$

设整个星-臂-目标耦合系统的质心位置为 $\boldsymbol{r}_G$，则依质心的定义，$\boldsymbol{r}_G$ 满足如下关系式，即

$$\begin{aligned}\boldsymbol{r}_G\sum_{i=0}^{n}m_i&=\sum_{i=0}^{n}m_i\boldsymbol{r}_i\\&=\sum_{i=0}^{n}m_i\left(\boldsymbol{r}_0+\sum_{k=0}^{i-1}\boldsymbol{A}_{Ik}\boldsymbol{l}_k+\boldsymbol{A}_{Ii}\boldsymbol{a}_i\right)_i\\&=\boldsymbol{r}_0\sum_{i=0}^{n}m_i+\sum_{i=0}^{n}m_i\left(\sum_{k=0}^{i-1}\boldsymbol{A}_{Ik}\boldsymbol{l}_k+\boldsymbol{A}_{Ii}\boldsymbol{a}_i\right)_i\end{aligned} \tag{5.40}$$

若惯性系 A_{-1} 的原点建立在初始时刻系统质心上，令 $\boldsymbol{r}_G=\boldsymbol{0}$，由(5.40)可得，主星质心位置 $\boldsymbol{r}_0$ 满足如下关系式，即

$$\boldsymbol{r}_0=-\frac{\sum_{i=0}^{n}m_i\left(\sum_{k=0}^{i-1}\boldsymbol{A}_{Ik}\boldsymbol{l}_k+\boldsymbol{A}_{Ii}\boldsymbol{a}_i\right)_i}{\sum_{i=0}^{n}m_i} \tag{5.41}$$

将式(5.41)代入式(5.38)可得 $\boldsymbol{r}_i$ 的完整形式。

一般情况下，令系统初始角动量 $\boldsymbol{h}^{(0)}=\boldsymbol{0}$，将式(5.38)中的 $\boldsymbol{r}_i$ 和式(5.39)中的 $\boldsymbol{v}_i$ 代入式(5.37)，然后将式(5.37)中的每组 $\boldsymbol{h}_i$ 都代入角动量守恒方程式(5.36)，可得下式，即

$$\sum_{i=0}^{n}\left\{m_i\boldsymbol{r}_i^{\times}\boldsymbol{v}_0-m_i\boldsymbol{r}_i^{\times}\left[\sum_{k=0}^{i-1}\boldsymbol{A}_{Ik}\boldsymbol{l}_k^{\times}\left(\sum_{j=0}^{k}\boldsymbol{A}_{kj}\dot{\boldsymbol{\Phi}}_j\right)+\boldsymbol{A}_{Ii}\boldsymbol{a}_i^{\times}\left(\sum_{j=0}^{i}\boldsymbol{A}_{ij}\dot{\boldsymbol{\Phi}}_j\right)\right]+\boldsymbol{A}_{Ii}\boldsymbol{I}_i\sum_{j=0}^{i}\boldsymbol{A}_{ij}\dot{\boldsymbol{\Phi}}_j\right\}=\boldsymbol{0} \tag{5.42}$$

此时，若质量 m_n 和质心位置 $\boldsymbol{a}_n$ 已知，则式(5.42)中其余各项只有一项含有待求解量 $\boldsymbol{I}_n$，将含有 $\boldsymbol{I}_n$ 的项提出，可得如下形式，即

$$\begin{aligned}&\boldsymbol{A}_{In}\boldsymbol{I}_n\sum_{j=0}^{n}\boldsymbol{A}_{nj}\dot{\boldsymbol{\Phi}}_j\\&=-\sum_{i=0}^{n}\left\{m_i\boldsymbol{r}_i^{\times}\boldsymbol{v}_0-m_i\boldsymbol{r}_i^{\times}\left[\sum_{k=0}^{i-1}\boldsymbol{A}_{Ik}\boldsymbol{l}_k^{\times}\left(\sum_{j=0}^{k}\boldsymbol{A}_{kj}\dot{\boldsymbol{\Phi}}_j\right)+\boldsymbol{A}_{Ii}\boldsymbol{a}_i^{\times}\left(\sum_{j=0}^{i}\boldsymbol{A}_{ij}\dot{\boldsymbol{\Phi}}_j\right)\right]\right\}-\sum_{i=0}^{n-1}\boldsymbol{A}_{Ii}\boldsymbol{I}_i\sum_{j=0}^{i}\boldsymbol{A}_{ij}\dot{\boldsymbol{\Phi}}_j\end{aligned} \tag{5.43}$$

定义 $\boldsymbol{s}$ 和 $\boldsymbol{d}$ 为

$$\begin{aligned}&\boldsymbol{s}=\left[s_1,s_2,s_3\right]^{\mathrm{T}}=\sum_{j=0}^{n}\boldsymbol{A}_{nj}\dot{\boldsymbol{\Phi}}_j\\&\boldsymbol{d}=\left[d_1,d_2,d_3\right]^{\mathrm{T}}\\&=-\boldsymbol{A}_{In}^{-1}\sum_{i=0}^{n}\left[m_i\boldsymbol{r}_i^{\times}\boldsymbol{v}_0-m_i\boldsymbol{r}_i^{\times}\left(\sum_{k=0}^{i-1}\boldsymbol{A}_{Ik}\boldsymbol{l}_k^{\times}\boldsymbol{\Omega}_k+\boldsymbol{A}_{Ii}\boldsymbol{a}_i^{\times}\boldsymbol{\Omega}_i\right)\right]-\boldsymbol{A}_{In}^{-1}\sum_{i=0}^{n-1}\boldsymbol{A}_{Ii}\boldsymbol{I}_i\boldsymbol{\Omega}_i\\&=-\boldsymbol{A}_{In}^{-1}\sum_{i=0}^{n}\left\{m_i\boldsymbol{r}_i^{\times}\boldsymbol{v}_0-m_i\boldsymbol{r}_i^{\times}\left[\sum_{k=0}^{i-1}\boldsymbol{A}_{Ik}\boldsymbol{l}_k^{\times}\left(\sum_{j=0}^{k}\boldsymbol{A}_{kj}\dot{\boldsymbol{\Phi}}_j\right)+\boldsymbol{A}_{Ii}\boldsymbol{a}_i^{\times}\left(\sum_{j=0}^{i}\boldsymbol{A}_{ij}\dot{\boldsymbol{\Phi}}_j\right)\right]\right\}\\&\quad-\boldsymbol{A}_{In}^{-1}\sum_{i=0}^{n-1}\boldsymbol{A}_{Ii}\boldsymbol{I}_i\sum_{j=0}^{i}\boldsymbol{A}_{ij}\dot{\boldsymbol{\Phi}}_j\end{aligned} \tag{5.44}$$

则可将式(5.43)写为

$$\boldsymbol{I}_n\boldsymbol{s}=\boldsymbol{d} \tag{5.45}$$

其中，$\boldsymbol{s}$ 和 $\boldsymbol{d}$ 包含的物理量都是已知量；$\boldsymbol{I}_n$ 为未知量。

为了求解 $\boldsymbol{I}_n$，同样对其做参数化处理，即

$$\boldsymbol{I}_n^{*}=\left[I_{11},I_{22},I_{33},I_{12},I_{13},I_{23}\right]^{\mathrm{T}} \tag{5.46}$$

同时定义矩阵 $\boldsymbol{S}$ ，即

$$\boldsymbol{S}=\begin{bmatrix} s_1 & 0 & 0 & s_2 & s_3 & 0 \\ 0 & s_2 & 0 & s_1 & 0 & s_3 \\ 0 & 0 & s_3 & 0 & s_1 & s_2 \end{bmatrix} \tag{5.47}$$

此时满足 $\boldsymbol{S}\boldsymbol{I}_n^*=\boldsymbol{I}_n\boldsymbol{s}$ 。由此即可将式(5.45)化作如下线性方程组形式，即

$$\boldsymbol{S}\boldsymbol{I}_n^*=\boldsymbol{d} \tag{5.48}$$

该方程组包含 6 个未知数，但仅有 3 个独立的方程，显然无法确定唯一解。因此，需要转动机械臂，获取更多时刻的激励、响应，以及相关状态量。令上标 (t) 表示特定时刻的一组数据，定义如下关系，即

$$\boldsymbol{S}^*=\left[\boldsymbol{S}^{(0)},\boldsymbol{S}^{(1)},\cdots,\boldsymbol{S}^{(t-1)}\right]^{\mathrm{T}},\quad \boldsymbol{d}^*=\left[\boldsymbol{d}^{(0)},\boldsymbol{d}^{(1)},\cdots,\boldsymbol{d}^{(t-1)}\right]^{\mathrm{T}} \tag{5.49}$$

将 t 个不同时刻的式(5.48)中的方程联立，可得如下新的方程组，即

$$\boldsymbol{S}^*\boldsymbol{I}_n^*=\boldsymbol{d}^* \tag{5.50}$$

该方程组中的未知数始终为 6，而方程个数为 $3t$ 。当有足够数量的不同时刻的数据保证方程组满秩时，即可求解得到 $\boldsymbol{I}_n^*$ 。

进一步，为了平抑测量误差，可以引入更多时刻的数据，求解式(5.50)的如下形式的最小二乘解，即

$$\boldsymbol{I}_n^*=(\boldsymbol{S}^{*\mathrm{T}}\boldsymbol{S}^*)^{-1}\boldsymbol{S}^{*\mathrm{T}}\boldsymbol{d}^* \tag{5.51}$$

通过式(5.51)，即可在已知被抓取目标物体的质量 m_n 和质心位置 $\boldsymbol{a}_n$ 的情况下，使用主星的角速度测量数据，计算目标物体的转动惯量矩阵 $\boldsymbol{I}_n^*$ 。

由此，便将目标函数中的所有 $\boldsymbol{I}_n^*$ 转化为 m_n 和 $\boldsymbol{a}_n$ 的函数，即将原优化问题中的待优化变量从 10 个减少到 4 个，依照与前述主星惯性参数辨识相同的方法，将特定状态-激励数据下的仿真响应与真实响应之间的误差作为目标函数，将待辨识的参数作为优化变量进行求解，以实现对被抓取目标物体的惯性参数的辨识。

在每一次求解目标函数的过程中，除了与前述方法类似的运动学仿真计算，还额外增加了通过大量状态-激励-响应数据来求解 $\boldsymbol{I}_n^*$ 这一过程。这会显著增加目标函数的计算复杂度，降低求解效率，因此需要找到一个更简单的优化目标函数，加快问题的求解速度。

5.2.4 基于惯量矩阵求解一致性的优化目标函数

式(5.51)描述了被抓取目标物体的惯量矩阵 $\boldsymbol{I}_n^*$ 与质量 m_n 和质心位置 $\boldsymbol{a}_n$ 之间的函数关系。任取 τ 个不同时刻的状态-激励-响应数据(简称一组数据)，都可以将

这一组数据，以及一组自变量 m_n 和 $\boldsymbol{a}_n$ 代入式(5.51)求得相应的函数 $\boldsymbol{I}_n^*$。

将目标物体的惯性参数固定为质量 $\hat{m}_n$、质心位置 $\hat{\boldsymbol{a}}_n$，以及惯量矩阵 $\boldsymbol{I}_n^*$，让系统在多种不同的状态和激励下运转，并记录每个时刻下的状态-激励-响应数据，然后使用记录的数据进行反向求解测试：首先给定一组固定的自变量 m_n 和 $\boldsymbol{a}_n$，然后将多组不同的状态-激励-响应数据分别代入式(5.51)求解 $\boldsymbol{I}_n^*$。

若给定的自变量 m_n 和 $\boldsymbol{a}_n$ 与设定值 $\hat{m}_n$ 和 $\hat{\boldsymbol{a}}_n$ 有显著差距，则在代入不同组数据时，将解算出互不相同的 $\boldsymbol{I}_n^*$。反过来说，只有给定的自变量 m_n 和 $\boldsymbol{a}_n$ 与设定值 $\hat{m}_n$ 和 $\hat{\boldsymbol{a}}_n$ 较接近时，通过代入不同组数据求解得到的 $\boldsymbol{I}_n^*$ 才会彼此相近。

利用求解惯量矩阵的这一特征，即可以不同时刻的数据下解算出来的 $\boldsymbol{I}_n^*$ 的差别作为依据，指导自变量 m_n 和 $\boldsymbol{a}_n$ 的优化方向，从而辨识真实的被抓取目标物体的质量 $\hat{m}_n$ 和质心位置 $\hat{\boldsymbol{a}}_n$。通过式(5.51)算出对应的转动惯量矩阵 $\boldsymbol{I}_n^*$，可以完成被抓取目标的全部惯性参数的辨识工作。

为了定量地比较多个 $\boldsymbol{I}_n^*$ 的差别，可以针对 $\boldsymbol{I}_n^*$ 的 6 个分量，分别求每个分量的方差，再求方差的代数和，即

$$\sigma = \sum_{j=1}^{6} \mathrm{Var}\left(I_{n,j}^*\right) \tag{5.52}$$

其中，$\mathrm{Var}\left(I_{n,j}^*\right)$ 为随机变量 $I_{n,j}^*$ 的方差。

若令 $I_{n,j}^{*(k)}$ 为通过代入第 k 组实验数据解算出来的 $\boldsymbol{I}_n^*$ 的第 j 分量，用于求解的实验数据共有 K 组，则有下式，即

$$\mathrm{Var}\left(I_{n,j}^*\right) = \sum_{k=1}^{K}\left[I_{n,j}^{*(k)} - \frac{1}{t}\sum_{l=1}^{K} I_{n,j}^{*(l)}\right] \tag{5.53}$$

考虑数据中存在的误差，则用于求解的每组数据需要包含足够多的时刻，以保证最小二乘解的稳定，即需要保证 τ 的下限阈值。与此同时，为了使 $\boldsymbol{I}_n^*$ 的方差比较结果更稳定，需要引入足够多组数据进行求解，即需要保证 K 的下限阈值。

由于改变任意一个时刻的数据，整组数据的求解结果就会发生变化，因此同一时刻的数据在不同组之间是可以复用的。事实上，只要保证不同组之间有一个时刻的数据不同就够了。因此，在实际求解过程中，使用一组数据求解对应的 $\boldsymbol{I}_n^*$ 之后，只要替换掉其中一个时刻的数据，就相当于生成一组新的数据，可以用于继续求解下一个 $\boldsymbol{I}_n^*$。与传统的以姿态角速度仿真值与姿态角速度实测值之差作为目标函数的方法不同，该方法以系统不同时刻的状态-激励-响应数据构成数据组，通过多个不同数据组求解相应的惯量矩阵，并将惯量矩阵之间的偏差大小作

为优化问题的目标函数。新的目标函数与原目标函数对比示意图如图 5.22 所示。

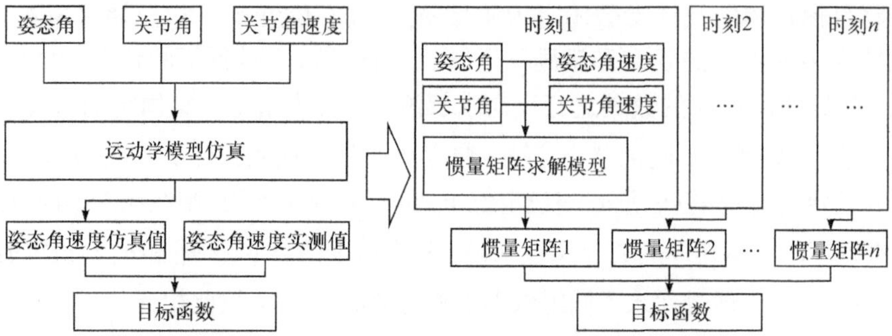

图 5.22 新的目标函数与原目标函数对比示意图

这一新的目标函数的具体计算方法(记为流程 5-3)描述如下。

① 取 $K+\tau$ 个不同时刻的状态-激励-响应数据，分别计算其对应的 $\boldsymbol{S}$ 和 $\boldsymbol{d}$ ，得到 $\boldsymbol{S}^{(1)},\boldsymbol{S}^{(2)},\cdots,\boldsymbol{S}^{(K+\tau)}$ 和 $\boldsymbol{d}^{(1)},\boldsymbol{d}^{(2)},\cdots,\boldsymbol{d}^{(K+\tau)}$ 。

② 取 $t=1,2,\cdots,\tau$ 共 τ 个时刻的数据为一组，组合成 $\boldsymbol{S}^{*(1)}=[\boldsymbol{S}^{(1)},\boldsymbol{S}^{(2)},\cdots,\boldsymbol{S}^{(\tau)}]^{\mathrm{T}}$ 和 $\boldsymbol{d}^{*(1)}=\left[\boldsymbol{d}^{(1)},\boldsymbol{d}^{(1)},\cdots,\boldsymbol{d}^{(\tau)}\right]^{\mathrm{T}}$, 构成方程组 $\boldsymbol{S}^{*(1)}\boldsymbol{I}_n^{*(1)}=\boldsymbol{d}^{*(1)}$, 求解对应的 $\boldsymbol{I}_n^{*(1)}$ 。

③ 改取 $t=2,3,\cdots,\tau+1$ 时刻的数据为一组，组合成 $\boldsymbol{S}^{*(2)}=[\boldsymbol{S}^{(2)},\boldsymbol{S}^{(3)},\cdots,\boldsymbol{S}^{(\tau+1)}]^{\mathrm{T}}$ 和 $\boldsymbol{d}^{*(2)}=\left[\boldsymbol{d}^{(2)},\boldsymbol{d}^{(3)},\cdots,\boldsymbol{d}^{(\tau+1)}\right]^{\mathrm{T}}$ ，构成方程组 $\boldsymbol{S}^{*(2)}\boldsymbol{I}_n^{*(2)}=\boldsymbol{d}^{*(2)}$ ，并求解对应的 $\boldsymbol{I}_n^{*(2)}$ 。

④ 如此反复，顺次选取 τ 个不同时刻的数据构成一组进行求解，直到 $K+\tau$ 组数据都已参与过求解，得到 $\boldsymbol{I}_n^{*(1)},\boldsymbol{I}_n^{*(2)},\cdots,\boldsymbol{I}_n^{*(K)}$ ，共 K 个求解结果。

⑤ 依式(5.52)，计算这 K 个 $\boldsymbol{I}_n^*$ 的逐维方差之和 σ 。

注意，每次构建新的方程 $\boldsymbol{S}^{*(k)}\boldsymbol{I}_n^{*(k)}=\boldsymbol{d}^{*(k)}$ 时，实际上只是将 $\boldsymbol{S}^{(k-1)}$ 和 $\boldsymbol{d}^{(k-1)}$ 替换为 $\boldsymbol{S}^{(k+\tau)}$ 和 $\boldsymbol{d}^{(k+\tau)}$ ，而保持其他时刻的数据项不变。因此，没有必要每次都重新计算整个方程组，计算变换项的影响即可。这可以通过如下方法完成。计算 τ 个时刻的数据，对其联立求解，并将解得的 $\boldsymbol{I}_n^*$ 作为初值，以递推最小二乘法对其后续值进行迭代估计。每次迭代都进行两步，第一步将 τ 个数据中最早的那个去掉，第二步引入下一个时刻的数据。通过这种方法，就使递推过程中每次递推更新而来的参数都仅由 τ 组数据决定，将上述迭代过程重复 K 次，记录每次迭代得到的 $\boldsymbol{I}_n^*$ 。这便是限定记忆的递推最小二乘估计。

相关测试表明，取 $K=20$ 、$\tau=20$ 时，可以得到较稳定的求解结果。通过简单地增大或减小 K 和 τ 的值，可以在计算效率与计算结果稳定性之间找到一个平衡，以应对不同情况下的具体问题。在单次目标函数求解速度上，新的基于线性方程联立求解的目标函数比旧的基于运动学积分的函数有较大优势。在过去的目标函数中，为了充分利用多个时刻的时序数据，需要对一段连续时刻的状态-激励进行仿真，时长越长，结果越精确，但相应的计算量增长过快。与之相比，在新的方法中，不需要进行运动学模型仿真那样的数值积分运算，只需要以递推方法对方程组进行迭代求解。这可以显著降低计算开销，提升计算精度的优化空间。

5.2.5　求解目标物体惯性参数辨识问题的种群分布演化

上一节引入了以惯量矩阵的求解一致性作为评价准则的目标函数，进而定义关于目标物体质量和质心位置的优化问题。在这一优化问题中，待优化的自变量为 m_n 和 $\boldsymbol{a}_n$，优化目标函数是 $\boldsymbol{I}_n^*$ 的逐维方差之和的最小值。问题的全局最优值所在的位置是真实的质量 $\hat{m}_n$ 和质心位置 $\hat{\boldsymbol{a}}_n$。

与之前的主星参数辨识和有部分先验知识的目标惯性参数辨识问题相似，由于难以获取目标函数的导数信息，因此一般情况下，仍然需要使用智能优化方法求解该问题，如 GA、PSO 方法、DEA。

在主星参数辨识问题中已经发现，对于空间机器人这样的复杂系统，在使用智能优化算法求解其等效的优化问题时，优化目标函数的局部极小值问题非常突出。与主星参数的辨识相比，被抓取的物体一般质量和体积的变化范围更大，抓取后将使整个多体系统变得更复杂。在求解类似的优化问题时，局部极小值问题的影响更为突出。

1. 一般的智能优化算法

在求解目标物体惯性参数辨识的优化问题时，实际上可以直接采用一些成熟的优化方法进行求解，如 GA[86]、DEA 等。使用实值编码的 GA 基于线性排序来分配适应度，并以轮盘赌方法进行选择，限定优化区间为保守估计的质量和质心位置的边界范围。在种群规模为 500，最大迭代次数为 50，交叉概率为 0.25，变异概率为 0.01 时，实验可得大致可用的结果。

为了进一步提高求解精度，优化计算效率，我们重新梳理多种智能优化算法的发展脉络和演变思路，提出一种新的智能算法对优化问题进行求解。

智能算法自从 20 世纪 60 年代提出就受到了关注。经过近些年的发展，各种新型算子，以及各种混合型智能算法的提出使智能算法的种类迅速丰富[87]。随着计算机技术的发展，并行化计算能力得到快速提升，具有并行特征的群体智能算法和演化算法在解决各类非线性、强耦合等高复杂性问题上，得到了日益广泛的应用。

群体智能算法[88]与演化算法有许多共通点[89-90]，这两类算法均是将规模化的种群分布在待寻优的空间中，以种群个体在空间中的位置来表征可能的优化解，对每个个体设置统一的迭代规则(优化方向一般不依赖梯度信息)，通过加入随机因素、群体知识的共享和对个体的优选，不断地改变、生成新一代的种群，在父代与子代间形成统计意义上的优化，最终择优达到全局优化的目的。这些共同点使群体智能算法和演化算法均具有本质并行性、自适应性和统计性。这些算法从各代种群中优选个体的方法大同小异，主要区别在于父代到子代的迭代规则不同，而迭代规则是各种算法对可能出现的优化方向的一种猜测规则[91]。

为了在优化问题的求解过程中达到更高的效率和更精确的结果，我们希望提出一种迭代规则，不拘泥于对自然界中“进化”“群体决策”等规则的模拟，而是通过统计父代的种群分布结果，以可能出现的几率分配来生成子代。这种演化方法可称为种群分布演化(population distribution evolution，PDE)。

2. PDE 基本流程

PDE 是一种并行化的直接搜索方法。针对第 g 代种群，通过 N (种群规模)个 D (变量个数)维矢量(个体) $x_{nd}(g)(n=1,2,\cdots,N;\ d=1,2,\cdots,D;\ g=1,2,\cdots,G)$ 在搜索空间中分布的演化完成对目标位置的搜索，一般可将初代种群中的所有个体使用均匀随机分布放置在整个搜索空间中。若对问题的解有先验猜测，也可使用正态分布或其他方式来放置初始种群，但本章不予讨论。

PDE 对种群的基本操作包括选择、变异和竞争。选择操作以一定的概率从种群中选取一批个体作为父代。变异操作首先计算当代种群所有个体分布位置的协方差矩阵，然后将该矩阵缩放，计算候选子代的分布。竞争操作通过将所有生成的候选子代与其父代进行比较竞争，从中选出子代。PDE 的以上三项操作的详细描述如下。

(1) 选择

PDE 通过在每一代依据某种规则选出一批个体作为父代，对其施加变异操作生成候选子代。每一代所选父代($y_1, y_2, \cdots, y_N$)的总数与种群规模 N 相等。种群中每一个个体都有机会成为父代，并且一批父代中可以存在重复的个体，即当 $k_1 \neq k_2$ 时，允许 $y_{k1} = y_{k2} = x_i$ 。

一般情况下，可以使用简单的基于排序的适应度分配方式计算选择概率[86]。在线性排序方法中，种群中的某个个体 x_i^g 被选择为父代的概率为

$$p_i = \frac{1}{N}\left[\eta + (2-2\eta)\frac{i'-1}{N-1}\right] \tag{5.54}$$

其中，i' 为该代所有个体按适应度值降序排列时 x_i^g 的序号；$\eta \in [1,2]$ 为选择缩放因子，用以调节高适应度值个体的优势，η/N 即适应度最高的个体被选中的概率。

也可以采用如下的非线性排序方式，即

$$p_i = c(1-c)^{i-1} \tag{5.55}$$

其中，c 为排序第一的个体的选择概率。

与 GA 类似，在选择操作中，也可以根据情况需要，选择不同的算子。

(2) 变异

与 GA、DEA 等算法相比，基本形式的 PDE 不使用交叉算子，只进行变异操作。首先计算整个种群所有个体位置的协方差矩阵 $\boldsymbol{\Sigma}$，即

$$\boldsymbol{\Sigma} = \begin{bmatrix} \sigma_{11} & \sigma_{12} & \cdots & \sigma_{1D} \\ \sigma_{21} & \sigma_{22} & \cdots & \sigma_{2D} \\ \vdots & \vdots & & \vdots \\ \sigma_{D1} & \sigma_{D2} & \cdots & \sigma_{DD} \end{bmatrix} \tag{5.56}$$

其中

$$\sigma_{jk} = \frac{1}{N-1}\sum_{i=1}^{N}(x_{ij} - E(x_j))(x_{ik}^g - E(x_k)) \tag{5.57}$$

其中，$E(x_j) = \dfrac{1}{n}\sum\limits_{n} x_{nj}$ 为当前迭代的全部个体在第 j 维上值的期望。

对于任一父代 $y_k = x_i$，令由其变异而生成的候选子代 z_k 满足如下高斯分布的随机变量，即

$$z_k \sim N_p(x_i, \lambda\boldsymbol{\Sigma}) \tag{5.58}$$

其中，λ 为变异缩放因子，调节高斯分布的范围，控制算法的收敛速度。λ 越大，由种子生成的新粒子分布越分散，收敛速度越慢，这里取 $\lambda = 0.01$。

(3) 竞争

PDE 采用一种贪婪的搜索策略进行搜索。在变异生成全部 N 个候选子代之后，将这些候选子代与上一代的所有个体相比较，从 $2N$ 个个体中选出适应度值最大的前 N 个个体，作为种群的子代。

PDE 流程图如图 5.23 所示。

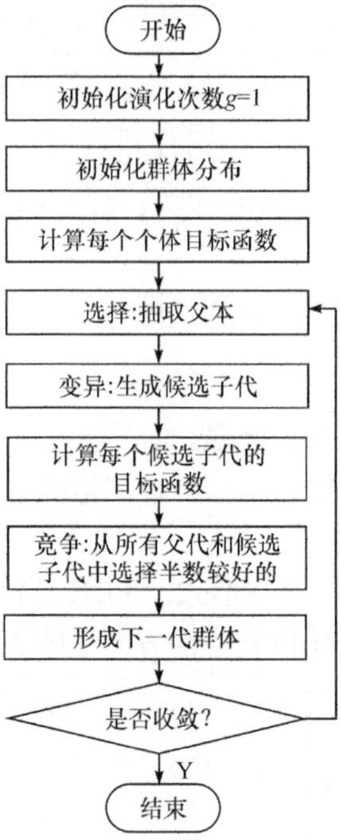

图 5.23　PDE 流程图

整体而言，PDE 的基本指导思想是适应度较高的父代周围更容易出现适应度更高的子代，在每代中按适应度高低，根据概率选出父代；在父代的周围，根据本代在全局中的种群分布特点，按预先设定的分布生成候选子代；通过候选子代与父代的竞争比较生成子代。

PDE 属于实数型编码的演化算法，具有以下特点。

① 不使用交叉算子，在优选的父代周围以统计学特征生成候选子代。

② 根据父代的种群分布，设计候选子代的种群分布。

③ 候选子代与父代共同竞争生成子代。

PDE 的全局搜索能力由 3 个部分保障，首先父代的选择按适应度函数生成，低适应度也存在成为父代的可能；其次，候选子代的散布由父代的全局分布确定，不依赖父代的交叉，即使种群规模有限，也能平滑地覆盖全局；最后，通过候选子代与父代的竞争生成子代，避免子代分布过快集中于父代周围。

候选子代的分布随着种群的逐代演化而收敛，使算法后期具有较强的局部搜索性。通过候选子代与父代的二次选择，全局范围内的个体将有向表现优异的局部优化区间集中的趋势，使该局部优化区间附近生成子代的概率叠加得更高。经过反复迭代种群的分布将向表现较好的区域逐代集中，最终找到一个全局最优解。

3. 算法测试与分析

PDE 演化过程示意图如图 5.24 所示。

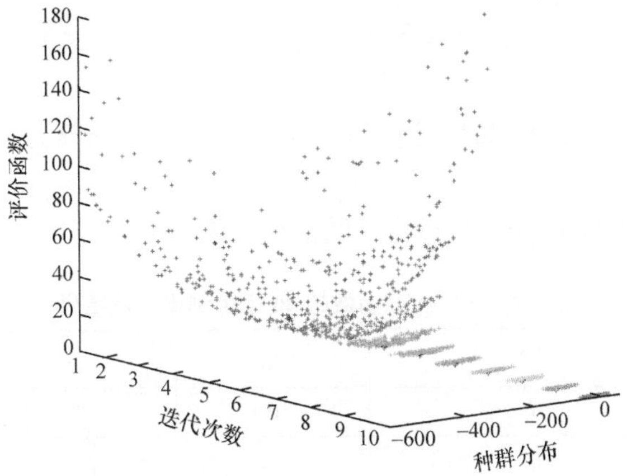

图 5.24　PDE 演化过程示意图

可以看到，随着代数的演进，种群中的个体越来越向全局最优值的位置收敛，且群体的平均误差越来越小。

算例 5-8：使用几个常用的标准测试函数，对 PDE 进行测试演算，并与 DEA 的结果进行对比。求解过程使用的排序函数为式(5.55)所示的非线性排序。测试时，当算法进行到某一代时，若群体中最优个体的位置到目标的距离在每个维度上都达到预先设定的优化精度，则视为优化达到目标。记录到此时目标函数的总的目标函数计算次数——VTR(value to reach)，作为评价算法运算速度的最主要指标。这里使用的三种测试函数[91]如下。

De Jong's Sphere 函数，一个典型的单峰函数，即

$$f_1(\boldsymbol{X})=\sum_{i=1}^{3}x_i^2,\quad -5.12\leqslant x_i\leqslant 5.12 \tag{5.59}$$

当 $\boldsymbol{X}=[0,0,0]$ 时，有 $\min f_1=0$，为全局最优值点，优化目标精度定为 10^{-6}，这是一个基本的测试函数，用在各种算法的测试中。

Rosenbrock's saddle(De Jong's 2nd function)，即

$$f_2(\boldsymbol{X})=100\left(x_1^2-x_2^2\right)+(1-x_1)^2,\quad -2.048\leqslant x_i\leqslant 2.048 \tag{5.60}$$

当 $\boldsymbol{X}=[1,1]$ 时，有 $\min f_2=0$，为全局最优值，优化目标精度仍定为 10^{-6}，虽然只有两个参数，但这个函数并不容易优化。

Shekel’s Foxholes(De Jong’s 5th function)，即

$$f_3(\boldsymbol{X})=\frac{1}{0.002+\sum\limits_{i=0}^{24}\frac{1}{i+\sum\limits_{j=1}^{2}(x_j-a_{ij})^6}},\quad -65.536\leqslant x_i\leqslant 65.536 \tag{5.61}$$

其中，$\boldsymbol{a}_{i1}=[-32,-16,0,16,32]$。当 $\boldsymbol{X}=[-32,-32]$ 时，有 $\min f_3=0.998004$，优化精度定为 0.998005。

3 个测试函数的 40 组算例设定及结果如表 5.6 所示。

表 5.6　3 个测试函数的 40 组算例设定及结果

算法	参数	f_1	f_2	f_3
ANM	T	0	0	3000
	TF	n.a.	n.a.	0.995
	NV	1	1	50
	nfe	95	106	NaN
ASA	TRS	1.0×10^{-5}	1.0×10^{-5}	1.0×10^{-5}
	TAS	10	10000	100
	nfe	397	11275	1379
DEA	随机数上限 NP	5	10	15
	缩放因子 F	0.9	0.9	0.9
	交叉概率 CR	0.1	0.9	0
	nfe	406	654	695
PDE	N	25	50	50
	λ	0.5	0.7	0.8
	c	0.5	0.3	0.25
	nfe	614	1545	932

其中，ANM(annealed Nelder and Mead strategy)为退火内尔德-米德优化算法，ASA(adaptive simulated annealing)为自适应模拟退火算法。这三种方法的对比实验直接采用 Storn 等[91]、Press 等[92]和 Ingber 等[93]的结果。在 PDE 的参数设定中，N 为种群规模。在实验中，若 20 组实验最后都收敛了，则 nfe 表示算法迭代收敛到 VTR 以内时总的目标函数计算次数(对一组中所有实验结果取平均值)，若有未收敛的实验则标记为 NaN。

从表 5.6 中的对比实验可以看到，在不同目标函数的测试中，PDE 与 ANM 和 ASA 各有优劣。在最简单的 f_1 函数上，PDE 要求得精度要求的结果需要 614 次运算，与 ASA 相当，但逊于 ANM 的 95 次。在 f_2 函数中，PDE 以 1545 次运算，优于 ASA 一个数量级(10^4 次)，但又次于 ANM 一个数量级(10^2 次)。在最复杂的 f_3 函数中，PDE 需要 932 次运算，优于 ASA 的 1379 次，而 ANM 无法求得正确的结果。可以发现，在较简单的目标函数上，PDE 并无优势，为了求得同等精度的结果，往往需要更多计算次数，但在较复杂的目标函数中，PDE 会体现出其求解结果的稳定性。

另一方面，与 DE 相比，PDE 的收敛速度始终处于劣势，但两者的计算结果在 3 个测试函数上都没有拉开很大差距，nfe 的差距基本在 1.5～2 倍之间。这也说明，这两个算法的基本求解思路具有相似之处，但在面对简单测试函数时，PDE 不如 DE 的求解简单直接，收敛速度有所不及。

在一般的测试函数中，PDE 的表现确实不如 DE，但实际上，求解理想化的标准测试函数的成绩并不能完全决定算法的好坏。当我们将该方法用于惯性参数辨识的实际问题时，便能充分体现出 PDE 方法的优势。

5.2.6　目标物体惯性参数辨识实验结果及分析

本节用 PDE 直接求解无先验知识的目标物体惯性参数辨识问题，并通过与 GA 和 DEA 对比，比较这些优化方法的区别。此外，基于惯量矩阵求解一致性的无先验知识目标惯性参数辨识，并与之前通过假设模型仿真响应拟合的方法进行比较。

算例 5-9：在指定的取值范围内，随机设置待辨识目标物体的质量 $\hat{m}_n$ 、质心位置 $\hat{\boldsymbol{a}}_n$ 和主惯性矩阵 $\hat{\boldsymbol{I}}_n^*$ 的值，并将惯性张量中的惯性积设为合理范围内的小随机值，给系统输入随机的初始关节角和随后一段时间的关节角速度指令，进行仿真实验，记录在该组状态-激励数据下生成的响应值(主星姿态角速度)。将这组仿真实验得到的状态-激励-响应数据代入前述惯性参数辨识方法中，求得目标物体的质量和质心位置的辨识值 m_n 和 a_n 。依此方法进行多次实验，统计实验中的辨识值与原设定值及两者之间的辨识误差。算例 5-9 中目标物体惯性参数的设定值取值范围如表 5.7 所示。

表 5.7　算例 5-9 中目标物体惯性参数的设定值取值范围

参数	取值范围
质量 $\hat{m}_n$	0～200kg
质心位置 $\hat{a}_{n,x}$	–0.3～0.3m
质心位置 $\hat{a}_{n,y}$	–0.3～0.3m

续表

参数	取值范围
质心位置 $\hat{a}_{n,z}$	0～0.8m
惯量矩阵主对角线值 $\hat{\boldsymbol{I}}_{n,ii}(i=1,2,3)$	$(0.3\sim0.7)\times\hat{m}_n$

算例 5-9 中目标物体惯性参数辨识部分实验结果如图 5.8 所示。

表 5.8 算例 5-9 中目标物体惯性参数辨识部分实验结果

参数	m_n/kg	$a_{n,x}$/m	$a_{n,y}$/m	$a_{n,z}$/m
设定值 1	180.9017	0.246841	–0.21168	0.24389
辨识值 1	184.4353	0.274299	–0.18794	0.264601
设定值 2	150.8712	–0.25517	–0.22299	0.317549
辨识值 2	112.5017	–0.04846	–0.13202	0.639823
设定值 3	72.93909	0.118922	0.09496	0.318196
辨识值 3	82.21179	–0.1984	0.038709	0.132116
设定值 4	151.0912	0.182235	–0.14961	0.374698
辨识值 4	163.1794	0.005551	–0.04947	0.169213
设定值 5	198.9069	0.191179	–0.16168	0.081442
辨识值 5	187.9072	0.174745	–0.16564	0.121138
设定值 6	68.45797	–0.1639	–0.294	0.577085
辨识值 6	67.6719	–0.19412	–0.29039	0.569412
设定值 7	64.13515	0.107258	–0.00201	0.004178
辨识值 7	58.3579	0.244934	0.096866	0.130616
设定值 8	28.59002	–0.0761	0.062434	0.321354
辨识值 8	27.98241	–0.06974	0.084138	0.324513
设定值 9	109.301	–0.1485	–0.06581	0.690058
辨识值 9	105.5683	–0.04501	–0.0736	0.682703
设定值 10	120.8539	0.286885	0.213053	0.371833
辨识值 10	106.0008	0.289007	0.26303	0.304216

为了清晰展示 50 组仿真值的统计结果，对其中的实验算例依设定参数值的大小做升序排列。算例 5-9 中质量和质心位置 x 的辨识值与仿真值对比如图 5.25 所示。

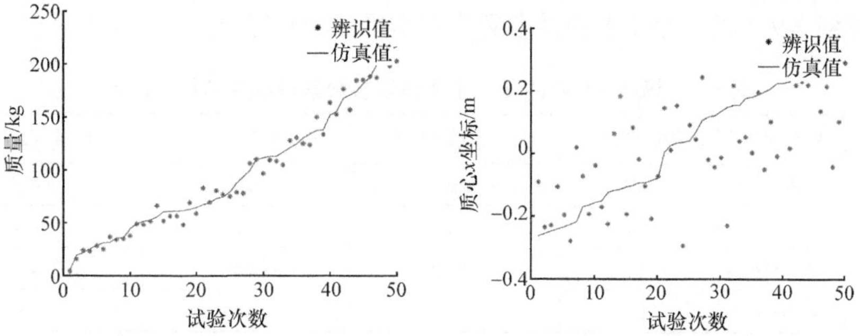

图 5.25　算例 5-9 中质量和质心位置 x 的辨识值与仿真值对比

算例 5-9 中质心位置 y 和质心位置 z 的辨识值与仿真值对比如图 5.26 所示。

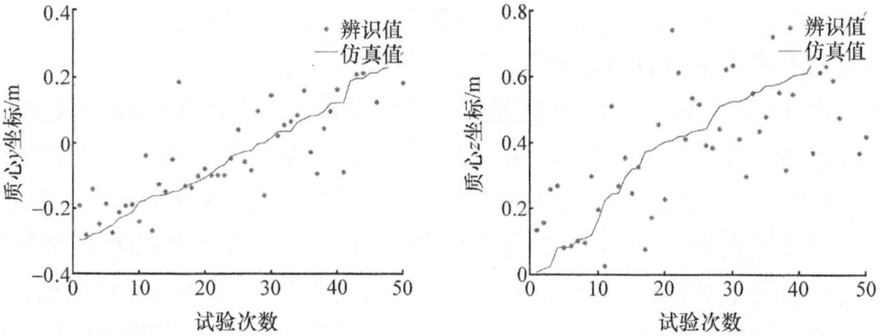

图 5.26　算例 5-9 中质心位置 y 和质心位置 z 的辨识值与仿真值对比

算例 5-9 中 4 个惯性参数的辨识相对误差对比如图 5.27 所示。

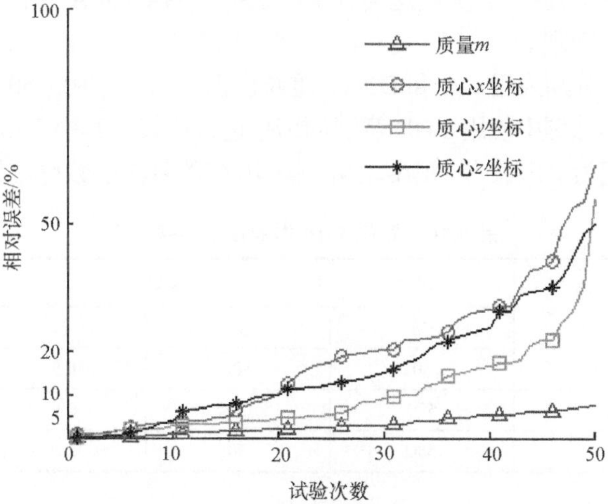

图 5.27　算例 5-9 中 4 个惯性参数的辨识相对误差对比

算例 5-9 中的 4 个主要惯性参数辨识结果的相对误差如表 5.9 所示。

表 5.9　算例 5-9 中的 4 个主要惯性参数辨识结果的相对误差

参数	绝对误差	相对误差/%	95%置信区间/%	90%置信区间/%	80%置信区间/%
m	8.266kg	3.76	6.68	6.32	5.49
$a_{n,x}$	0.1479m	24.6	49.23	39.59	29.98
$a_{n,y}$	0.0883m	14.7	26.90	22.67	16.69
$a_{n,z}$	0.1654m	20.7	37.33	34.44	25.69

对于三轴质心位置而言，平均相对误差约在 15%、20%、25%，且基本上与各自 80%的置信区间相当。与质量辨识结果相比，这一结果当然算不上好，但在实际工程环境中，与被抓取物体的质心位置相比，我们往往更关心其质量。这一对质心位置的不准确估计在许多情况下仍是非常有价值的。

观察表 5.9 可以发现，作为最主要的惯性参数，质量的辨识误差仅为 3.76%，且在全部的 50 组实验中，在 95%的置信度下，质量的辨识相对误差置信区间也保持在 6.68%以内。这充分印证了本章所述目标物体惯性参数辨识方法的有效性。进一步观察不同置信度下的结果置信区间容易看到，对于质量的辨识结果而言，提高置信度对置信区间的影响并不大，与 80%置信度下 5.49%区间相比，95%置信度下的置信区间只扩大 2.38%，这也充分说明质量的辨识结果分布足够稳定和收敛。

通过在每次辨识中使用相同的设定值，并以不同的优化方法进行辨识，可以比较 PDE 在目标惯性参数辨识这类复杂问题中与 GA、DEA 等其他经典智能优化方法之间的不同表现。

算例 5-10：分别采用 GA 和 DEA，重新辨识算例 5-9 中的 50 组设定值，并将辨识结果与前述算例中使用 PDE 辨识的结果进行比较，其中 DEA 使用两种不同的参数设定，记为 DEA1 和 DEA2。算例 5-10 中的算法参数设定如表 5.10 所示。

表 5.10　算例 5-10 中的算法参数设定

算法	参数			
	N	G	λ	η
DEA1	50	500	0.5	1.7
DEA2	500	50	0.5	1.7
GE	500	50		

算例 5-10 中的辨识结果相对误差对比如表 5.11 所示。

表 5.11 算例 5-10 中的辨识结果相对误差对比

算法	m/%	$a_{n,x}$/%	$a_{n,y}$/%	$a_{n,z}$/%
PDE	3.76	24.6	14.7	20.7
DEA1	7.58	34.3	18.7	29.4
DEA2	7.59	37.7	22.2	33.2
GE	4.92	21.9	13.8	22.6

算例 5-10 中的不同算法对比如图 5.28 所示。

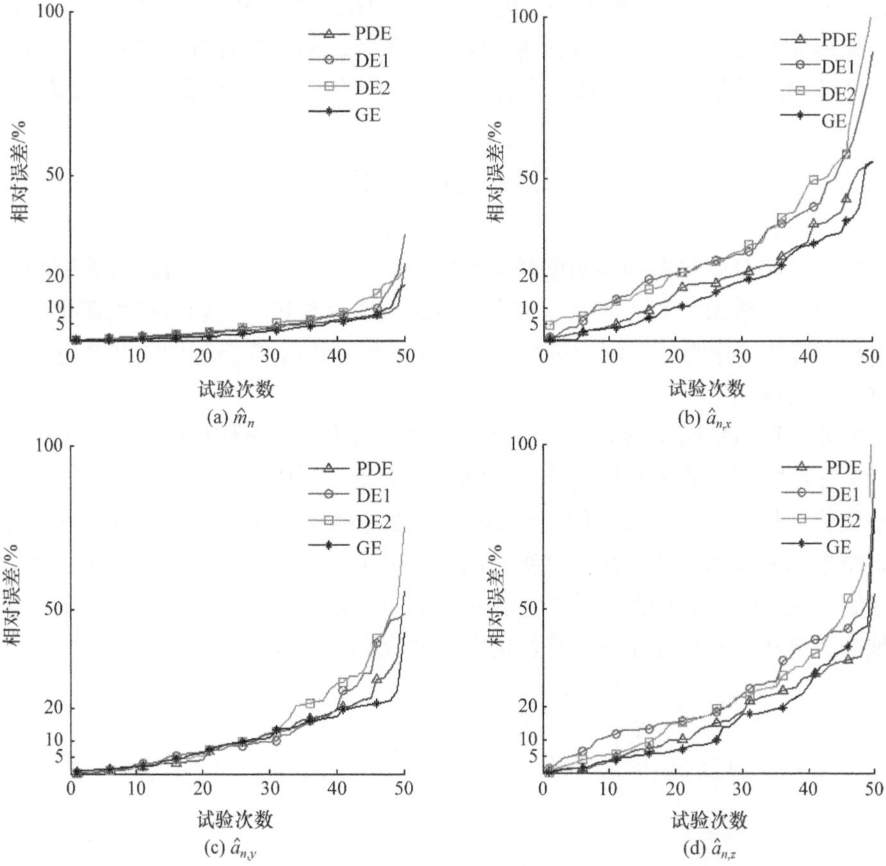

图 5.28 算例 5-10 中的不同算法对比

从表 5.11 中的结果对比可以看到，两种不同的 DEA 对质量的求解相对误差分别为 7.58%和 7.59%，而 PDE 的相对误差仅为 3.76%，不到 DEA 的一半；对质心位置的三轴辨识结果，PDE 的辨识精度分别拥有 10%、4%、1%的优势。与 GA 相比，PDE 对最主要的惯性参数质量的辨识精度较好；在位置辨识精度方面，两者则互有优劣。

总体而言，在被抓取目标物体的惯性参数辨识这一实际问题中，PDE 的整体表现良好。在总计算开销相似的条件下，该方法的计算结果精度整体略优于 GA、DEA 等，而且其对质量这一最主要惯性参数的辨识结果大幅优于对比算法。

此外，观察几种方法对质量的辨识结果对比图发现，在曲线左侧部分，即辨识结果较好的算例上，几种算法的表现相差不大。在一些区间上，PDE 的表现反而不如 GA，但在图中曲线右侧部分，几种方法的辨识结果都不甚理想的部分算例上，PDE 的整体表现则优于其他算法，很好地控制了所有算例的全局统计误差。这也充分说明，在对比较困难的问题进行深入优化时， PDE 中基于每一代种群分布来整体调控子代分布的方式更均匀、更平滑，使其在种群规模有限、局部区间个体较稀疏的情况下，具有更强的全局搜索能力，易于获得更稳定的搜索结果。

5.3 小　结

针对空间对象状态的高精度预报方法，本章开展了针对星-臂耦合系统的主星惯性参数在轨辨识方法的研究。首先对主星惯性参数辨识问题进行物理化简和数学建模，将其转化为一个四变量的全局优化问题，然后基于改进的 PSO 方法算法对其进行求解。

另外，针对空间机器人抓取的完全无先验知识的非合作目标物体，通过求解角动量守恒方程，将该物体的惯量矩阵表示为质量和质心位置的函数，提出一种新的优化目标函数，即以不同组状态-激励-响应数据多次求解该惯量矩阵，并以求解结果的分布状况作为评判准则。同时，提出一种基于种群分布概率不断演化来求解优化问题的新的演化算法。在本章的目标物体惯性参数问题中，其略优于其他同类算法，有望应用于更广泛的科学研究和工程领域。

参 考 文 献

[1] 胡绍林, 李晔, 陈晓红. 航天器在轨服务技术体系解析[J]. 载人航天, 2016, 22(4): 452-458.

[2] 林益明, 李大明, 王耀兵, 等. 空间机器人发展现状与思考[J]. 航天器工程, 2015, 24(5): 1-7.

[3] 陈靖波, 赵猛, 张珩. 空间机械臂在线实时避障路径规划研究[J]. 控制工程, 2007, 14(4): 445-447,450.

[4] 崔乃刚, 王平, 郭继峰, 等. 空间在轨服务技术发展综述[J]. 宇航学报, 2007, 28(4): 805-811.

[5] Feng G H, Li W H, Zhang H. Geomagnetic energy approach to space debris deorbiting in a low earth orbit[J]. International Journal of Aerospace Engineering, 2019, 2019: 1-18.

[6] Bekey G, Ambrose R, Kumar V, et al. International assessment of research and development in robotics[R]. World Technology Evaluation Center Panel Report, 2006.

[7] 梁斌. 空间机器人: 建模、规划与控制[M]. 北京: 清华大学出版社, 2017.

[8] Niku S B. 机器人学导论: 分析、系统及应用[M]. 孙富春,译. 北京: 电子工业出版社, 2004.

[9] Pedersen L, Kortenkamp D, Wettergreen D, et al. NASA EXploration Team (NEXT) space robotics technology assessment report[R]. Moffett Field, CA: NASA, 2002.

[10] 郭琦, 洪炳镕. 空间机器人运动控制方法[M]. 北京: 中国宇航出版社, 2011.

[11] 洪炳镕, 王炎. 空间机器人的特点、分类及新概念[C]// 中国宇航学会机器人学术会议, 1992: 23-26.

[12] Li W J, Cheng D Y, Liu X G, et al. On-orbit service (OOS) of spacecraft: A review of engineering developments[J]. Progress in Aerospace Sciences, 2019, 108: 32-120.

[13] Shan M, Guo J, Gill E. Review and comparison of active space debris capturing and removal methods[J]. Progress in Aerospace Sciences, 2016,(80): 18-32.

[14] Flores-Abad A, Ma O, Pham K. A review of space robotics technologies for on-orbit servicing[J]. Progress in Aerospace Sciences, 2014, 68: 1-26.

[15] Yoshida K. Space robot dynamics and control: to orbit, from orbit, and future[C]// Robotics Research, 2000: 449-456.

[16] Rembala R, Ower C. Robotic assembly and maintenance of future space stations based on the ISS mission operations experience[J]. Acta Astronautica, 2009, 65(7-8): 912-920.

[17] Sheridan T B. Teleoperation, telerobotics and telepresence: a progress report[J]. Control Engineering Practice, 1995, 3(2): 205-214.

[18] 艾晨光. 空间机器人目标捕获协调控制与实验研究[D]. 北京: 北京邮电大学, 2013.

[19] 王捷. 基于视觉的卫星在轨自维护操作的研究[D]. 哈尔滨: 哈尔滨工业大学, 2009.

[20] 袁景阳. 多臂自由飞行空间机器人协调操作研究[D]. 哈尔滨: 哈尔滨工业大学, 2009.

[21] 吴国庆, 孙汉旭, 贾庆轩. 基于气浮方式的空间机器人地面试验平台的设计与实现[J]. 现代机械, 2007, (3): 1-2, 19.

[22] 金飞虎, 洪炳镕, 柳长安, 等. 自由飞行空间机器人地面实验平台网络系统[J]. 计算机应

用研究, 2002, 19(8): 119-121.

[23] 柳长安, 李国栋, 吴克河, 等. 自由飞行空间机器人研究综述[J]. 机器人, 2002, 24(4): 380-384.

[24] 柳长安, 洪炳镕, 王鸿鹏. 自由飞行空间机器人地面实验平台硬件系统[J]. 高技术通信, 2001, 11(11): 74-76.

[25] 柳长安, 洪炳镕, 金飞虎. 自由飞行空间机器人地面实验平台系统规划器[J]. 高技术通信, 2001, 11(9): 90-92.

[26] 洪炳镕, 柳长安, 郭恒业. 双臂自由飞行空间机器人地面实验平台系统设计[J]. 机器人, 2000, 22(2):108-114.

[27] 赵猛, 张珩, 陈靖波. 灵境遥操作技术及其发展[J]. 系统仿真学报, 2007, 19(14): 3248-3252.

[28] 刘凤晶. 机器人遥科学控制系统实验研究[D]. 北京: 中国科学院研究生院, 2003.

[29] 刘凤晶, 许滨, 潘力均, 等. 多用户遥科学系统的研究[J]. 计算机仿真, 2003, 20(4): 105-107, 114.

[30] 景海鹏, 辛景民, 胡伟, 等. 空间站：迈向太空的人类探索[J]. 自动化学报, 2019, 45(10): 1799-1812.

[31] 周建平. 中国空间站工程总体方案构想[J]. 太空探索, 2013, (12): 6-11.

[32] Conway L, Volz R A , Walker M W. Teleautonomous systems: projecting and coordinating intelligent action at a distance[J]. IEEE Transactions on Robotics and Automation, 1990, 6(2): 146-158.

[33] 奚日升. 信息时代的遥行为学[J]. 遥测遥控, 2001, 22(1): 1-7.

[34] 冯健翔, 卢昱, 周志勇, 等. 遥科学初探[J]. 飞行器测控学报, 2000, 19(1): 5-10.

[35] 赵猛. 空间目标遥操作系统建模、预报与修正方法[D]. 北京: 中国科学院研究生院, 2007.

[36] 高龙琴, 黄惟一, 宋爱国. 交互式遥操作机器人实验平台中的通信时延问题研究[J]. 测控技术, 2005, 24(7): 42-45.

[37] Sheridan T B. Space teleoperation through time delay: review and prognosis[J]. IEEE Transactions on Robotics and Automation, 1993, 9(5): 592-606.

[38] 李杰. 监控式多机器人协调控制技术的研究[D]. 长沙: 国防科学技术大学, 1999.

[39] Lefebvre D R, Saridis G N. A computer architecture for intelligent machines[C]// Proceedings of the 1992 IEEE International Conference on Robotics and Automation, 1992: 2745-2750.

[40] Brady K, Tarn T J. Internet-based remote teleoperation[C]// Proceedings of the 1998 IEEE International Conference on Robotics and Automation, 1998: 65-70.

[41] 朱广超. 机器人遥操作有关时延的若干关键问题研究[D]. 北京: 北京航空航天大学, 2003.

[42] Hernando M, Gambao E. A robot teleprogramming architecture[C]// Proceedings of the 2003 IEEE/ASME International Conference on Advanced Intelligent Mechatronics, 2003: 1113-1118.

[43] 李焱, 贺汉根. 应用遥编程的大时延遥操作技术[J]. 机器人, 2001, 23(5): 391-396.

[44] Chen J R, Mcarragher B J. Programming by demonstration-constructing task level plans in a hybrid dynamic framework [C]// IEEE International Conference on Robotics and Automation, 2000: 1402-1407.

[45] 曾庆军, 徐涛, 徐晶晶, 等. 时延力觉临场感遥操作机器人系统预测控制研究[J]. 东南大学学报, 2004, 34(增刊): 160-164.

[46] 曾建超, 徐光佑. 虚拟现实技术及其发展策略[J]. 电子学报, 1995, 23(10): 57-61.
[47] Hasegawa T, Kameyama S. Geomatric modeling of manipulation environment with interactive teaching and automated accuracy improvement[J]. Transactions of the Society of Instrument and Control Engineers, 1989, 25(12): 1371-1378.
[48] 李会军, 刘威, 宋爱国. 基于多传感器空间遥操作机器人虚拟环境建模[J]. 宇航学报, 2005, 26(9): 558-561.
[49] Young J L, Jung A Y, Myung J C. Interactive virtual space calibration for teleoperation[J]. IEEE International Workshop on Robot and Human Communication, 1997: 472-476.
[50] 丑武胜, 孟偲, 陈建新, 等. 空间科学实验机器人辅助遥操作系统[J]. 中国空间科学技术, 2003, 6: 7-13.
[51] Kim W S, Gennery D B, Chalfant E C. Computer vision assisted semi-automatic virtual reality calibration[C]// Proceedings of the 1997 IEEE International Conference on Robotics and Automation, 1997: 1335-1340.
[52] Kim W S. Virtual reality calibration and preview/predictive displays for telerobotics[C]// IEEE Proceedings of International Conference on Robotics and Automation, 1996, 5(2): 173-190.
[53] Sutherland I E. A head-mounted three-dimensional display[C]// Proceedings of Fall Joint Computer Conference, 1968: 757-764.
[54] 伍军. 视频融合在机器人遥操作中的应用[D]. 北京: 北京航空航天大学,2003.
[55] Lawrence D A. Stability and transparency in bilateral teleoperation[J]. IEEE Transactions on Robotics and Automation, 1993, 8(2): 624-637.
[56] Anderson R J, Spong M W. Asymptotic stability for force reflecting teleoperators with time delay[J]. International Journal of Robotics Research, 1992, 11(2): 135-149.
[57] Calcev G, Gorez R, de Neyer M. Passivity approach to fuzzy control systems[J]. Automatica, 1998, 34(3): 339-344.
[58] Eusebi A, Melchiorri C. Force reflecting telemanipulators with time-delay: stability analysis and control design[J]. IEEE Transactions on Robotics and Automation, 1998, 14(4): 635-640.
[59] 景兴建, 王超越, 谈大龙. 遥操作机器人系统时延控制方法综述[J]. 自动化学报, 2004, 30(2): 214-223.
[60] Brierley S D, Chiasson J N, Lee E B, et al. On stability independent of delay for linear systems[J]. IEEE Transactions on Automatic Control, 1982, 27(2): 252-254.
[61] Jankovic M. Control Lyapunov-Razumikhin functions and robust stabilization of time delay systems[J]. IEEE Transactions on Automatic Control, 2001, 46(7): 1048-1060.
[62] Xi N, Tarn T J. Action synchronization and control of internet based telerobotic systems[C]// IEEE International Conference on Robotics and Automation, 1999: 2964-2969.
[63] 王清阳, 席宁, 王越超. 利用混杂 Petri 网对基于事件的机器人遥操作系统建模研究[J]. 机器人, 2002, 24(5): 339-403.
[64] Park J H, Cho H C. Sliding-mode controller for bilateral teleoperation with varying time delay[C]// Proccendings of the 1999 IEEE/ASME International Conference on Advanced Intelligent Mechatronics, 1999: 311-316.
[65] Yokokohji Y, Yoshikawa T. Bilateral control of master-slave manipulators for ideal kinesthetic

coupling formulation and experiment[J]. IEEE Transactions on Robotics and Automation, 1994, 10(5): 605-620.

[66] Ma O, Dang H, Pham K. On-orbit identification of inertia properties of spacecraft using a robotic arm[J]. Joumal of Guidance, Control, and Dynamics, 2008, 31(6):1761-1771.

[67] Murotsuio S, Senda K, Mitsuva A. System identification and resolved acceleration control of space robots by using experimental system[C]//IEEE/RSJ International Workshop on Intelligent Robots and Systems, 1991: 1669-1674.

[68] 马江. 六自由度机械臂控制系统设计与运动学仿真[D]. 北京: 北京工业大学, 2009.

[69] 李文皓, 马欢, 张珩. 一种不确定时延条件下机械臂运动状态的预测方法及装置[P]. 中国, ZL201410185263.4, 2016-09-14.

[70] 张珩, 李文皓, 马欢. 一种不确定双向时延条件下的机器人远程控制方法和系统[P]. 中国, ZL201410200850.6, 2016-04-13.

[71] 潘立登, 潘仰东. 系统辨识与建模[M]. 北京: 化学工业出版社, 2004.

[72] 金狮. 动力学系统辨识与建模[M]. 北京: 国防工业出版社, 1991.

[73] 马欢, 李文皓, 张珩. 一种星-臂耦合系统的动力学参数在轨辨识方法和装置[P]. 中国, ZL201410821647.0, 2017-06-17.

[74] 马欢, 张珩, 李文皓. 一种待辨识对象的运动学参数在轨辨识方法和装置[P]. 中国, ZL201410769216.4, 2017-09-01.

[75] 唐焕文, 秦学志. 实用最优化方法[M]. 大连: 大连理工大学出版社, 2004.

[76] 杨维, 李歧强. 粒子群优化算法综述[J]. 中国工程科学, 2004, 6(5): 87-94.

[77] Banks A, Vincent J, Anyakoha C. A review of particle swarm optimization. Part I: background and development[J]. Natural Computing, 2007, 6(4): 467-484.

[78] Eberhart R C, Shi Y. Particle swarm optimization: developments, applications and resources[C]// Proceedings of the 2001 Congress on Evolutionary Computation, 2001, (1): 81-86.

[79] Sammut C, Webb G. Encyclopedia of Machine Learning[M]. Berlin: Springer Science & Business Media, 2011.

[80] 张丽平. 粒子群优化算法的理论及实践[D]. 杭州: 浙江大学, 2005.

[81] 田富洋, 吴洪涛, 赵大旭, 等. 在轨空间机器人参数辨识研究[J]. 中国空间科学技术, 2010, 30(1): 10-7.

[82] 马欢, 张珩, 李文皓, 等. 待辨识目标的惯性参数辨识方法和装置[P]. 中国, ZL201510724520.1, 2018-09-25.

[83] 金磊, 徐世杰. 空间机器人抓取未知目标的质量特性参数辨识[J]. 宇航学报, 2012, 33(11): 1570-1576.

[84] 田富洋. 在轨服务空间机器人机械多体系统动力学高效率建模研究[D]. 南京: 南京航空航天大学, 2009.

[85] 王正博, 赵路, 王力军. 基于北斗的卫星精密测速及全球重力场精密测量[J]. 中国科学: 物理学、力学、天文学, 2015, 45(5): 108-113.

[86] 王小平,曹立明. 遗传算法: 理论、应用与软件实现[M]. 西安: 西安交通大学出版社, 2002.

[87] Holland J H. Adaptation in Natural and Artificial Systems: An Introductory Analysis with Applications to Biology, Control, and Artificial Intelligence[M]. Cambridge: MIT Press, 1975.

[88] Fonseca C M, Fleming P J. An overview of evolutionary algorithms in multi-objective optimization[J]. Evolutionary Computation, 1995, 3(1): 1-6.

[89] Back T, Schwefel H P. An overview of evolutionary algorithms for parameter optimization[J]. Evolutionary Computation, 1993, 1(1): 1-23.

[90] Kennedy J E, Eberhart R C. Swarm Intelligence[M]. San Francisco: Morgan Kaufmann, 2001.

[91] Storn R, Price K. Differential evolution-a simple and efficient heuristic forglobal optimization over continuous spaces[J]. Journal of Global Optimization, 1997, 11(4): 341-359.

[92] Press W H, Teukolsky S A, Vetterling W I, et al. Numerical Recipes in C: The Art of Scientific Computing[M]. Cambridge: Cambridge University Press, 1996.

[93] Ingber L, Rosen B. Genetic algorithms and very fast simulated reannealing: a comparison[J]. Mathematical and Computer Modelling, 1992, 16(11): 87-100.